1+X 职业技能等级证书配套用书

中国电子学会"电子信息人才能力提升工程"系列教材

U0287654

综合布线系统 安装 与 维护

（中高级）

组　编◎　中国电子学会

主　编◎　王公儒　王金涛

副主编◎　王　涛　刘美琪

电子工业出版社

Publishing House of Electronics Industry

北京·BEIJING

内 容 简 介

本书是 1+X 职业技能等级证书配套用书，满足综合布线系统安装与维护的教学与实训、职业培训与技能鉴定、工程规划设计与安装运维等需要。

本书由 1+X《综合布线系统安装与维护职业技能等级标准》主要起草单位牵头，主要起草人担任主编，以建筑物和建筑群综合布线系统工程为典型案例，按照中级与高级职业技能要求和工作任务，首先重点介绍了中大型综合布线系统工程的技术准备、材料准备和工具准备；然后介绍了综合布线系统安装、调试和故障处理；最后介绍了综合布线系统测试验收、项目管理和项目培训内容。同时配套了习题与答案、互动练习、实训项目、实训指导视频等丰富资源，增加了新技术、新标准、新技能和新产品应用等内容。全书按照工作任务顺序展开，突出专业知识与标准规范相结合，实践经验与实操视频相结合，职业技能与工作任务相结合，实训项目与技能鉴定相结合，循序渐进，层次清晰，图文并茂，好学易记。

本书适合作为高职专科和高职本科学校计算机网络类、计算机应用类、网络安防类、物联网类、建筑智能化类、安全防范技术类等专业课程的教学、实训、技能鉴定教材，也适合应用型本科学校网络工程、物联网工程、计算机科学与技术、建筑智能化等专业课程的教学，也可作为综合布线系统工程设计、施工安装与运维管理等专业技术人员、技工的参考书。

图书在版编目（CIP）数据

综合布线系统安装与维护：中高级 / 王公儒，王金涛主编. -- 北京：电子工业出版社，2025. 1. -- ISBN 978-7-121-49575-5

Ⅰ. TP393.03

中国国家版本馆 CIP 数据核字第 2025KW9471 号

责任编辑：白　楠
印　　刷：三河市鑫金马印装有限公司
装　　订：三河市鑫金马印装有限公司
出版发行：电子工业出版社
　　　　　北京市海淀区万寿路 173 信箱　邮编　100036
开　　本：880×1 230　1/16　印张：18　字数：460.8 千字
版　　次：2025 年 1 月第 1 版
印　　次：2025 年 1 月第 1 次印刷
定　　价：67.50 元

凡所购买电子工业出版社图书有缺损问题，请向购买书店调换。若书店售缺，请与本社发行部联系，联系及邮购电话：（010）88254888，88258888。

质量投诉请发邮件至 zlts@phei.com.cn，盗版侵权举报请发邮件至 dbqq@phei.com.cn。

本书咨询联系方式：bain@phei.com.cn。

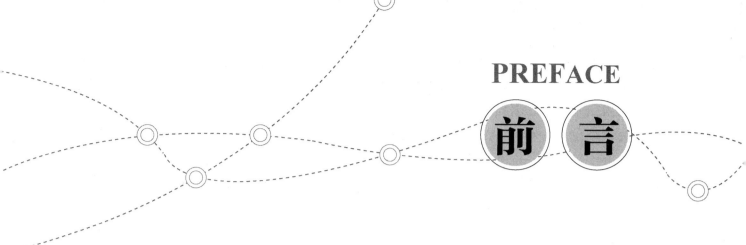

PREFACE

前 言

本书按照 1+X《综合布线系统安装与维护职业技能等级标准》中级与高级职业技能和工作任务要求，以建筑物和建筑群为例，重点介绍了中大型综合布线系统工程技术准备、材料和工具准备、安装调试与故障处理、测试验收与项目管理等内容，全书配套了习题与答案、互动练习、实训项目、实训指导视频、课程思政等丰富资源，也增加了新技术、新标准、新技能与新产品应用等内容。全书突出专业知识与标准规范相结合，实践经验与实操视频相结合，职业技能与工作任务相结合，实训项目与技能鉴定相结合，循序渐进，层次清晰。

全书以职业技能为模块，以工作任务为引领，以项目流程为顺序，精心安排了 9 个工作任务、22 个实训项目、6 个课程思政案例、508 张图片、70 个表格等内容，并且应用编者团队专业从事综合布线系统工程项目 20 多年的实践经验，用通俗易懂的语言和大量图表，诠释和给出了关键职业技能和工程经验，展现劳模精神与工匠技能，图文并茂，好学易记。

全书精心设计和安排了丰富的实训项目和技能鉴定指导内容，包括综合布线设计、光纤布线、屏蔽布线、故障处理、标签标识打印、端接测试与评判及以太网供电新技术等 22 个实训项目。项目中包括实训任务来源、实训任务、技术知识点、关键技能、实训课时、实训指导视频、实训设备、实训材料、实训工具、实训步骤、评判标准、实训报告等内容。全书配套有彩色高清图片，培养读者识图能力，训练按图施工能力，应用标准规范能力，编写技术文件能力等。

本书主编王公儒为教授级高级工程师，中国工程师联合体资深工程会员，兼任多所高校客座/产业教授、大师工作室负责人、校外研究生导师等。王公儒先后兼任全国智能建筑及居住区数字化标准化委员会（SAC/TC426）第 3 届委员、中国建筑节能协会智慧建筑专业委员会副主任委员，中国勘察设计协会工程智能设计分会专家，全国信息技术标准化技术委员会信息技术设备互连分技术委员会（SAC/TC28/SC25）首届委员，中国计算机学会职业教育发展委员会（CCF VC）第 2 届和第 3 届主席，中国通信学会职业教育工作委员会首届副主任委员，全国高等院校计算机基础教育研究会常务理事，陕西省标准化专家，西安市科技专家，西安市西元职业技能培训学校校长，西元集团董事长等。王公儒获得国家级教学成果一等奖 1 项，二等奖 1 项；省级教学成果特等奖 1 项，一等奖 3 项；参与起草国家标准 7 项，领衔西元集团获得全国智标委"标准贡献奖" 5 次，获得国家专利 50 项；主编出版教材 26 种，累计销量超过 76 万册，入选"十二五""十三五""十四五"职业教育国家规划教材 5 种，陕西省"十四五"职业教育规划教材 2 种。

全书分为三部分 9 个工作任务，第一部分为综合布线系统工作准备。工作任务 1 首先介绍了职业技能等级标准和适用专业课程与就业岗位；然后安排了建筑物、建筑群综合布线系统工程技术准备专业知识和技能，重点介绍了工程项目设计方法，包括信息点数量统计表、系统图、端口对应表、施工图、材料表等。工作任务 2 围绕工程项目材料准备与安装技术技能展开，首先介绍了光纤光缆与连接器件、屏蔽电缆与连接器件、光纤冷接工作任务实训，其次专门增加了现场安全环境检查与管理、电气和室外作业安全防护用品准备等。工作任务 3 围绕工程常用工具准备与使用方法展开，首先介绍了电缆和光缆安装工具、光纤熔接机功能与设置、室外工程专用工具等内容；其次介绍了工具检查、调整和使用方法等内容。

第二部分为综合布线系统安装调试与故障处理。工作任务 4 介绍了综合布线工程安装专业技术技能，包括穿线管、线槽和桥架安装，布线与信息插座安装等；重点介绍了光纤冷接、屏蔽布线系统、数据中心等相关安装知识。工作任务 5 围绕综合布线系统调试技术技能，重点介绍了智能布线管理系统安装与调试要求，包括智能配线架模式、种类、构成和管理软件等。工作任务 6 围绕综合布线系统故障处理，首先介绍了光纤熔接故障、配线端接故障和防雷接地系统故障处理技术技能，其次安排了智能布线管理系统故障处理和实训内容。

第三部分为综合布线系统测试验收、项目管理和培训。工作任务 7 围绕综合布线系统测试验收，重点介绍了测试与验收，包括人员组成、验收分类、验收内容、质量检查和实训内容。工作任务 8 首先安排了编制开工报告和工程概预算内容；然后重点介绍了工程项目管理内容，包括现场技术和人员、材料和工具、质量和成本、安全与进度等管理内容和管理方法等。工作任务 9 首先安排了项目培训理论和专业技能内容与要求，包括如何编写培训计划、技术文件和培训课件等；然后介绍了如何指导故障原因分析和维修，以及安装测试；最后安排了新技术、新标准、新技能、新产品培训内容。

本书配套 PPT、大量彩色高清图片（扫描二维码观看）、习题与答案、互动练习、实训项目、实训指导视频等，请访问西安开元电子实业有限公司官方网站教学资源栏下载、浏览观看，或从华信教育资源网下载。

本书由中国电子学会组编，西元集团王公儒、深圳职业技术大学电子与通信工程学院王金涛任主编，西元集团王涛、刘美琪任副主编。王公儒负责规划全书结构和统稿，编写了工作任务 1、2、7、8；王金涛编写了工作任务 9；王涛编写了工作任务 3、4 和实训项目，以及实训指导视频脚本，并且参与拍摄与制作等；刘美琪编写了工作任务 5、6，并且协助全书统稿和校对等工作。

在本书编写过程中得到了中国电子学会陈英、曹学勤、王娟、王海涛、季婧、赵增旭，以及广东省国普智创信息科学研究院贾明鑫等领导和专家的指导与支持，在此表示感谢。西元集团工会职工书屋提供了大量标准规范、典型案例和产品说明书等技术资料，安排劳模、工程师和技工等多人制作视频等，在此一并表示感谢。综合布线技术是一门综合性交叉学科，发展快速并且应用广泛，敬请广大读者指正或给出更好的建议，帮助我们持续完善，也可通过电子邮件与编者进行交流和探讨，编者 E-mail 地址为 s136@s369.com。欢迎加入学术交流群（QQ546148058）交流与讨论。

配套实训项目二维码索引表

项目编号	实训项目名称	二维码	页码	项目编号	实训项目名称	二维码	页码
实训项目 2	①②号信息插座光纤冷接永久链路搭建		85	实训项目 9	⑦⑧号信息插座光纤熔接永久链路搭建		123
实训项目 3	③④号信息插座光纤冷接永久链路搭建		86	实训项目 10	①②③号信息插座屏蔽永久链路搭建		152
实训项目 4	⑤⑥号信息插座光纤冷接永久链路搭建		87	实训项目 11	④⑤⑥号信息插座屏蔽永久链路搭建		153
实训项目 5	⑦⑧号信息插座光纤冷接永久链路搭建		88	实训项目 12	⑦⑧⑨号信息插座屏蔽永久链路搭建		154
实训项目 6	①②号信息插座光纤熔接永久链路搭建		120	实训项目 13	⑩⑪⑫号信息插座屏蔽永久链路搭建		155
实训项目 7	③④号信息插座光纤熔接永久链路搭建		121	实训项目 14	光纤链路搭建与测试		179
实训项目 8	⑤⑥号信息插座光纤熔接永久链路搭建		122	实训项目 22	以太网供电技术技能训练		271

手机端请扫描二维码下载 Word 版。

PC 端请访问电子工业出版社华信教育资源网（www.hxedu.com.cn）下载。

实训指导视频二维码索引表

章节	实训指导视频名称	二维码	页码	章节	实训指导视频名称	二维码	页码
2.3.1 光纤和光缆	1XZGJ-1101-西元光缆展示柜VR（5分45秒）		37	实训项目10~13	1XZGJ-1106-屏蔽综合布线系统永久链路搭建（11分14秒）		152
2.3.4 双绞线电缆	1XZGJ-1102-西元电缆展示柜VR（6分钟）		45	5.3.3 工作任务实践	27399-07X-PVC穿线管弯头制作方法（5分24秒）		162
实训项目2~5	1XZGJ-1103-光纤冷接综合布线系统永久链路搭建（10分43秒）		85	实训项目14	1XZGJ-1107-光纤测试链路搭建（6分57秒）		179
实训项目6~9	1XZGJ-1104-光纤熔接综合布线系统永久链路搭建（11分25秒）		120	实训项目15	1XZGJ-1108-通信跳线架卡接模块跨接故障维修（5分13秒）		206
4.2.3 工作任务实践	1XZGJ-1105-金属弯管器使用方法（5分31秒）		128	实训项目16	1XZGJ-1109-通信跳线架卡接模块反接故障维修（4分22秒）		207
4.7.3 工作任务实践	A314X-直通型光纤连接器的制作（8分23秒）		140	实训项目17	27399-10X-语音配线架端接训练（9分29秒）		227
4.7.3 工作任务实践	A312X-西元光纤冷接子的接续（7分22秒）		141	实训项目18	1XZGJ-1110-屏蔽模块端接与测试方法（5分21秒）		229
4.8.2 相关知识介绍	A121X-屏蔽模块制作（8分37秒）		145	9.6.2 相关知识介绍	5506X-配线架打线工装使用方法（3分47秒）		269

手机端请扫描二维码观看视频。

PC 端请访问电子工业出版社华信教育资源网（www.hxedu.com.cn）下载。

CONTENTS

目 录

综合布线系统技术准备

工作任务 1 首先介绍了职业技能等级标准和适用专业课程与就业岗位；然后安排了建筑物、建筑群综合布线系统工程技术准备知识和技能，重点介绍了工程项目设计方法，包括信息点数量统计表、系统图、端口对应表、施工图、材料表等；最后安排了实训项目与技能鉴定指导，以及行业劳动模范先进事迹课程思政内容。

1.1 《综合布线系统安装与维护职业技能等级标准》简介

2022 年 3 月中电新一代（北京）信息技术研究院发布了《综合布线系统安装与维护职业技能等级标准》（2021 年 2.0 版本），标准代码为 510114。该标准共有 6 章，包括范围、规范性引用文件、术语和定义、适用院校专业、面向职业岗位（群）、职业技能要求。该标准起草单位有中电新一代（北京）信息技术研究院、中国电子学会、西安开元电子实业有限公司、中国电子技术标准化研究院、中国建筑标准设计研究院有限公司等，主要起草人有王海涛、王公儒、卢勤等。

1.1.1 标准适用范围

该标准规定了综合布线系统安装与维护职业技能等级对应的工作领域、工作任务及职业技能要求，适用于综合布线系统安装与维护职业技能培训、考核与评价，相关用人单位的人员聘用、培训与考核可参照使用。

1.1.2 规范性引用文件

1. 该标准的主要引用文件

GB 50311—2016《综合布线系统工程设计规范》。

GB/T 50312—2016《综合布线系统工程验收规范》。

GB/T 29269—2012《信息技术 住宅通用布缆》。

ISO/IEC 11801《信息技术 用户基础设施结构化布线》。

信息网络布线世界职业技能标准（WSSS）等。

2．本书其他引用文件

GB/T 34961.2—2017《信息技术 用户建筑群布缆的实现和操作 第 2 部分：规划和安装》。

GB/T 34961.3—2017《信息技术 用户建筑群布缆的实现和操作 第 3 部分：光纤布缆测试》。

GB 50057—2010《建筑物防雷设计规范》。

GB 50343—2012《建筑物电子信息系统防雷技术规范》。

GB/T 21431—2023《建筑物雷电防护装置检测技术规范》。

GB 50174—2017《数据中心设计规范》。

1.1.3 标准适用学校相关专业

1．适用院校专业（参照《职业教育专业目录（2021 年）》）

中等职业学校：计算机应用、计算机网络技术、网络安防系统安装与维护、现代通信技术应用、通信系统工程安装与维护、物联网技术应用、建筑智能化设备安装与运维。

普通高等学校高职专科：计算机应用技术、计算机网络技术、电子信息工程技术、物联网应用技术、现代通信技术、智能互联网络技术、建筑电气工程技术、建筑智能化工程技术、安全防范技术。

普通高等学校高职本科：网络工程技术、现代通信工程、物联网工程技术。

本科学校：网络工程、物联网工程、计算机科学与技术、建筑电气与智能化。

2．适用专业课程

根据教育部《职业教育专业简介（2022 年修订）》，适用专业课程信息如下。

1）中等职业学校。

（1）71 电子与信息大类，7102 计算机类，710202 计算机网络技术专业和 710208 网络安防系统安装与维护专业的综合布线设计与施工专业核心课程。

（2）64 土木建筑大类，6402 建筑设备类，640401 建筑智能化设备安装与运维专业的计算机网络与综合布线系统施工专业核心课程。

2）高职专科学校。

（1）51 电子与信息大类，5102 计算机类，510202 计算机网络技术专业的网络综合布线专业基础课程。

（2）51 电子与信息大类，5103 通信类，510301 现代通信技术专业的光通信网络组网与维护专业核心课程。

（3）51 电子与信息大类，5103 通信类，510305 通信工程设计与监理专业的线务工程专业核心课程。

（4）44 土木建筑大类，4404 建筑设备类，440404 建筑智能化工程技术专业的信息系统与综合布线工程技术专业核心课程。

3）高职本科学校。

31 电子与信息大类，3102 计算机类，310202 网络工程技术专业的信息网络布线专业基础课程。

4）技工院校。

根据《全国技工院校专业目录（2022 年修订）》和专业简介，适用专业课程信息如下。

（1）03 信息类，0301 计算机网络应用专业，0301-4 中级，专业主要教学内容包括信息网络布线课程。

（2）03 信息类，0304 计算机信息管理专业，0304-3 高级，专业主要教学内容包括网络工程与综合布线实训课程。

（3）03 信息类，0309 通信网络应用专业，0309-3 高级，专业主要教学内容包括网络工程与综合布线实训课程。

（4）03 信息类，0311 网络安防系统安装与维护专业，0311-4 中级和 0311-3 高级，专业主要教学内容包括综合布线系统课程。

（5）03 信息类，0313 物联网应用技术专业，0313-4 中级和 0313-3 高级，专业主要教学内容包括综合布线技术课程。

（6）02 电工电子类，0205 楼宇自动控制设备安装与维护专业，0205-4 中级，专业主要教学内容包括综合布线系统安装与维护课程。

（7）02 电工电子类，0218 工业互联网与大数据应用专业，0218-4 中级，专业主要教学内容包括网络信息系统综合布线课程。

（8）04 交通类，0443 道路智能交通技术应用专业，0443-4 中级，专业主要教学内容包括网络综合布线课程。

▓ 1.1.4　标准面向职业岗位（群）

该标准主要面向信息传输、软件和信息技术服务业、信息技术领域的信息通信网络线务员、计算机网络工程技术人员、通信工程技术人员等职业岗位，从事住宅、建筑物、建筑群综合布线系统的规划设计、安装调试、故障处理、测试验收与运行维护等工作。能根据业务实际需求进行综合布线系统工程设计，完成安装、调试、维护、测试、管理、监理和服务等工作任务。

▓ 1.1.5　职业技能要求

如表 1-1 所示，在职业技能要求中，将综合布线系统安装与维护职业技能等级分为初级、中级、高级三个等级，三个级别依次递进，高级别涵盖低级别职业技能要求。

表 1-1   综合布线系统安装与维护职业技能等级

	职业技能等级划分		
	初级	中级	高级
工作单位	网络工程公司、系统集成公司、建筑企业、企事业单位网络中心等网络安装施工和运维服务部门		
		政府部门、运营商等网络安装施工和运维服务部门	
从事主要工程项目	小型综合布线系统工程项目，包括住宅、教室、宿舍、阅览室、办公室、会议室、车间、商店、旅馆、小型公司等综合布线系统工程项目	中型综合布线系统工程项目，包括教学楼、宿舍楼、图书馆、办公楼、商场、厂房、酒店大楼、中型公司等综合布线系统工程项目	大型复杂综合布线系统工程项目，包括学校、政府大楼、航站楼、客运站、医院、工厂、大型公司等综合布线系统工程项目
完成主要工作任务	完成配线子系统的工作准备、项目安装调试与故障处理、项目测试验收与管理等工作； 完成住宅与小型综合布线系统安装与维护	完成建筑物干线子系统、配线子系统的工作准备、项目安装调试与故障处理、项目测试验收与管理等工作； 完成建筑物综合布线系统安装与维护	完成建筑群子系统、干线子系统、配线子系统、新技术应用等工作准备、项目安装调试与故障处理、项目测试验收与管理等工作； 完成建筑群综合布线系统安装与维护

1.2 综合布线系统技术准备

1.2.1 职业技能要求

（1）《综合布线系统安装与维护职业技能等级标准》（2.0 版）表 2 职业技能等级要求（中级）对建筑物综合布线系统技术准备提出了如下职业技能要求。

① 能编制建筑物综合布线系统材料表。

② 能编制建筑物综合布线系统端口对应表。

③ 能设计建筑物综合布线系统图。

④ 能设计建筑物综合布线系统施工图。

（2）《综合布线系统安装与维护职业技能等级标准》（2.0 版）表 3 职业技能等级要求（高级）对建筑群综合布线系统技术准备提出了如下职业技能要求。

① 能编制建筑群综合布线系统材料表。

② 能编制建筑群综合布线系统端口对应表。

③ 能设计建筑群综合布线系统图。

④ 能设计建筑群综合布线系统施工图。

1.2.2 认识综合布线系统

1. 综合布线系统的概念

在 GB 50311《综合布线系统工程设计规范》中，对"布线（cabling）"的定义是"能够支持电子信息设备相连的各种缆线、跳线、接插软线和连接器件组成的系统"。在系统构成中，定义为"综合布线系统应为开放式网络拓扑结构,应能支持语音、数据、图像、多媒体等业务信息传递的应用"。

我们认为"综合布线系统就是用各种缆线、跳线、接插软线和连接器件构成的通用布线系统,能够支持语音、数据、图像、多媒体和其他控制信息技术的标准应用系统"。

2．综合布线系统是智能建筑的重要基础设施

近年来,物联网、大数据、云计算和 5G 等技术迅猛发展,再次加速了综合布线系统的广泛应用,综合布线系统已经成为智能建筑和智慧工厂的主要信息传输系统,它能使智慧工厂等建筑物或建筑群中的语音、数据、图像、通信设备、交换设备和其他信息管理系统彼此相连接。综合布线系统作为结构化的布线系统,综合和规范了通信网络、信息网络及控制网络的布线,为其相互间的信号交互提供通道,在智慧城市和智慧工厂的信息化建设中,综合布线系统有着极其广阔的使用前景。

综合布线系统是智慧城市、智能建筑、智能家居、智能制造等快速发展的重要基础,没有综合布线技术的快速发展就没有智能建筑的普及和应用。例如,智能建筑一般包括计算机网络办公系统、楼宇设施控制管理系统、通信自动化系统、安全防范系统、停车场管理系统、出入口控制系统等,而这些系统全部通过综合布线系统来传输和交流信息,以及传输指令和控制运行状态等,确保了智能建筑的先进性、方便性、安全性、经济性和舒适性等。综合布线系统已经成为最基础的信息传输系统,也是建筑物的重要基础设施。

3．建筑群综合布线系统结构(适用于高级)

建筑群综合布线系统是综合数据传输的网络系统和建筑群内的信息传输平台,它可以将各个建筑物的语音交换、智能数据处理设备及其数据通信设施相互连接起来,并同建筑物外部数据网络相连接。建筑群子系统主要实现建筑物与建筑物之间的通信连接,包括建筑物之间通信所需的全部光缆或电缆、端接设备和电气保护装置等硬件,一般采用光缆并配置光纤配线架等相应设备。图 1-1 为建筑群子系统原理图,图 1-2 为建筑群子系统系统图,图 1-3 为建筑群子系统网络拓扑图,请认真读图并结合文字说明,深刻理解建筑群子系统的原理。

建筑群子系统原理图描述了该园区建筑群子系统的连接关系。该园区有 3 栋建筑物,具体关系如下。

(1)"建筑群设备间(园区网络中心)"和"1 号建筑物设备间"均设置在 1 号建筑物,首先"入园光缆"连接到"建筑群光纤配线架",然后通过"1 号光纤跳线"连接到"建筑群核心层交换机"。

(2)通过"1 号室外光缆"连接"建筑群光纤配线架"和"1 号建筑物光纤配线架",再通过"11 号光纤跳线"连接到"1 号建筑物设备间"的"1 号建筑物汇聚层交换机"。

(3)通过"2 号室外光缆"连接"建筑群光纤配线架"和"2 号建筑物光纤配线架",再通过"21 号光纤跳线"连接到"2 号建筑物设备间"的"2 号建筑物汇聚层交换机"。

(4)通过"3 号室外光缆"连接"建筑群光纤配线架"和"3 号建筑物光纤配线架",再通

过"31号光纤跳线"连接到"3号建筑物设备间"的"3号建筑物汇聚层交换机"。

各个建筑物之间通过室外光缆连接，不可直接通过光纤跳线连接。光纤跳线一般由两根组成，一发一收。

请扫描"建筑群子系统原理图""建筑群子系统系统图""建筑群子系统网络拓扑图"二维码观看彩色高清图片。

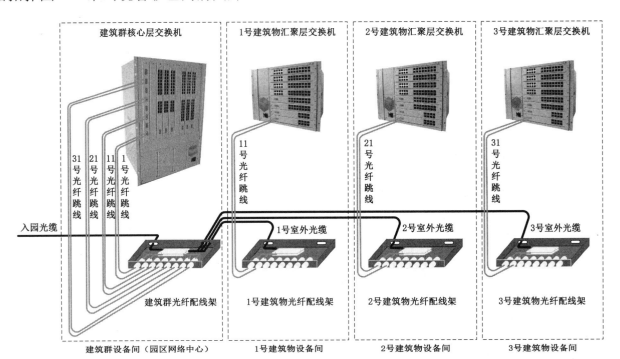

图 1-1　建筑群子系统原理图

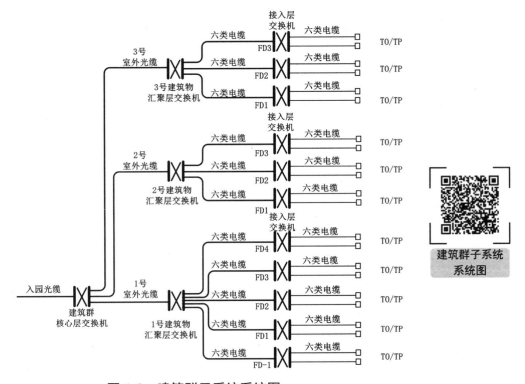

图 1-2　建筑群子系统系统图

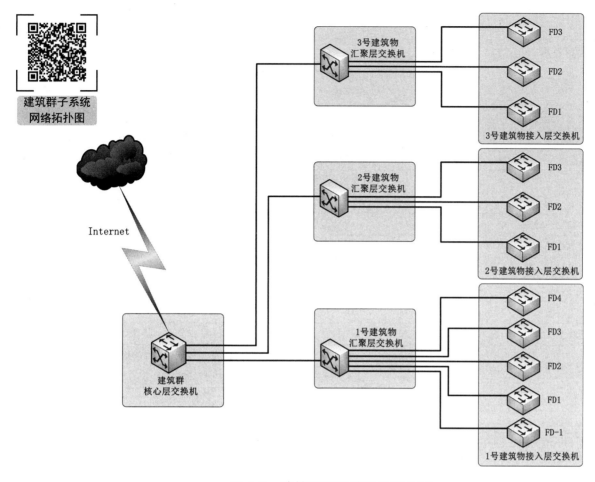

建筑群子系统
网络拓扑图

图 1-3 建筑群子系统网络拓扑图

1.2.3 综合布线系统常用名词术语

名词术语是全世界行业工程师的专用语言，能够准确表达该行业的设备与器材等专业名称，避免产生混乱和误解，在工程设计文件、图纸、产品说明书、技术文件等资料中经常应用。如果不熟悉名词术语，往往不能快速正确地理解和看懂技术文件与图纸，因此专业人员必须熟练掌握行业名词术语。

下面我们以 GB 50311—2016《综合布线系统工程设计规范》规定为主，介绍综合布线行业常用名词术语，如表 1-2 所示。

表 1-2 GB 50311—2016《综合布线系统工程设计规范》规定的常用术语

序号	中文术语	英文	术语定义与解释
1	布线	cabling	能够支持电子信息设备相连的各种缆线、跳线、接插软线和连接器件组成的系统
2	建筑群子系统	campus subsystem	建筑群子系统由配线设备、建筑物之间的干线缆线、设备缆线、跳线等组成
3	电信间	telecommunications room	放置电信设备、缆线终接的配线设备，并进行缆线交接的一个空间
4	工作区	work area	需要设置终端设备的独立区域

序号	中文术语	英文	术语定义与解释
5	信道	channel	连接两个应用设备的端到端的传输通道。信道包括设备缆线和工作区缆线
6	永久链路	permanent link	信息点与楼层配线设备之间的传输线路。它不包括工作区缆线和连接楼层配线设备的设备缆线、跳线，但可包括一个 CP 链路
7	集合点	consolidation point（CP）	楼层配线设备与工作区信息点之间水平缆线路由中的连接点
8	CP 链路	CP link	楼层配线设备与集合点（CP）之间，包括两端的连接器件在内的永久性的链路
9	建筑群配线设备	campus distributor	终接建筑群主干缆线的配线设备
10	建筑物配线设备	building distributor	为建筑物主干缆线或建筑群主干缆线终接的配线设备
11	楼层配线设备	floor distributor	终接水平缆线和其他布线子系统缆线的配线设备
12	连接器件	connecting hardware	用于连接电缆线对和光缆光纤的一个器件或一组器件
13	光纤适配器	optical fibre adapter	将光纤连接器实现光学连接的器件
14	建筑群主干缆线	campus backbone cable	用于在建筑群内连接建筑群配线设备与建筑物配线设备的缆线
15	建筑物主干缆线	building backbone cable	入口设施至建筑物配线设备、建筑物配线设备至楼层配线设备、建筑物内楼层配线设备之间相连接的缆线
16	水平缆线	horizontal cable	楼层配线设备至信息点之间的连接缆线
17	CP 缆线	CP cable	连接集合点（CP）至工作区信息点的缆线
18	信息点（TO）	telecommunications outlet	缆线终接的信息插座模块
19	设备缆线	equipment cable	通信设备连接到配线设备的缆线
20	跳线	patch cord/jumper	不带连接器件或带连接器件的电缆线对和带连接器件的光纤，用于配线设备之间进行连接
21	缆线	cable	电缆和光缆的统称
22	光缆	optical cable	由单芯或多芯光纤构成的缆线
23	对绞电缆	balanced cable	由一个或多个金属导体线对组成的对称电缆
24	多用户信息插座	multi-user telecom-munication outlet	工作区内若干信息插座模块的组合装置
25	光纤到用户单元通信设施	fiber to the subscriber unit communication facilities	光纤到用户单元工程中，建筑规划用地红线内地下通信管道、建筑内管槽及通信光缆、光配线设备，用户单元信息配线箱及预留的设备间等设备安装空间
26	用户光缆	subscriber optical cable	用户接入点配线设备至建筑物内用户单元信息配线箱之间相连接的缆线
27	信息配线箱	information distribution box	安装于用户单元区域内的完成信息互通与通信业务接入的配线箱体
28	桥架	cable tray	梯架、托盘及槽盒的统称

1.2.4 综合布线系统常用缩略词

缩略词一般用英文字母表示，采用英文名词或名称的字头简写，或者缩写方式。缩略词频繁和大量应用在专业技术文件、工程文件、图纸、设备标签中，专业技术人员的日常工作交流中也大量使用缩略词。如果不熟悉缩略词，往往不能快速理解和看懂技术文件与图纸，甚至无法与行业专业人员顺畅交流，因此作为一名专业技术人员必须熟练掌握行业常用缩略词。下面我们依据 GB 50311—2016《综合布线系统工程设计规范》，介绍综合布线行业常用的缩略词，具体内容详见表 1-3。

表 1-3　GB 50311—2016《综合布线系统工程设计规范》规定的常用缩略词

序号	缩略词	中文名称	英文名称
1	BD	建筑物配线设备	Building Distributor
2	CD	建筑群配线设备	Campus Distributor
3	CP	集合点	Consolidation Point
4	FD	楼层配线设备	Floor Distributor
5	IP	因特网协议	Internet Protocol
6	OF	光纤	Optical Fibre
7	POE	以太网供电	Power Over Ethernet
8	SC	用户连接器件（光纤活动连接器件）	Subscriber Connector (optical fibre connector)
9	SW	交换机	Switch
10	TE	终端设备	Terminal Equipment
11	TO	信息点	Telecommunications Outlet

1.3　综合布线系统工程的设计方法

为了掌握设计综合布线系统图和施工图的方法，以及编制建筑物综合布线系统材料表、端口对应表等职业技能，我们以西元科技园研发基地真实项目为例，介绍综合布线系统工程的信息点数量统计表、系统图、施工图、端口对应表和材料表等的编制方法，同时介绍建筑群综合布线系统所涉及的建筑规划和设计方面的基本知识。

综合布线系统是智能建筑的基础设施，网络应用是智能建筑的灵魂。不了解建筑群的基本概况、企业业务、机构设置、生产流程和网络应用等知识，就无法进行规划和设计，也无法正确地施工和管理。

1.3.1　西元科技园研发基地建筑群使用功能平面布局和信息化需求

西元科技园项目一期建设包括一栋研发楼、两栋厂房及配套建筑等，总建筑面积为12000m²，其中 1 号研发楼为地上四层，地下一层，建筑面积为 5340m²，2 号生产厂房为三层，建筑面积为 3300m²，3 号生产厂房为三层，建筑面积为 3300m²。图 1-4 为西元科技园鸟瞰图、图 1-5 为西元科技园立面图。

请分别扫描"鸟瞰图"和"立面图"二维码，观看彩色高清图片。

鸟瞰图

图 1-4　西元科技园鸟瞰图

立面图

图 1-5　西元科技园立面图

1. 建筑群功能与综合布线系统需求

1）西元科技园 1 号研发楼。

研发楼设计为五层，其中地上四层，地下一层，每层设计建筑面积为 1068m²，总建筑面积为 5340m²。研发楼的主要用途为技术研发和新产品试制。其中，一层为市场部和销售部，二层为管理层办公室，三层为研发室，四层为新产品试制部门。

（1）图 1-6 为研发楼一层功能布局图，一层办公室有以下几个类型和信息化需求。

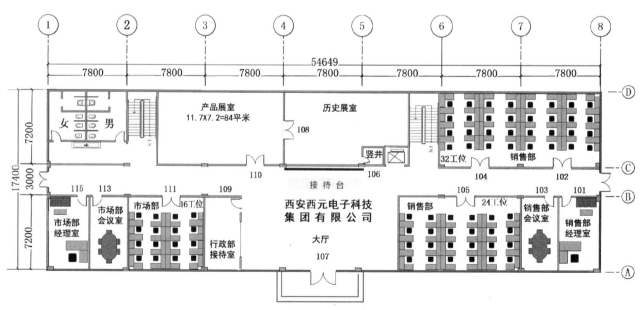

图 1-6　研发楼一层功能布局图

① 经理办公室。图中的市场部和销售部经理室等，有语音、数据和视频需求。

② 集体办公室。图中的市场部和销售部，有语音、数据和视频需求。

③ 会议室。图中的市场部和销售部的会议室，有语音、数据和视频需求。

④ 展室。图中的产品展室、历史展室，有数据和视频需求。

⑤ 接待室。图中的行政部接待室，有语音、数据和视频需求。

⑥ 接待台。接待台位于大厅中间位置，有传真、语音和数据需求。

⑦ 大厅。位于研发楼一层中间位置，有门警控制、电子屏幕、视频播放等需求。

（2）图1-7为研发楼二层功能布局图，二层办公室有以下几个类型和信息化需求。

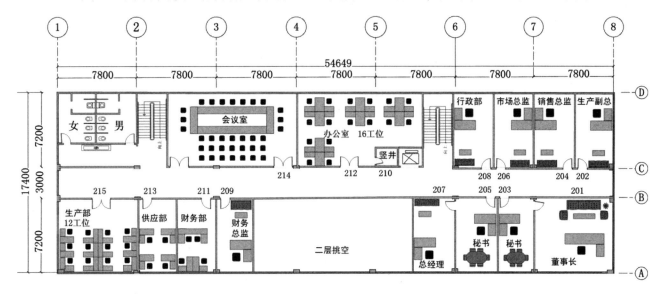

图 1-7　研发楼二层功能布局图

① 董事长办公室。有语音、数据、视频等需求。

② 总经理办公室。有语音、数据、视频等需求。

③ 秘书室。有语音、数据、传真、复印等需求。

④ 高管办公室。图中的生产副总、财务总监、销售总监、市场总监的办公室，有语音、数据和视频需求。

⑤ 集体办公室。图中的生产部、供应部、财务部等的办公室，有语音、数据需求。

⑥ 会议室。有语音、数据和视频需求。

（3）图1-8为研发楼三层功能布局图，三层办公室有以下几个类型和信息化需求。

① 总工程师办公室。有语音、数据、视频等需求。

② 技术总监办公室。有语音、数据、视频等需求。

③ 秘书室。有语音、数据、传真、复印等需求。

④ 资料室。有语音、数据、视频、复印、监控等需求。

⑤ 研发室 7 个。有语音、数据需求。

⑥ 会议室。有语音、数据和视频需求。

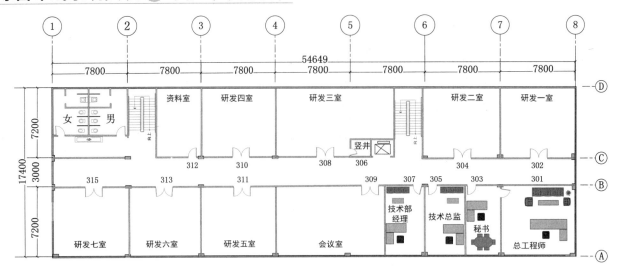

图1-8 研发楼三层功能布局图

（4）图1-9为研发楼四层功能布局图，四层办公室涉及下列类型和信息化需求。

① 办公室。有语音、数据等需求。

② 会议室和培训室。有语音、数据、视频、投影、音响等需求。

③ 试制室五个。有语音、数据、视频、复印、监控等需求。

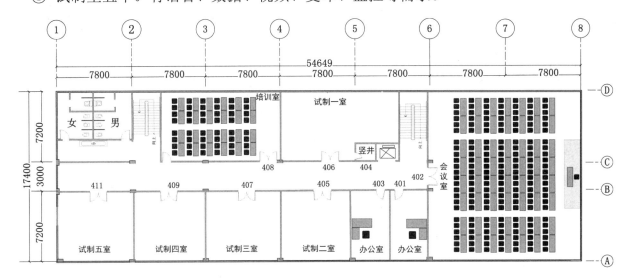

图1-9 研发楼四层功能布局图

2）2号生产厂房。

图1-10为2号生产厂房的立面图，共计三层，其中一层高度为7m，二、三层高度为3.6m，每层建筑面积约为1100m²，总建筑面积为3300m²。

（1）生产厂房一层主要用途为库房、备货和发货，主要业务有货物入库、登记、保管、报表等入库业务，成品备货、封包、出库、发货、报表等出库业务，还有物流报表和管理等物流业务。在一层设置有经理办公室、库管员办公室等。

（2）生产厂房二、三层主要用途为产品电路板焊接、装配、检验、包装等生产业务，每层设置有管理室、技术室、质检室等办公室。

图 1-10 2 号生产厂房立面图

图 1-11 为 2 号生产厂房二层功能布局图，这里以 2 号生产厂房二层为例，涉及以下几个类型和信息化需求。

① 车间管理室。有语音和数据需求。

② 车间技术室。有语音和数据需求。

③ 车间生产设备区。车间生产设备有数控设备，有与车间技术室计算机联网的需求。

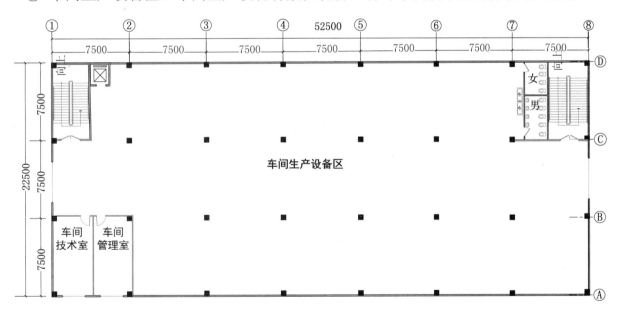

图 1-11 2 号生产厂房二层平面图

3）3 号生产厂房。

3 号生产厂房共计三层，其中一层高度为 7m，二、三层高度为 3.6m，每层建筑面积约为 1100m²，总建筑面积为 3300m²。

（1）生产厂房一层主要用途为金属零部件和机箱等机架和钣金生产，安装有大型数控设备，需要与网络连接传输数据。主要有计划、领料、生产、检验、入库等生产管理业务，技术管理业务，质量管理业务等。在一层设置有车间主任办公室、车间技术室、车间质检室等，这些办公室都有语音和数据业务需求。

（2）生产厂房二层主要用途为产品装配、检验、包装工序，设置有管理室、技术室、质检室等办公室，这些办公室都有语音和数据业务需求。

（3）生产厂房三层主要用途为员工宿舍和食堂，设置了宿舍管理员室、员工宿舍、食堂等，这些房间都有语音、数据和视频业务需求。

2．具体业务和机构设置

西元集团的主要业务为产品研发和试制、生产和质检、推广和销售、安装和服务、人员培训和管理等，图 1-12 为机构设置图。

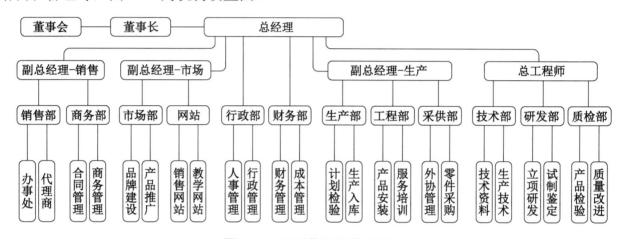

图 1-12　西元集团机构设置图

3．西元集团网络应用需求

根据西元集团的主营业务和机构设置，首先分析该企业网络系统应用需求模型图。从图 1-13 网络应用需求图中可以看到，本案例涵盖了研究开发系统、生产制造系统、销售管理系统、物流运输系统、服务系统等全产业链的企业网络系统各个应用系统及其子系统，具有企业网络应用的代表性和普遍性。

主要应用系统介绍如下。

（1）企业管理系统。包括行政管理子系统、人事管理子系统、资产管理子系统等。

（2）研究开发系统。包括调研立项子系统、试制鉴定子系统、技术资料子系统等。

（3）技术质检系统。包括原料质检子系统、零件质检子系统、成品质检子系统等。

（4）生产制造系统。包括零件制造子系统、装配子系统、包装入库子系统等。

（5）采购供应系统。包括标件采购子系统、外协采购子系统、分厂供应子系统等。

（6）库存管理系统。包括原料库存子系统、成品库存子系统、纸箱库存子系统等。

（7）物流运输系统。包括收料子系统、物料周转子系统、发货子系统。

（8）销售管理系统。包括市场推广子系统、销售子系统、商务子系统。

（9）安装培训系统。包括产品安装子系统、用户培训子系统、维修服务子系统等。

（10）财务管理系统。包括应收账款子系统、应付账款子系统、会计核算子系统等。

（11）安全保安系统。包括门警子系统、边界安全子系统、货物安全子系统。

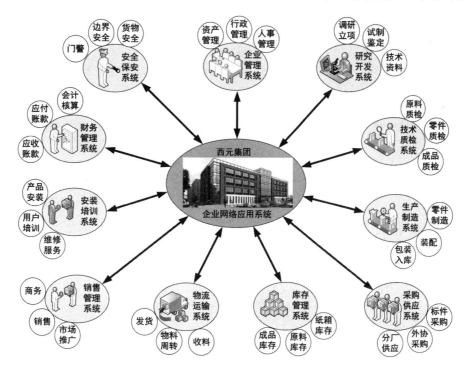

图 1-13　西元集团企业网络应用需求图

4．西元集团综合布线系统图

根据以上应用需求，我们设计了如图 1-14 所示的西元集团综合布线系统图。

请扫描"VISIO 图"二维码，下载 VISIO 版原图，自行设计更多综合布线系统图。

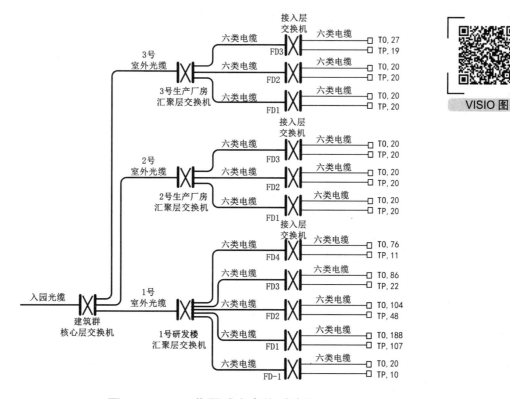

图 1-14　西元集团综合布线系统图

5．西元集团网络应用拓扑图

根据前面的生产基地总平面图、建筑物功能布局图、企业机构设置图、生产流程图、网络应用需求图等资料，设计了如图 1-15 所示的西元集团网络应用拓扑图。从图中我们可以看到，该企业网络为星型结构，分布在三栋建筑物中，由 1 台核心交换机、3 台汇聚层交换机、10 台接入层交换机和服务器、防火墙、路由器等设备组成，共设计有 920 个信息点，还有门警系统、电子屏、监控系统等，并且通过互联网与总公司、各个分厂和办事处等联系。

VISIO 图

彩色高清图

请扫描"VISIO 图"二维码，下载 VISIO 版原图，自行设计更多网络应用拓扑图。

请扫描"彩色高清图"二维码，观看彩色高清图片。

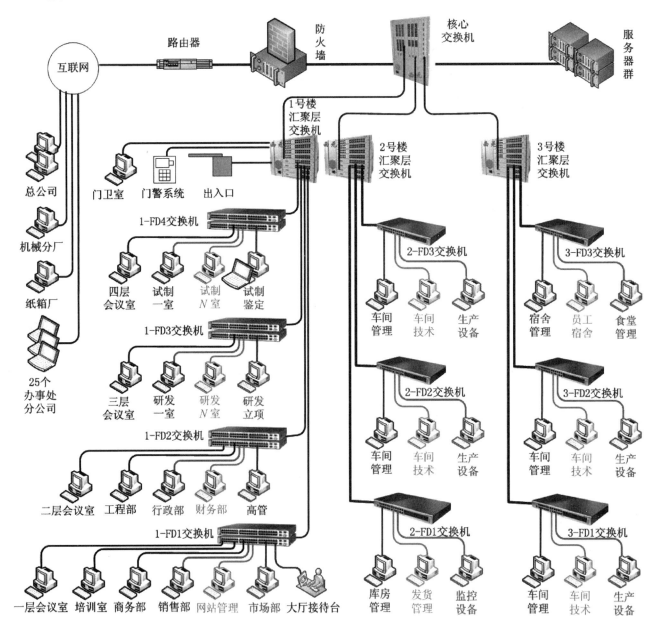

图 1-15　西元集团网络应用拓扑图

▦ 1.3.2　西元科技园研发楼使用功能平面布局和信息化需求

1．西元科技园研发楼一层使用功能平面布局图

我们以研发楼一层为例，介绍建筑物综合布线系统的设计方法。如图 1-16 所示为西元科技园研发楼一层使用功能和主要办公设备平面布局图。

请扫描"一层布局图"二维码，观看彩色高清图片。

GB 50311—2016 中 1.0.4 条，明确规定"综合布线系统作为建筑的通信基础设施在建设期应考虑一次性投资建设，并能适应各种通信与信息业务服务接入的需求"。图 1-16 布局图中的办公家具和工位数量，按照最密集状态设计，有利于综合布线系统一次全部设计和安装到位，减少后续调整的工作量，适用未来多种布局和工位数量变化需求。

2．研发楼一层使用功能和工作设备配置说明

在图 1-16 中，研发楼一层规划设计有市场部、销售部、行政部、产品展室等 11 个功能区域，各区域设计了主要使用功能、安排了最大数量的工位、家具等，具体如下。

（1）101 经理室。销售部经理办公室，设计工位数 1 个、办公桌椅 1 套、沙发 1 组。

（2）102 销售部。销售部员工办公室，设计工位数 32 个、办公桌椅 32 套、公用打印机 1 台、复印机 1 台等。

（3）103 会议室。销售部会议室，设计 12 人会议桌椅 1 套。

（4）105 销售部。销售部员工办公室，设计工位数 24 个、办公桌椅 24 套、公用打印机 1 台、复印机 1 台等。

（5）106 管理间。设计为综合布线系统一层管理间，主要设备包括机柜、桥架、网络配线架、网络交换机、接地系统等。

（6）107 大厅。研发楼一层入口大厅，设计有 3 工位的接待台、展示企业文化与荣誉的电视机、考勤机、监控摄像机、安全防范报警器、LED 大屏幕等。

（7）108 产品展室。企业新产品展示展览室，设计有综合布线类、智能建筑类等多个产品展示。

（8）109 行政部。行政部管理与接待办公室，设计工位数 5 个、沙发 1 组。

（9）111 市场部。市场部员工办公室，设计工位数 16 个、办公桌椅 16 套。

（10）113 会议室。市场部会议室，设计 12 人会议桌椅 1 套。

（11）115 经理室。市场部经理办公室，设计工位数 1 个、办公桌椅 1 套、沙发 1 组。

3．研发楼一层信息化设备配置和需求

根据图 1-16 研发楼一层使用功能平面布局图与信息化应用需求，下面介绍一层的信息化设备配置与需求。在综合布线系统工程的前期规划设计时，应首先满足每个工位的信息化设备需求，同时考虑未来扩展需要，预留足够的信息点。表 1-4 所示为研发楼一层信息化设备配置和需求表。

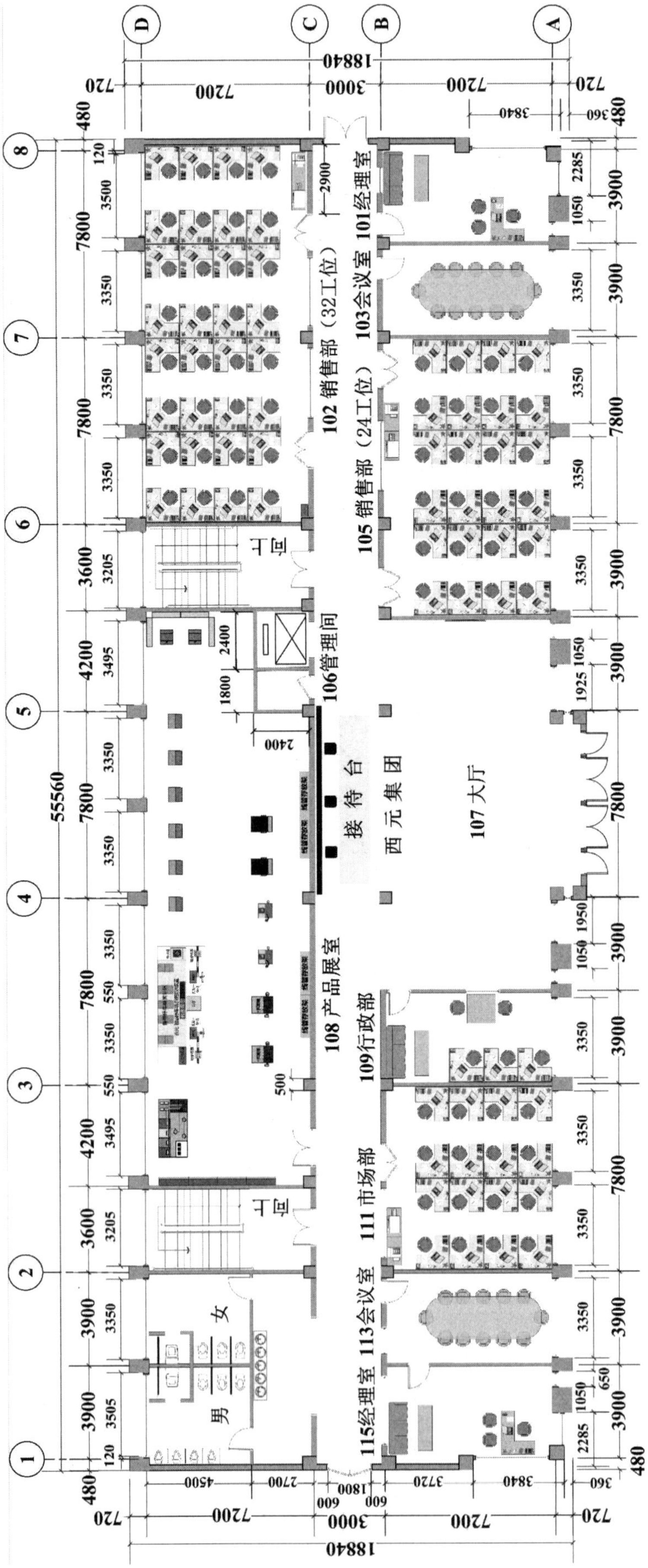

图 1-16　西元科技园研发楼一层使用功能和主要办公设备平面布局图

表 1-4　研发楼一层信息化设备配置与需求表

房间号	名称	工位数	信息化设备配置	信息化需求
101	经理室	1	计算机 1 台，有线电话机 2 台，打印机 1 台，安防探测器 1 台	数据、语音、视频会议、外设、安全防范
102	销售部	32	计算机 32 台，工位电话机 32 台；公用计算机 2 台，激光打印机 1 台，彩色打印机 1 台，扫描仪 1 台，复印机 1 台，安防探测器 2 台	数据、语音、外设、安全防范
103	会议室	12	笔记本电脑 10 台，投影机 1 台，电视机 1 台，安防探测器 1 台	数据、视频、安全防范
105	销售部	24	计算机 24 台，工位电话机 24 台；公用计算机 2 台，激光打印机 1 台，彩色打印机 1 台，扫描仪 1 台，复印机 1 台，安防探测器 2 台	数据、语音、安全防范
106	管理间	2	机柜、桥架、网络配线架、网络交换机等。预留 RJ45 检修网口 2 个，电话接口 1 个；安防报警主机、警号、警灯、探测器，以及视频监控摄像机 1 台等	数据、语音、视频、安全防范
107	大厅	3	计算机 3 台，电话机 3 台，传真机 1 台，打印机 1 台，电视机 1 台，LED 屏 1 个，考勤机 1 台，视频监控摄像机 2 台，安防探测器 2 台	数据、语音、视频、安全防范
108	产品展室	26	展品 20 台，广播系统 1 套，视频监控摄像机 2 台，安防探测器 2 台	数据、语音、视频、安全防范
109	行政部	5	计算机 3 台，电话机 5 台，传真机 1 台，安防探测器 1 台	数据、语音、安全防范
111	市场部	16	计算机 16 台，电话机 16 台；公用计算机 2 台，打印机 2 台，复印机 1 台，扫描仪 1 台，安防探测器 2 台	数据、语音、安全防范
113	会议室	12	笔记本电脑 10 台，投影机 1 台，电视机 1 台，安防探测器 1 台	数据、视频、安全防范
115	经理室	1	计算机 1 台，电话机 2 台，打印机 1 台，安防探测器 1 台	数据、语音、视频会议、外设、安全防范

请扫描"需求表 Word 版"二维码查看表 1-4 的 Word 版表格文件，参考该模板继续完成研发楼二、三、四层信息化设备配置和需求表，熟练掌握建筑物综合布线系统工程设计方法专业技能。

需求表 Word 版

1.3.3　西元科技园研发楼综合布线需求分析和设计信息点数量

根据图 1-16 和表 1-4，首先进行需求分析，然后逐房间设计信息点位置与数量。各房间信息点规划设计如下。

1. 101 经理室

1）需求分析。

销售部经理办公室，设计工位数 1 个，配置家具有办公桌椅 1 套、沙发 1 组、文件柜等；配置设备有笔记本电脑 1 台、有线电话机 2 台、打印机 1 台、安防探测器 1 台；信息化需求包括数据、语音、视频会议、外设、安全防范等。

2）设计位置和用途。

（1）办公桌附近墙面。数据信息点 2 个，一用一备。语音信息点 2 个，一个内线电话，一个外线电话。满足计算机上网、有线电话等需求。

（2）沙发附近墙面。数据信息点 1 个，语音信息点 1 个，满足沙发区域使用笔记本电脑上网，以及电话会议等需求。

（3）门口位置。预留数据信息点 1 个、语音信息点 1 个，满足未来增加秘书等需求。

（4）窗户上部墙面。增加安防探测器信息点（数据信息点）2 个，满足安防探测器安装需要。

（5）全部信息插座嵌入式安装在墙面中，距地面高度 300mm，其中安防探测器信息插座距地面高度 2600mm。

3）设计信息点数量。

101 经理室设计信息点数量 10 个，其中数据信息点 6 个，语音信息点 4 个。

2．102 销售部

1）需求分析。

销售部员工办公室，设计工位数 32 个，配置家具有办公桌椅 32 套等；配置设备有计算机 32 台、工位电话机 32 台、公用计算机 2 台、激光打印机 1 台、彩色打印机 1 台、扫描仪 1 台、复印机 1 台、安防探测器 2 台；信息化需求包括数据、语音、外设、安全防范等。

2）设计位置和用途。

（1）在每个工位附近设计数据信息点 1 个、语音信息点 1 个，满足每人 1 台计算机上网和 1 部电话的需要。合计有 32 个数据信息点、32 个语音信息点。

（2）在公用设备附近设计数据信息点 4 个，满足公用计算机、激光打印机、彩色打印机、扫描仪等使用的需要。

（3）安防探测器信息点 2 个。在窗户上部墙面增加数据信息点 2 个，满足安防探测器安装需要。

（4）工位靠墙时，信息插座嵌入式安装在墙面中，距地面高度 300mm；工位远离墙面时，选用地弹式信息插座，嵌入式安装在地面；安防探测器信息点插座距地面高度 2600mm。

3）设计信息点数量。

102 销售部设计信息点数量 70 个，其中数据信息点 38 个，语音信息点 32 个。

3．103 会议室

1）需求分析。

销售部会议室，配置家具包括 12 位会议桌 1 张、椅子 12 把等；配置设备有笔记本电脑 1 台、投影机 1 台、电视机 1 台、安防探测器 1 台；信息化需求包括数据、视频、安全防范等。

2）设计位置和用途。

（1）在会议桌面设计 12 个数据信息点，每个信息点对应一个工位，首先满足任意工位人员通过跳线直接实现笔记本电脑上网，同时满足全体或者部分人员通过跳线直接实现笔记本电脑上网。

（2）在会议室两侧墙面分别设计 6 个信息点，满足会议室变为办公室的未来需求。

（3）在会议桌下合适位置设计 12 个数据信息点，通过跳线延伸到桌面。两侧墙面信息插座嵌入式安装在墙面中，距地面高度 300mm。

3）设计信息点数量。

103 会议室设计信息点数量 24 个，其中数据信息点 18 个，语音信息点 6 个。

4. 105 销售部

1）需求分析。

销售部员工办公室，设计工位数 24 个，配置家具有办公桌椅 24 套等；配置设备有计算机 24 台、工位电话机 24 台、公用计算机 2 台、激光打印机 1 台、彩色打印机 1 台、扫描仪 1 台、复印机 1 台、安防探测器 2 台；信息化需求包括数据、语音、外设、安全防范等。

2）设计位置和用途。

（1）在每个工位附近设计数据信息点 1 个，语音信息点 1 个，满足每人 1 台计算机上网和 1 部电话的需要。合计有 24 个数据信息点、24 个语音信息点。

（2）在公用设备附近设计数据信息点 4 个，满足公用计算机、激光打印机、彩色打印机、扫描仪等使用的需要。

（3）安防探测器信息点 2 个。在窗户上部墙面增加数据信息点 2 个，满足安防探测器安装需要。

（4）工位靠墙时，信息插座嵌入式安装在墙面中，距地面高度 300mm；工位远离墙面时，选用地弹式信息插座，嵌入式安装在地面；安防探测器信息点插座距地面高度 2600mm。

3）设计信息点数量。

105 销售部设计信息点数量 54 个，其中数据信息点 30 个，语音信息点 24 个。

5. 106 管理间

1）需求分析。

106 管理间为研发楼一层综合布线系统管理间，设计安装设备主要有机柜、桥架、网络配线架、网络交换机，预留 RJ45 检修网口 2 个、电话接口 1 个，强电配电箱 1 个，安防报警主机、警号、警灯和探测器及视频监控摄像机等。信息化需求包括数据、语音、安全防范等。

2）设计位置和用途。

（1）管理间按照 2 个运维工位设计数据信息点 2 个、语音信息点 1 个，满足日常检修与运维需要。

（2）设计安防报警主机用途信息点 2 个、安防探测器信息点 1 个、视频监控摄像机信息点 1 个，满足安防探测器和视频监控摄像机安装需要。

（3）运维工位数据信息点 2 个，设计在机柜内部配线架上，方便运维时测试使用。

（4）语音信息点 1 个，设计在南墙面，距地面高度 1200mm，方便安装电话机。

（5）安防报警主机用途信息点 2 个，设计在机柜内部，1 用 1 备。

（6）安防探测器信息点 1 个，设计在管理室顶部中间位置，探测器覆盖管理间。

（7）视频监控摄像机信息点 1 个，设计在管理室内部北墙面，距地面高度 2600mm。摄像机对准入口门。

3）设计信息点数量。

106 管理间合计设计信息点 6 个，其中数据和控制信息点 5 个，语音信息点 1 个。

6．107 大厅

1）需求分析。

研发楼一层入口 107 大厅设计有 3 工位的接待台、展示企业文化与荣誉的电视机、考勤机、监控摄像机、安全防范报警器、LED 大屏幕管理等。主要设备包括计算机 3 台、电话机 3 台、传真机 1 台、打印机 1 台、电视机 1 台、LED 屏 1 个、考勤机 1 台、视频监控摄像机 2 台、安防探测器 2 台等。

2）设计位置和用途。

（1）接待台设计数据信息点 6 个，满足计算机 3 台、打印机 1 台、扫描仪 1 台等的数据需求。位置设计在接待台下方地面，保持通道畅通，避让椅子区域。

（2）接待台设计电话语音信息点 3 个，满足传真机 1 台、电话机 2 台的语音需求。

（3）监控摄像机信息点 1 个，设计在接待台顶部中间位置，摄像机对准大厅入口。

（4）安全防范报警器控制信息点 4 个，设计在大厅四个角，南侧设计在墙面上，高度 2600mm，北侧设计在楼道入口吊顶下，满足报警器覆盖大厅的需求。

（5）考勤机数据信息点 2 个，设计在南墙位置，距地面高度 1500mm 处，安装 2 台考勤机，满足多人同时考勤需要。

（6）LED 大屏幕数据信息点 1 个，设计在接待台下方地面，方便 LED 大屏幕管理。

（7）电视机数据信息点 1 个，设计在东墙企业文化展示墙中间，距地面高度 1500mm。

3）设计信息点数量。

107 大厅合计设计信息点 18 个，其中数据和控制信息点 15 个，语音信息点 3 个。

7．108 产品展室

1）需求分析。

108 产品展室设计有展品 20 台，其中包括广播系统 1 套、视频监控摄像机 2 台、安防探测器 2 台、电话机 1 台等。

2）设计位置和用途。

（1）广播系统数据信息点 1 个，设计在入口位置附近地面。

（2）视频监控摄像机数据信息点 2 个，设计在墙面，距地面高度 2600mm，或者顶面，位于室内 2 个对角位置，适合安装视频监控摄像机 2 台，覆盖入口和全部区域。

（3）安防探测器控制信息点 2 个，设计在北墙面，距地面高度 2600mm，或顶面，位于室内 2 个对角位置，适合安装安防探测器 2 台，覆盖入口和全部区域。

（4）展品使用数据信息点 13 个，按照展品布局图的安装位置，分别设计在展品下方或者附近，满足展品连接网络的需求。

3）设计信息点数量。

108 产品展室设计信息点 20 个，其中数据和控制信息点 19 个，语音信息点 1 个。

8．更多房间信息点设计

研发楼一层其余房间和其他楼层房间信息点设计请参考上述设计方法，首先按照表 1-4 模板，完成研发楼建筑物各楼层信息化设备配置与需求表；然后逐层逐个房间进行需求分析，设计信息点数量和位置；最后统计每个房间、每个楼层，以及该建筑物的信息点总数量。

▪▪ 1.3.4 建筑物综合布线系统工程的设计

本节我们以前面的需求分析为主，按照图 1-16 西元科技园研发楼一层使用功能平面布局图要求，主要介绍建筑物综合布线系统工程的设计方法。

1．编制建筑物综合布线系统工程的信息点数量统计表

1）工作任务。

综合布线系统工程信息点数量统计表，在行业中也简称为"点数表"或"点表"，它是设计和统计综合布线系统工程信息点数量的基本方法。编制信息点数量统计表就是设计和统计建筑物的数据、语音、控制等信息点总数量，也是工程实践中常用的统计和分析方法，适合于综合布线系统、安全防范系统等设备比较多的各种工程应用。综合布线系统信息点数量统计表能够快速准确地统计出建筑物的信息点数量和位置，直接决定着项目投资规模。

本任务要求编制图 1-16 所示西元科技园研发楼一层信息点数量统计表。

2）编制点数统计表的要点。

（1）表格设计合理。要求表格宽度和文字大小合理，符合行业习惯。

（2）数据正确。每个工作区都必须填写数字，要求数量正确，没有遗漏或多出信息点。对于没有信息点的工作区或者房间填写数字 0，表明已经分析过该工作区。

（3）文件名称正确。作为工程技术文件，文件名称应准确，直接反映该文件内容。

（4）签字和日期正确。作为工程技术文件，编写、审核、审定、批准等人员签字非常重要，如果没有签字就无法确认该文件的有效性，也没有人对文件负责，更没有人敢使用。日期直接反映文件的有效性，因为在实际应用中，可能会经常修改技术文件，一般是用最新日期的文件替代以前日期的文件。

3）编制建筑物综合布线信息点数量统计表。

设计人员为了快速合计和方便制表，一般使用 Excel 工作表软件，编制综合布线信息点数量统计表。请初学者学习《综合布线系统安装与维护（初级）》教材 1.4.3 中"1．编制综合布线系统工程信息点数量统计表"的设计方法，具体设计步骤包括创建工作表、编制表格和填写栏目内容、填写信息点数量、合计数量、打印和签字盖章等。

表 1-5 为西元科技园研发楼一层信息点数量统计表，合计有信息点 295 个，其中语音信息点 107 个，数据信息点 188 个，数据信息点包括视频监控摄像机信息点、报警探测器信息

点、打印机和考勤机等信息点。

表 1-5　西元科技园研发楼一层信息点数量统计表

房间号	101	102	103	105	106	107	108	109	111	113	115	合计
区域名称	销售部经理室	销售部	销售部会议室	销售部	管理间	大厅	展室	行政部	市场部	市场部会议室	市场部经理室	
TO	6	38	18	30	5	15	19	7	26	18	6	188
TP	4	32	6	24	1	3	1	6	20	6	4	107
小计	10	70	24	54	6	18	20	13	46	24	10	295
编写：　　　　审核：　　　　审定：　　　　单位：西安开元电子实业有限公司　　　时间：												

请扫描"点数表"二维码下载表 1-5 的 Word 版文件，参考该模板继续完成研发楼二、三、四层信息点数量统计表，或其他建筑物信息点数量统计表，熟练掌握建筑物综合布线系统工程设计方法专业技能。

点数表

2. 设计建筑物综合布线系统图

1）工作任务。

综合布线系统图是综合布线设计蓝图中必有的重要内容。综合布线系统图直观反映了信息点的连接关系，直接决定了网络系统应用拓扑图。本任务要求完成西元科技园研发楼建筑物综合布线系统图的设计。

2）综合布线系统图设计要点。

（1）图形符号必须正确。在设计系统图时，必须使用规范的图形符号，保证技术人员和现场施工人员能够快速读懂图纸，并且在系统图中给予说明。GB 50311—2016《综合布线系统工程设计规范》中使用的图形符号如下。

⌷⫩⌷ 代表网络设备和配线设备，左右两边的竖线代表网络配线架，×代表跳线。

□ 代表信息插座，例如单口信息插座、双口信息插座等。

（2）连接关系清楚。必须按照相关标准规定，设计信息点之间的连接关系、信息点与管理间配线架之间的连接关系，这些连接关系实际上决定了网络拓扑图。

（3）缆线型号标记正确。设计缆线型号，如双绞线电缆可分为 5 类、5e 类、6 类等，缆线的选型也直接影响工程总造价。

（4）说明完整。设计说明是对图的补充，帮助理解和阅读图纸，例如增加图形符号说明，对信息点总数给予说明等。设计说明一般安排在图纸空白处。

（5）标题栏完整。标题栏是任何工程图纸都不可缺少的内容，一般在图纸的右下角。标题栏一般包括以下内容。

① 设计、绘图、标准化、校对、审核、批准等负责人签字栏。

② 绘图日期、绘图比例等绘图信息。

③ 类别名称、项目名称、图纸名称、图纸类别、图纸编号等图纸信息。

3）建筑物综合布线系统图设计。

一般使用 AutoCAD 或 Visio 软件进行绘制。具体设计方法详见《综合布线系统安装与维护（初级）》教材 1.4.3 中"2.设计综合布线系统图"。

图 1-17 为西元科技园研发楼一层综合布线系统图。请扫描"系统图"二维码观看高清图片。请扫描"CAD 系统图"或"VISIO 系统图"二维码，下载原图，参考该模板设计更多建筑物综合布线工程系统图，熟练掌握设计方法和专业技能。

系统图　　　　　CAD 系统图　　　　VISIO 系统图

3. 建筑物综合布线系统工程施工图设计

1）工作任务。

施工图设计就是规定布线路由和安装位置，一般使用平面图。主要设计网络机柜规格与位置、穿线管布线路由和材料、信息点安装位置等，其中布线路由取决于建筑物的结构和功能，穿线管一般设计安装在地面和墙体中。

本任务要求完成西元科技园研发楼一层综合布线施工图的设计。

2）施工图设计一般要求。

（1）图形符号必须正确。要符合相关建筑设计标准和图集规定。

（2）布线路由合理正确。施工图设计了全部缆线和设备等器材的安装管道、安装路径、安装位置等，也直接决定工程项目的施工难度和成本。

（3）位置设计合理正确。在施工图中，对穿线管、信息插座、布线路由等的设计要合理，符合相关标准规定。

（4）说明完整。

（5）图面布局合理。

（6）标题栏完整。

具体设计方法和要求详见《综合布线系统安装与维护（初级）》教材 1.4.3 中"4.设计综合布线系统施工图"。

3）设计施工图。

如图 1-18 所示为西元科技园研发楼一层综合布线系统工程施工图，请扫描"施工图"二维码观看高清照片。请扫描"CAD 施工图"二维码，下载原图，参考该模板设计更多建筑物综合布线工程施工图，熟练掌握设计方法和专业技能。

施工图　　　　　　　CAD 施工图

设计说明：
1. 西元科技园位于西安市秦岭四路西1号，建设有独立建筑物3栋，其中研发楼为5层。
2. 本图为研发楼一层综合布线系统图。
3. 在研发楼一层设计有4个分管理间。
4. 研发楼设备间位于二层竖井内。

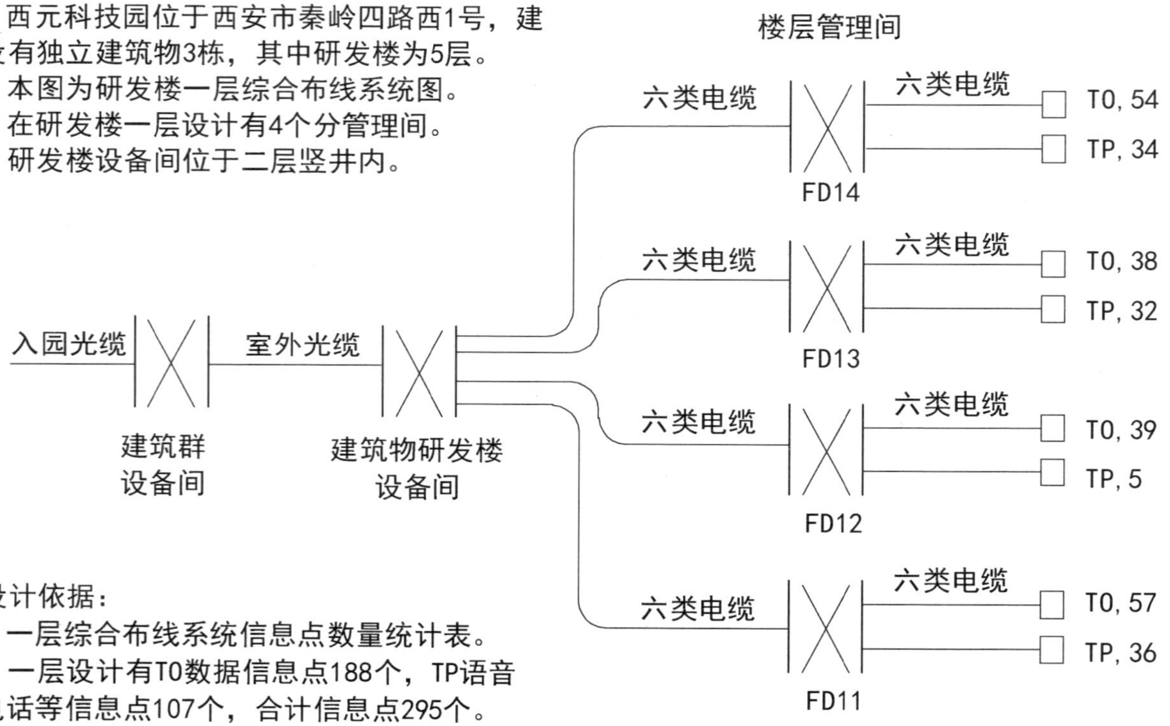
楼层管理间
入园光缆
室外光缆
建筑群
设备间
建筑物研发楼
设备间
六类电缆
FD14
六类电缆
TO, 54
TP, 34
六类电缆
FD13
六类电缆
TO, 38
TP, 32
六类电缆
FD12
六类电缆
TO, 39
TP, 5
六类电缆
FD11
六类电缆
TO, 57
TP, 36

设计依据：
1. 一层综合布线系统信息点数量统计表。
2. 一层设计有TO数据信息点188个，TP语音电话等信息点107个，合计信息点295个。

西元科技园研发楼一层综合布线系统信息点数量统计表

房间号	101	102	103	105	106	107	108	109	111	113	115	合计
部门名称	销售部经理室	销售部会议室	销售部	销售部	管理间	一层大厅	产品展示	行政部	市场部	市场部会议室	市场部经理室	11间
数据点TO	6	18	38	30	5	15	19	7	26	18	6	188
语音点TP	4	6	32	24	1	3	1	6	20	6	4	107
小计	10	24	70	54	6	18	20	13	46	24	10	295
分管理间	FD14	FD13	FD14	FD14	FD12	FD12	FD12	FD11	FD11	FD11	FD11	4个

XIYUAN　西元
西安开元电子实业有限公司
西安市雁翔路99号交大科技园A区3A楼三层
电话：029-83396081　传真：029-83396086

保密与知识产权要求如下：
本文件保密级别属于：公开
1. 机密文件为公司核心关键技术，仅限本公司人员使用和保存，适合在公司内部使用。
2. 机密文件、图纸等资料，未经公司书面批准，不得对外发布或扩散。
3. 公司公开发布文件适合销售、市场推广和教材、会议、安装维护、用户培训等使用。
4. 本文件出版权和著作权属于本公司，没有本公司书面授权，任何人不得修改、复制上传网络，更不得向他人（公司）转让。

图纸设计	
图纸校对	
标 准 化	
图纸审核	
图纸批准	
绘图日期	年 月 日
图纸比例	1：10
项目类别	西元科技园
项目名称	综合布线工程
图纸名称	研发楼一层系统图
图纸类别	系统图
生产工序	埋管与安装测试
图纸编号	图1-17

GB/T 14689-2008《技术制图 图纸幅面和格式》规定，图框左侧装订线宽25mm，其余3面宽5mm。西元标题栏宽60，高160mm；简版宽60，高80mm；注意不同比例时，标题栏相同。

图 1-17　西元科技园研发楼一层综合布线系统图

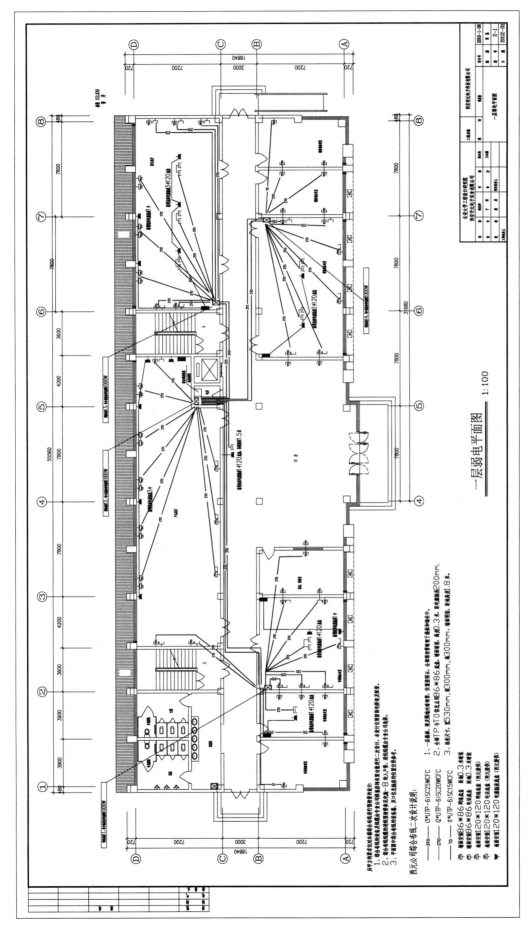

图1-18 西元科技园研发楼一层综合布线系统工程施工图

4．编制综合布线系统端口对应表

1）工作任务。

端口对应表是综合布线施工必需的技术文件，主要规定房间编号，每个信息点的编号，以及配线架、端口、机柜等编号，用于管理、施工和后续日常维护。

本任务要求完成西元研发楼一层综合布线系统端口对应表的编制。

2）端口对应表编制要求。

综合布线系统端口对应表应该在进场施工前编制完成，并且打印出来带到现场，方便现场施工编号。每个信息点必须具有唯一的编号。主要编制要求包括表格设计合理、编号正确、文件名称正确、签字和日期正确等。具体编制要求详见《综合布线系统安装与维护（初级）》教材 1.4.3 中"3．编制综合布线系统端口对应表"。

3）编制端口对应表。

编制端口对应表时一般使用 Word 软件或 Excel 软件，详见《综合布线系统安装与维护（初级）》教材 1.4.3 节相关内容，主要内容如下。

（1）文件命名和表头设计。按照项目名称命名和编号。

（2）设计表格。确定表格列和行数量。列数量包括序号、信息点编号、配线架编号、配线架端口编号、插座底盒编号、房间编号等。行数量一般按照信息点总数设置，每个信息点一行。

（3）填写配线架编号。把配线架依次命名为 1 号、2 号等，并且填写该编号。

（4）填写配线架端口编号。填写配线架端口印刷的编号。

（5）填写插座底盒编号。给每个插座底盒编号，按照顺时针方向，从 1 开始编号。

（6）填写房间编号。首先给房间编号，填写信息点所在的房间编号。

（7）填写信息点编号。按照图 1-19，把每行第 3～7 列的数字或者字母用"—"连接起来，填写在"信息点编号"栏。为了区别双口面板的左右口，一般左边用"Z"、右边用"Y"标记和区分。

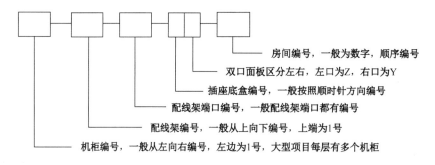

图 1-19　信息点编号规定

（8）填写编制人和单位等信息。在端口对应表的下面必须填写"编制人""审核人""审定人""编制单位""日期"等信息。

表 1-6 为西元科技园研发楼 101 室销售部经理办公室信息点端口对应表，在综合布线系

统图和施工图中，该房间全部布线到 FD14 分管理间 1 号机柜、1 号配线架、第 1 至第 10 口。

按照 1.3.3 节 101 室的信息化需求和信息点数量统计表等要求，设计完成表 1-6。

表 1-6　西元科技园研发楼 101 室销售部经理办公室信息点端口对应表（FD14 机柜）

项目名称：西元科技园研发楼建筑物综合布线工程　　　　　　　　　　　　　文件编号：XIYUAN960618-1

序号	信息点编号	管理间编号	配线架编号	配线架端口编号	插座底盒编号	房间编号
1	FD14-1-1-1Z-101	FD14	1	1	1	101
2	FD14-1-2-1Y-101	FD14	1	2	1	101
3	FD14-1-3-2Z-101	FD14	1	3	2	101
4	FD14-1-4-2Y-101	FD14	1	4	2	101
5	FD14-1-5-3Z-101	FD14	1	5	3	101
6	FD14-1-6-3Y-101	FD14	1	6	3	101
7	FD14-1-7-4Z-101	FD14	1	7	4	101
8	FD14-1-8-4Y-101	FD14	1	8	4	101
9	FD14-1-9-5Z-101	FD14	1	9	5	101
10	FD14-1-10-5Y-101	FD14	1	10	5	101

编制人签字：　　　　　　　　　　　审核人签字：　　　　　　　　　　　审定人签字：

编制单位：西安开元电子实业有限公司　　　　　　　　　　　　　　　　时间：　　　年　月　日

5. 编制建筑物综合布线系统工程材料表

1）工作任务。

综合布线系统工程材料表主要用于工程项目材料采购和现场施工管理，属于施工方内部使用文件，必须详细清楚地写明全部主材、辅助材料和消耗材料等。

本任务要求完成建筑综合布线系统工程材料表的编制。

2）编制材料表的一般要求。

编制材料表的一般要求如下。

（1）表格设计合理。一般使用 A4 幅面竖向排版的文件。

（2）文件名称正确。一般按项目名称命名，突出项目名称和材料类别等信息。

（3）材料名称和型号准确。用于材料采购和现场管理，材料名称和型号应正确。

（4）材料规格齐全。材料规格必须满足要求，避免多次采购和运输费用增加。

（5）材料数量满足需要。电缆和光缆长度一般按照工程总用量 5%～8%增加余量。

（6）考虑低值易耗品。一般按照工程总用量的 10%增加，降低管理成本。

（7）签字和日期正确。必须有签字和日期，这是工程技术文件不可缺少的。

更多编制要求详见《综合布线系统安装与维护（初级）》教材 1.4.3 中"5. 编制综合布线系统工程材料表"。

3）编制材料表。

编制材料表一般使用 Word 软件或 Excel 软件，详见《综合布线系统安装与维护（初级）》教材 1.4.3 节相关内容。摘编主要内容如下。

（1）文件命名和表头设计。如表 1-7 所示，第 1 行表头内容包括序号、材料名称、型号或规格、数量、单位、品牌、说明信息。

（2）填写序号栏。序号反映材料品种数量，一般使用 1、2、3 等数字自动生成。

（3）填写材料名称栏。材料名称必须正确，并且与产品包装名称相同。

（4）填写材料型号或规格栏。材料型号或规格必须正确，每个材料具有唯一规格。

（5）填写材料数量栏。必须包括电缆、网络模块、耗材等余量，独立包装材料一般按照最小包装数量填写，数量必须为整数。

（6）填写材料单位栏。必须正确填写单位，一般有"箱""个""件"等。

（7）填写材料品牌栏。明确填写品牌或厂家，有利于材料供应，保证质量和进度。

（8）填写说明栏。主要填写容易混淆材料的说明，例如"电缆每箱 305 米"等。

表 1-7 西元科技园研发楼建筑物一层综合布线系统工程材料表

项目名称：西元科技园研发楼建筑物综合布线工程 　　　　　　　文件编号：XIYUAN960618-2

序号	材料名称	型号或规格	数量	单位	品牌	说明
1	网络机柜	壁挂式，12U	4	台	西元	每个分管理间 1 个，配置 PDU 电源，其中 102、105、106、111 室各 1 台。
2	网络配线架	六类非屏蔽，24 口	10	个	西元	数据点 TO 端接，其中 FD11 机柜 3 个，FD12 机柜 2 个，FD13 机柜 1 个，FD14 机柜 4 个
3	语音配线架	RJ45 接口，25 口	7	个	西元	语音点 TP 端接，其中 FD11 机柜 2 个，FD12 机柜 1 个，FD13 机柜 1 个，FD14 机柜 3 个
4	110 型通信跳线架	110 型，100 回	13	个	西元	信息点 TO+TP 端接，其中 FD11 机柜 4 个，FD12 机柜 2 个，FD13 机柜 1 个，FD14 机柜 6 个
5	信息插座底盒 1	暗埋，86 型	99	个	西元	暗装在墙面
6	信息插座面板 S1	双口，86 型	64	个	西元	面板配置安装螺丝 2 个
7	信息插座面板 D1	单口，86 型	35	个	西元	面板配置安装螺丝 2 个
8	信息插座底盒 2	暗埋，120 型	66	个	西元	暗装在地面
9	信息插座面板 2	双口，地弹，120 型	66	个	西元	每个面板自带安装螺丝 2 个
10	网络模块	六类非屏蔽，RJ45 口	198	个	西元	安装 188 个，备用 10 个
11	语音模块	三类非屏蔽，RJ11 口	117	个	西元	安装 107 个，备用 10 个
12	穿线管	SC20WCFC	2000	米	西元	SC20 代表直径 20mm 的焊接钢管，WC 代表暗敷设在墙内，FC 代表敷设在地板或地面
13	牵引钢丝	Φ0.5	2200	米	西元	钢管长度的 110%
14	穿线管接头	20	600	个	西元	信息插座和机柜附近各 1 个，中间 2 个
15	保护堵头	20	600	个	西元	保护管接头，避免杂物掉入堵塞
16	双绞线电缆	CAT6 非屏蔽电缆	15	箱	西元	305 米/箱，每个永久链路平均 15 米
17	大对数电缆	25 对大对数电缆	80	米	西元	安装 70 米，备用 10 米
18	标签纸	A4，216 个/张	3	张	西元	白色，背胶

编制人签字：　　　　　　　　　　审核人签字：　　　　　　　　审定人签字：

编制单位：西安开元电子实业有限公司 　　　　　　　　　　　时间：　　年　月　日

1.4 习题和互动练习

请扫描"任务 1 习题"二维码，下载工作任务 1 习题电子版。

请扫描"互动练习 1""互动练习 2"二维码，下载工作任务 1 配套的互动练习。

任务 1 习题 　　任务 1 习题答案 　　互动练习 1 　　互动练习 2

1.5 课程思政

细微中显卓越，执着中见匠心

2020 年荣获"西安市劳动模范"称号的纪刚技师用 16 年的时间书写了匠心与执着。2004 年，中专毕业的纪刚被西安开元电子实业有限公司录取，从学徒工做起的他开始不断地学习和钻研，不懂就问，反复练习，业余时间就去图书馆、书店"充电"，反复琢磨消化师傅教授的知识，每天坚持写工作日志，记录并分析自己在工作当中的不足。

16 年的时间，纪刚从一名学徒成长为国家专利发明人，拥有国家发明专利 4 项、实用新型专利 12 项，精通 16 种光纤测试技术、200 多种光纤故障设置和排查技术，先后被授予"西安市劳动模范""西安市优秀党务工作者""西安好人""雁塔工匠""中国计算机学会（CCF）高级会员"等荣誉称号。

技能改变了命运，也把不可能变成了可能。他说："我只是一个普通的技术工人，能在自己的岗位上做好一颗螺丝钉，心里很踏实。"

图 1-20　纪刚劳模工作照片

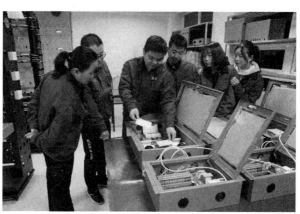

图 1-21　纪刚劳模传技能照片

请扫描二维码观看《百炼成"刚"》微视频，该视频时长 4 分钟，由中国共产党西安市雁塔区委和西安市雁塔区人民政府出品，以"细微中显卓越，执着中见匠心"为主题介绍了西安市劳动模范纪刚技师的先进事迹。该视频在全国

百炼成"刚"

总工会与中央网信办联合主办的 2020 年"网聚职工正能量 争做中国好网民"主题活动中，获得优秀作品奖。

1.6 实训项目与技能鉴定指导

实训项目 1　西元科技园研发楼二层的综合布线设计

请参考 1.3 节内容和一层设计方法，完成西元科技园研发楼二层的综合布线设计任务。二层主要设计项目如下。也可结合本单位建筑物综合布线工程项目开展设计训练。

1．编制二层信息点数量统计表。

2．设计二层综合布线系统图。

3．设计二层施工图。

4．编制二层信息点端口对应表。

5．编制二层材料表。

6．编制施工进度表。

工作任务 2

综合布线系统材料准备

工作任务 2 围绕工程器材准备与安装技术技能展开，首先介绍了填写领料单与领取材料的相关知识；然后重点介绍了光纤光缆与连接器件、屏蔽电缆与连接器件、光纤冷接工作任务实践；其次专门增加了现场安全环境检查与管理、电气和室外作业安全防护用品准备等；最后安排了光纤冷接和链路搭建实训项目与技能鉴定指导内容。

2.1 职业技能要求

（1）《综合布线系统安装与维护职业技能等级标准》（2.0 版）表 2 职业技能等级要求（中级）对建筑物综合布线系统材料准备工作任务提出了如下职业技能要求。

① 能准备建筑物综合布线工程用特殊器材。

② 能检查材料的规格和质量。

③ 能按照施工工艺准备光纤冷接器材。

④ 能准备电气作业的安全防护用品。

（2）《综合布线系统安装与维护职业技能等级标准》（2.0 版）表 3 职业技能等级要求（高级）对建筑群综合布线系统材料准备工作任务提出了如下职业技能要求。

① 能准备综合布线室外工程专用器材。

② 能检查施工现场的安全环境。

③ 能准备室外作业的安全保护用品。

④ 能在开工前检查全部施工材料准备情况。

2.2 填写领料单，领取和保管特殊器材

2.2.1 工作任务描述

本工作任务首先主要介绍如何规范填写领料单，然后重点介绍如何领取特殊器材、不常

用器材及需要小心保管和使用的器材。例如领取光纤适配器、光纤配线架、光纤跳线等。

2.2.2 相关知识介绍

《综合布线系统安装与维护（初级）》教材 2.2.2 节中，详细介绍了领料单的作用与范围、填写格式与内容等相关知识，简介如下，初学者请提前补习或预习。

1. 领料单一般为一式四联

第一联为存根联，由申领人所在部门保存备查。

第二联为保管联，由仓管员保存，作为登记材料出库明细账目依据。

第三联为记账联，由财务部门保存，作为项目成本核算依据。

第四联为业务联，由申领人保存，作为材料保管与管理清单。

2. 领料单有统一的格式

领料单一般由领料部门/项目部编制统一格式，具体由申领人填写、项目负责人审批、仓管员（主管）发料时签字等。没有签字或签字不全时不发料，也不能作为财务记账依据。

3. 按照领料单领取和发放材料

办理领料前，首先必须填写领料单，并按照领料单内容领取材料，按库房管理流程领取材料和签字。禁止无领料单等凭证出库现象，禁止先领料后补领料单的情况。

2.2.3 正确填写领料单

下面以表 2-1 所示工程项目器材领料单为例，简要介绍领料单填写注意事项，以及如何正确填写领料单等规范。请初学者提前补习或预习《综合布线系统安装与维护（初级）》教材 2.2.3 节相关内容。

表 2-1 西安开元电子实业有限公司领料单

工程项目器材领料单　　　　编号：　　　　时间：

工程名称：建筑物综合布线系统工程			施工工期	2 个工作日	
领用部门：工程部			事由/工序	光纤配线设备安装	
序号	材料/设备名称	型号规格	数量	用途	备注说明
1	SC 适配器	双工	16 个	光纤配线架安装	特殊器材
2	ST 适配器	双工	16 个	光纤配线架安装	特殊器材
3	组合式光纤配线架	8 口 SC+8 口 ST	4 个	楼层管理间安装	特殊设备
4	仪表螺丝刀	M2	2 把	安装 ST 适配器使用	专用工具
5	十字螺丝刀	M6	2 把	安装光纤配线架使用	常用工具
申领人签字：		项目负责人审批签字：		仓管员（主管）签字：	
时间：		时间：		时间：	

1. 领料单填写注意事项

（1）领料单书写工整、清晰。

（2）领料单无修改，保持单面整洁。

（3）栏目不够时另加页，空余栏画斜杠。

（4）工程名称正确，签字人完整。

（5）按工序填写领料单。

（6）按材料类别填写领料单。

2．正确填写领料单

填写领料单是一项细致的文案工作，首先需要花时间研究项目设计图纸、技术要求书、验收标准等投标文件；其次需要编制工程材料表，整理和计算需要的材料型号、规格、数量，并且增加合理的余量；最后根据施工工序，分批分次正确填写领料单。下面以表 2-1 为例，介绍正确填写领料单各项内容的具体要求。

（1）领料单编号按照顺序填写。

（2）正确填写时间。

（3）正确填写工程名称。

（4）正确填写领用部门、事由/工序。

（5）规范填写材料/设备名称。

（6）型号规格要清楚。

（7）数量正确，余量合理。

（8）用途正确，符合项目需要，每种材料都要填写实际用途。

（9）备注说明填写"特殊器材""专用工具"等信息。

（10）申领人签字时，应仔细复核领料单内容，保证全部信息和特殊要求正确。

（11）项目负责人签字时，应考虑库存与工期，审核是否符合项目需要、与进度匹配等。

（12）仓管员签字时，应核对出库材料与领料单，确认数量是否正确、有无多项漏项。

■■ 2.2.4　领取材料

1．领取材料的流程

领取材料的基本流程如下：

填写领料单→申请领料→核实、备料→发放材料→领料

2．领取材料的注意事项

（1）领料部门应按计划分期、分批领取材料，避免长期堆积，造成材料积压或损坏。

（2）领料部门必须填写领料单，内容填写规范、齐全，严格执行"见单发料"原则。

（3）指定专人负责领料，非指定人员领料时，一律不予受理。

（4）材料发放前仓管员认真清点出库材料数量、规格，确认与领料单相符。

（5）坚持"先进先出，后进后发，推陈储新，发零存整"，避免材料过期、老化。

（6）坚持"计划供应、有据可查"，做到一核对、二签字、三记账、四盘点。

（7）多余材料应及时退库，仓管员要及时进行验收登记。

2.3 常用器材规格和质量检查

在建筑物与建筑群综合布线系统工程设计和施工安装中，离不开光缆、电缆等各种传输介质、连接器件和器材设备。如表 2-2 所示为建筑物综合布线系统常用器材清单，包括光缆类、光缆连接器件类、电缆类、电缆连接器件类、机柜类和配件类等。

表 2-2　建筑物综合布线系统常用器材清单

序	类别	名称	常用规格
1	光缆类	光纤	单模、多模
		光缆	室内光缆，包括皮线光缆等
2	光缆连接器件类	光纤适配器	SC、ST、FC、LC
		光纤跳线	SC、ST、FC、LC
3	光缆设备类	光纤配线架	SC、ST、FC、LC、组合型
		光纤终端盒	SC、ST、FC、LC、组合型
		光纤收发器	SC、ST、FC、LC
		光分路器	模块式、插片式、机架式
		光纤面板与底盒	单口面板、双口面板
4	电缆类	非屏蔽双绞线电缆	5 类，5_e 类，6 类，6_A 类
		屏蔽双绞线电缆	6 类、6_A 类、7 类
		大对数电缆	25 对、50 对、100 对
5	电缆连接器件类	非屏蔽网络模块	5 类、5_e 类、6 类、6_A 类
		屏蔽网络模块	5 类、5_e 类、6_A 类、7 类
		非屏蔽 RJ45 网络水晶头	5 类、5_e 类、6 类
		屏蔽插头	GG45 插头、Tera 插头、7 类、8 类
6	电缆设备类	非屏蔽网络配线架	5 类、5_e 类、6 类
		屏蔽网络配线架	5 类、5_e 类、6 类、7 类
		110 型通信跳线架	25 对、50 对、100 对
		25 口语音配线架	RJ45 插口
		信息插座面板与底盒	86 型、120 型等
7	配件类	穿线管	PVC 穿线管、钢管、波纹管等
		线槽	20mm×12mm、25mm×25mm、30mm×15mm 等
		桥架	托盘式、槽式、梯式、网格
8	机柜类	网络机柜	配线机柜、壁挂式机柜等

2.3.1 光纤和光缆

为了方便教学实训，直观介绍常用器材的规格与质量，快速掌握相关知识，我们以国家发明专利产品"西元网络综合布线器材展示柜"实物为例介绍和说明，如图 2-1 所示的西元光缆展示柜精选了光缆传输系统的典型器材和设备。

在教学中，请扫描"光缆展示柜视频"二维码，观看配套的教学实训视频。有西元光缆展示柜的学校，扫描"光缆展示柜语音"二维码，或使用光缆展示柜配置的语音播放器，听语音对照实物产品反复学习。

该光缆展示柜有配套 VR 教学课件，扫描"光缆展示柜 VR"二维码，观看 VR 使用方法视频。

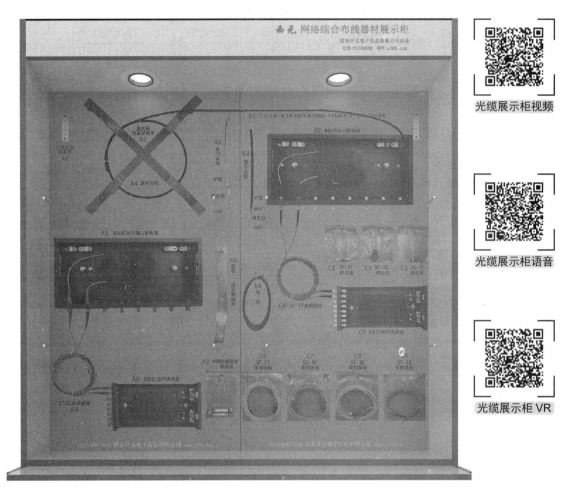

光缆展示柜视频

光缆展示柜语音

光缆展示柜 VR

图 2-1　西元光缆展示柜

1. 光纤

（1）光纤通信原理。光纤通信是以光波作为信息载体，以光纤作为传输介质的一种通信方式。从原理上看，构成光纤通信的基本物质要素是光纤、光源和光检测器。

如图 2-2 所示为光纤通信原理示意图，光纤通信原理就是在发射端首先要把传送的信息（如视频信号）变成电信号，然后调制到光发射机发出的激光束上，使光的强度随电信号的幅度（频率）变化而变化，并通过光纤发送出去；在接收端，光接收机再将光信号变换成电信号，经解调后恢复原信息。

（2）光纤基本结构。光纤是一种由玻璃或者塑料制成的通信纤维，其利用"光的全反射"原理，作为一种光传导工具。如图 2-3 所示为光纤结构示意图，光纤结构一般是双层或多层的同心圆柱体。中心部分为纤芯，纤芯以外的部分称为包层。纤芯的作用是传导光波，包层的作用是将光波封闭在光纤中传播。如图 2-4 所示为西元光缆展示柜中的光纤实物照片。

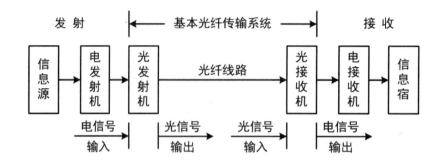

图 2-2　光纤通信原理示意图

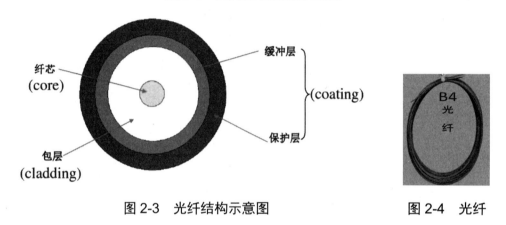

图 2-3　光纤结构示意图　　　　　图 2-4　光纤

（3）光纤分类。光纤按光在其中的传输模式可分为单模光纤和多模光纤。

① 单模光纤。如图 2-5 所示为单模光纤传输模式图。采用一种传输路径模式进行传输的光纤，简称单模光纤。单模光纤芯径较小，只有 9μm。由于使用更细的纤芯和单模光源，单模光纤的优点为消除了模式色散，衰减低，大宽带，传输距离远；缺点为不能与光源及其他光纤进行耦合，需要高质量的激光源，成本较高。单模光纤主要应用在长途骨干网、城域网、接入网等场合。

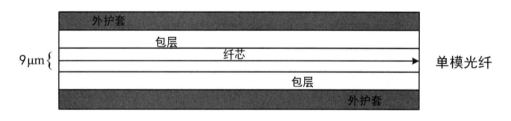

图 2-5　单模光纤传输模式图

② 多模光纤。如图 2-6 所示为多模光纤传输模式图。采用多种不同的传输路径模式进行传输的光纤，简称多模光纤。多模光纤的芯径比较大，常用的为 50μm 或 62.5μm。多模光纤的优点为容易与光源及其他光纤进行耦合，光源成本低；缺点为具有较高的衰减，低带宽，传输距离短。多模光纤主要应用在接入网、局域网等短距离场合。

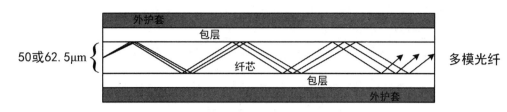

图 2-6　多模光纤传输模式图

如表 2-3 所示为目前常用的光纤分类及标准。

表 2-3　常用的光纤分类及标准

光纤名称	GB 15972（国标）	IEC 793（国际电工委员会）	ITU（国际电信联盟）
50μm 多模光纤	A1a	A1a	G.651
62.5μm 多模光纤	A1b	A1b	
非色散位移单模光纤	B1.1	B1.1	G.652A,B
截止波长位移单模光纤	B1.2	B1.2	G.654
波长扩单模光纤	B1.3	B1.3	G.652C,D
色散位移单模光纤	B2	B2	G.653
色散平坦单模光纤	B3	B3	
非零色散位移单模光纤	B4	B4	G.655A,B

（4）影响光纤传输的主要因素。影响光纤传输的主要因素包括衰减、色散和偏振模色散等，其特性、影响和原因如表 2-4 所示。

表 2-4　影响光纤传输的主要因素

主要因素	特性	影响	主要原因
衰减（Attenuation）	反映光信号损失的特性	限制了传输的距离	光的吸收、散射
色散（Dispersion）	反映脉冲展宽的特性	限制了传输容量的大小和传输的距离	不同的波长具有不同的速度
偏振模色散（PMD）	反映脉冲展宽的特性	限制了传输容量的大小和传输的距离	极化模的轴向传输速度不同

2．光缆

（1）光缆基本结构。如图 2-7 所示为常见的光缆结构。光缆是由单芯或多芯光纤构成的缆线，用适当的材料和缆结构，对通信光纤进行收容保护，使光纤免受机械和环境的影响和损害，适合不同场合使用。光缆的基本结构一般是由缆芯、加强钢丝、填充物和护套等几部分组成，另外根据需要还有防水层、缓冲层等构件。

中心管束式光缆　　　层绞式光缆　　　骨架式光缆　　　带状光缆

图 2-7　常见的光缆结构

（2）光缆型号的命名。

光缆型号的组成如图 2-8 所示，图中型式、规格和特殊性能标识之间应空一格。

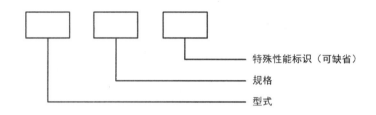

特殊性能标识（可缺省）

规格

型式

图 2-8　光缆型号的组成

① 型式由 5 个部分组成，依次为分类、加强构件、结构特征、护套、外护层，各部分均用代号表示。

② 规格依次由光纤规格、通信线和馈电线等组成，规格之间用"＋"号隔开。

③ 特殊性能标识，一般对于光缆的某些特殊性能可加相应标识。

光缆型号的命名比较复杂，具体可参考 YD/T 908—2020《光缆型号命名方法》。如表 2-5 所示为建筑物综合布线系统工程常用光缆型号中常见的代号及其含义。

表 2-5　常用光缆型号中常见的代号及其含义

分类		加强构件		结构特征		护套		外护层	
代号	含义	代号	含义	代号	含义	代号	含义	代号	含义
GJ	室内光缆	F	非金属	B	扁平形状	V	聚氯乙烯	22	绕包钢带铠装聚氯乙烯
GJY	室内外光缆	无符号	金属	8	8 字形状	U	聚氨酯	33	单细圆形钢丝铠装聚乙烯

（3）光缆的分类。光缆结构的主要作用就是保护内部光纤，不受外界机械应力、潮湿等的影响。因此光缆设计、生产时，需要按照光缆的应用场合、敷设方法等设计光缆结构。不同材料构成了光缆不同的机械、环境特性，有些光缆需要使用特殊材料从而达到阻燃、阻水等特殊性能。

光缆根据不同的角度分为不同的类型，以下为几种常用的分类方法。

① 按使用环境场合，分为室外光缆、室内光缆等。

② 按光纤的种类，分为单模光缆和多模光缆。

③ 按敷设方式，分为架空光缆、直埋光缆、管道光缆、水底光缆等。

④ 按缆芯结构，分为中心管式、层绞式、骨架式等。

⑤ 按光纤在光缆中的状态，分为紧套结构、松套结构、半松半紧结构等。

（4）建筑物综合布线系统工程常用的光缆。

① 室内光缆。室内光缆通常由紧套光纤、加强件及外护套组成，如图 2-9 所示。室内光缆主要用于建筑物内部局域网建设、垂直布线等。由于室内环境比室外要好得多，一般不需要考虑自然的机械应力和雨水等因素，所以多数室内光缆是紧套、干式、阻燃、柔韧

型的光缆。

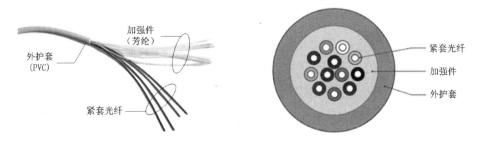

图 2-9　室内光缆基本组成

对于特定场所的光缆需求，也可以选择金属铠装、非金属铠装的室内光缆，这种光缆的结构有松套和紧套两种，类似室外光缆结构，其机械性能要优于无铠装结构的室内光缆，主要用于环境、安全性要求较高的场所。如图 2-10 所示为普通单芯室内光缆示意图，如图 2-11 所示为室内束状铠装光缆示意图，如图 2-12 为光缆展示柜中配置的室内光缆。

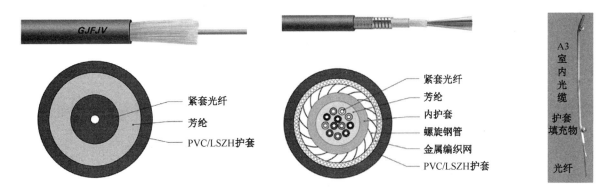

图 2-10　普通单芯室内光缆示意图　　图 2-11　室内束状铠装光缆示意图　图 2-12　室内光缆

② 皮线光缆。皮线光缆多为单芯、双芯、四芯结构，横截面呈 8 字型，加强构件位于两圆中心，可采用金属或非金属加强件，光纤位于 8 字型的几何中心。皮线光缆因为其柔软、轻巧，可以与尾纤熔接，也可以直接进行机械连接（冷接）等，在光纤到户（FTTH）等接入工程中被大量使用。如图 2-13 所示为皮线光缆结构示意图，如图 2-14 所示为常见的皮线光缆。

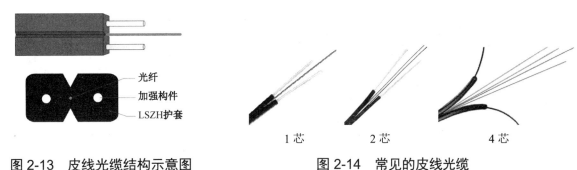

图 2-13　皮线光缆结构示意图　　　　图 2-14　常见的皮线光缆

▓ 2.3.2　光缆连接器件

光缆连接器件是为两段光缆提供光学、密封和机械强度连续性的机械保护装置。其目的是使发射光纤输出的光能量能最大限度地耦合到接收光纤中。在一定程度上，光缆连接器件影响了光传输系统的可靠性和各项性能。下面我们结合光缆展示柜，对综合布线系统常见的光缆连接器件展开介绍和说明。

1. 光纤适配器

光纤适配器是光纤与光纤之间进行连接，实现光信号分路/合路，或用于延长光纤链路的器件。光纤适配器一般由两个光纤连接头和一个适配器共三个部分组成，两个光纤连接头用于安装两个光纤尾端，适配器通过套管实现对准和定位作用。通常按照连接头的结构形式可分为SC、ST、FC、LC等类型，根据不同需求还有多种类型的转接适配器，如ST-SC光纤适配器。

（1）SC光纤适配器。如图2-15所示，其外形呈矩形，紧固方式采用插拔销闩式，在路由器、交换机和传输设备侧光接口应用最多。对于100Base-FX来说，适配器通常为SC类型。SC光纤适配器可直接插拔，使用很方便，缺点是容易脱落。

（2）ST光纤适配器。如图2-16所示，其外形呈圆形，紧固方式为螺丝扣式，常用于光纤配线架。ST光纤适配器插入后旋转半周有一卡口固定，缺点是容易折断。

接头　　　　　适配器　　　　　　　　接头　　　　　适配器

图2-15　SC光纤适配器　　　　　　　图2-16　ST光纤适配器

（3）FC光纤适配器。如图2-17所示，其外部加强方式是采用金属套，紧固方式为螺丝扣式，一般在光纤配线架侧采用。FC光纤适配器优点是牢靠、防灰尘，缺点是安装时间稍长。

（4）LC光纤适配器。如图2-18所示，其外形与SC光纤适配器相似，采用操作方便的模块化插孔闩锁方式，常用于路由器等设备。LC光纤适配器尺寸仅占SC/ST/FC连接器的一半，这样可以提高光纤配线架中光纤适配器的密度。

接头　　　　　适配器　　　　　　　　接头　　　　　适配器

图2-17　FC光纤适配器　　　　　　　图2-18　LC光纤适配器

2. 光纤跳线

光纤跳线是指光纤两端都安装有光纤连接器，用来实现光路活动连接的跳接线。光纤跳线常应用在光纤通信系统、光纤接入网、光纤数据传输及局域网等一些领域。一端装有光纤连接器的光纤称为尾纤。

　　根据光纤连接器的不同，光纤跳线一般分为 SC、ST、FC、LC 型，如图 2-19 所示为常见的光纤跳线。根据光纤类型的不同，光纤跳线可分为单模跳线和多模跳线。根据不同需求还有各种类型的转接跳线，如 ST-SC 光纤跳线。

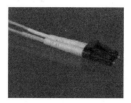

SC/SC 光纤跳线　　　　ST/ST 光纤跳线　　　　FC/FC 光纤跳线　　　　LC/LC 光纤跳线

图 2-19　常见的光纤跳线

　　如图 2-20 所示为光缆展示柜展示的几种类型的光纤跳线。

　　请扫描"光缆展示柜视频"二维码，观看光缆展示柜配套的视频进行学习，并且仔细观察展示柜内的实物展品，熟悉和掌握光纤光缆知识。

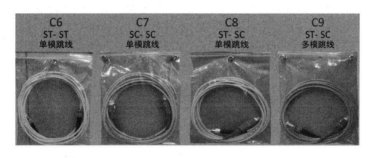

图 2-20　光缆展示柜展示的几种光纤跳线

■ 2.3.3　光缆配线设备

1. 光纤配线架

　　光纤配线架是光缆和光通信设备之间或光通信设备之间的配线连接设备，用于光纤通信系统中局端主干光缆的成端和分配，可方便地实现光纤线路的连接、分配和调度。如图 2-21 为光缆展示柜展示的 8 位 SC 光纤接口配线架，如图 2-22 所示为光缆展示柜展示的 8 位 ST 光纤配线架，如图 2-23 所示为 8 位 SC+8 位 ST 组合型光纤配线架。

　　请扫描"光纤配线架"二维码，观看彩色高清图片。

图 2-21　8 位 SC 光纤接口配线架　　　图 2-22　8 位 ST 光纤配线架

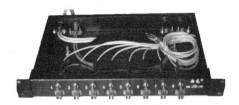

图 2-23　8 位 SC+8 位 ST 组合型光纤配线架

2．光纤终端盒

光纤终端盒又称光缆终端盒，是用于保护光缆终端和尾纤熔接的盒子，主要用于室内、室外光缆的直通熔接和分支接续及光缆终端的固定，并且保护尾纤盘储和接头。如图 2-24 所示为光缆展示柜展示的 8 位 SC 光纤终端盒和 8 位 ST 光纤终端盒。

请扫描"光纤终端盒"二维码，观看彩色高清照片。

光纤终端盒

图 2-24　光纤终端盒

3．光纤收发器

光纤收发器又名光电转换器，是一种类似于数字调制解调器的设备，不同的是其接入的是光纤专线，传输的是光信号。光电转换器将短距离的双绞线电信号和长距离的光信号进行互相转换，一般应用在以太网电缆无法覆盖、必须使用光纤来延长传输距离的网络环境中。如图 2-25 所示为光电转换器及其连接示意图。

图 2-25　光电转换器及其连接示意图

4．光分路器

光分路器又称分光器，是光纤链路中重要的无源器件之一，是具有多个输入端和多个输出端的光纤汇接器件。它将一根光纤中传输的光能量按照既定的比例分配给两根或多根光纤，或者将多根光纤中传输的光能量合成到一根光纤中。如图 2-26 为常见的光分路器。

5．光纤面板与底盒

光纤面板也称为光纤插座，用于建筑物工作区或住宅家庭，完成双芯光纤的接入及端口输出，为纤芯提供安全保护。在底盒内允许少量冗余光纤的盘存，实现 FTTD（光纤到桌面）系统应用。如图 2-27 所示为常见的光纤面板与底盒，为了满足盘纤和弯曲半径的需要，GB 50311—2016 规定底盒深度应不小于 60mm。

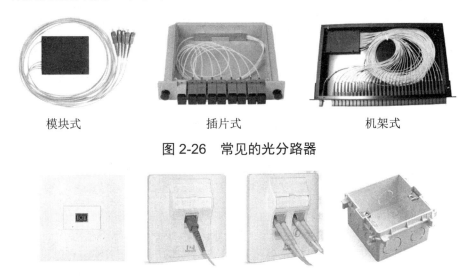

| 模块式 | 插片式 | 机架式 |

图 2-26 常见的光分路器

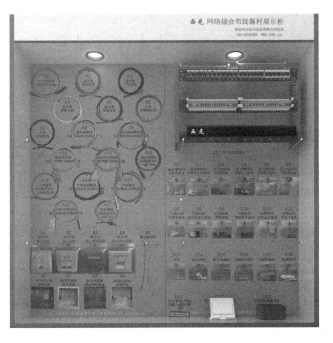

图 2-27 常见的光纤面板与底盒

2.3.4 双绞线电缆

为了直观介绍常用器材的规格与质量，快速掌握相关知识，我们以国家发明专利产品"西元网络综合布线器材展示柜"实物为例进行介绍和说明。如图 2-28 所示的电缆展示柜精选了电缆传输系统的典型缆线和设备进行展示和介绍。扫描"电缆展示柜视频"二维码，观看电缆展示柜配套的教学实训视频文件，对照实物反复学习。

该展示柜有配套 VR 教学课件，扫描"电缆展示柜 VR"，观看 VR 使用方法视频。

电缆展示柜视频

电缆展示柜 VR

图 2-28 电缆展示柜

1．双绞线电缆的命名方式

GB 50311—2016《综合布线系统工程设计规范》中，给出了双绞线电缆的命名方式，这个命名方式来自于国际标准，因此在全世界都是统一的。双绞线电缆的命名方式一般参照国际标准 ISO/IEC 11801—2017《信息技术 用户基础设施结构化布线》相关规定。

（1）如图 2-29 所示为双绞线电缆的命名方式，统一使用 XX/Y ZZ 编号表示。

① XX 表示电缆整体结构，U 为非屏蔽、F 为金属箔屏蔽、S 为金属编织物屏蔽、SF 为金属编织物屏蔽+金属箔屏蔽。

② Y 表示线对屏蔽状况，U 为非屏蔽，F 为金属箔屏蔽。

③ ZZ 表示线对状态，TP 为两芯对绞线对，TQ 为四芯对绞线对。

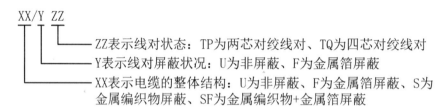

图 2-29 双绞线电缆的命名方式

（2）按照该规定，常用的双绞线电缆型号可以分为以下 8 种类型。

① U/UTP 为非屏蔽外护套结构，非屏蔽的两芯对绞线对电缆，简称非屏蔽电缆。

② F/UTP 为金属箔屏蔽外护套结构，非屏蔽的两芯对绞线对电缆，简称屏蔽电缆，该电缆外护套有金属箔屏蔽层。

③ U/FTP 为非屏蔽外护套结构，金属箔屏蔽的两芯对绞线对电缆，简称屏蔽电缆，该电缆线对有金属箔屏蔽层。

④ SF/UTP 为金属编织物+金属箔屏蔽外护套结构，非屏蔽的两芯对绞线对电缆，简称双屏蔽电缆，该电缆外护套有一层金属编织物屏蔽层和一层金属箔屏蔽层。

⑤ S/FTP 为金属编织物屏蔽外护套结构，金属箔屏蔽的两芯对绞线对电缆，简称双屏蔽电缆，该电缆外护套有金属编织物屏蔽层，线对有金属箔屏蔽层。

⑥ U/UTQ 为非屏蔽外护套结构，非屏蔽的四芯对绞线对电缆，简称非屏蔽电缆，该电缆为四芯对绞电缆。

⑦ U/FTQ 为非屏蔽外护套结构，金属箔屏蔽的四芯对绞线对电缆，简称屏蔽电缆，该电缆线对有金属箔屏蔽层。

⑧ S/FTQ 为金属编织物屏蔽外护套结构，金属箔屏蔽的四芯对绞线对电缆，简称双屏蔽电缆，该电缆外护套有金属编织物屏蔽层，线对有金属箔屏蔽层。

2．双绞线电缆的分级与类别

综合布线电缆布线系统的分级与类别划分应符合表 2-6 的规定。其中 5、6、6_A、7、7_A 类布线系统应能支持向下兼容的应用。

表 2-6　综合布线电缆布线系统的分级与类别

系统分级	系统产品类别	支持最高带宽（Hz）	支持应用器件	
			电缆	连接硬件
A	—	100K	—	—
B	—	1M	—	—
C	3 类（大对数）	16M	3 类	3 类
D	5 类（屏蔽和非屏蔽）	100M	5 类	5 类
E	6 类（屏蔽和非屏蔽）	250M	6 类	6 类
E_A	6_A 类（屏蔽和非屏蔽）	500M	6_A 类	6_A 类
F	7 类（屏蔽）	600M	7 类	7 类
F_A	7_A 类（屏蔽）	1000M	7_A 类	7_A 类

3．双绞线电缆传输距离规定

GB 50311—2016《综合布线系统工程设计规范》附录 C 规定，电缆在通信业务网中的应用等级与传输距离应符合表 2-7 的规定。

表 2-7　双绞线电缆应用传输距离

应用网络	布线类别				应用距离（m）	备注
10BASE-T 以太网	3	5_e	6	6_A	100	—
100BASE-TX 以太网	—	5_e	6	6_A	100	—
1000BASE-T 以太网	—	5_e	6	6_A	100	—
10GBASE-T 以太网	—	—	—	6_A	100	—
ADSL	3	5_e	6	6_A	5000	1.5Mb/s 至 9Mb/s
VDSL	3	5_e	6	6_A	5000	1500m 时，12.9Mb/s；300m 时，52.8Mb/s
模拟电话	3	5_e	6	6_A	800	—
FAX 传真	3	5_e	6	6_A	5000	—
ATM 25.6	3	5_e	6	6_A	100	—
ATM 51.84	3	5_e	6	6_A	100	—
ATM 155.52	—	5_e	6	6_A	100	—
ATM 1.2G	—	—	6	6_A	100	—
ISDN BRI	3	5_e	6	6_A	5000	128Kb/s
ISDN PRI	3	5_e	6	6_A	5000	1.472Mb/s

4．非屏蔽双绞线电缆

目前，非屏蔽双绞线电缆的市场占有率高达 90% 以上，主要用于建筑物楼层管理间到工作区信息插座等配线子系统部分的布线，也是综合布线系统工程中施工最复杂、材料用量最大、质量最重要的部分。常用非屏蔽双绞线电缆种类为 U/UTP，非屏蔽外护套结构，非屏蔽的两芯对绞线对电缆，简称非屏蔽电缆。下面以图片形式进行介绍，详细内容请参考《综合布线系统安装与维护（初级）》教材 2.3.1 节第 4 条内容。

如图 2-30 所示为常用 5_e 类非屏蔽双绞线电缆（5_e U/UTP）线对示意图。

如图 2-31 所示为 5e 类非屏蔽双绞线电缆（5eU/UTP）包装箱。

如图 2-32 所示为包装箱出线孔与固定夹、线端插入孔与长度标记等。

如图 2-33 所示为包装箱标签，包括产品名称、规格、护套颜色、厂家信息等。

如图 2-34 所示为 6 类非屏蔽双绞线电缆（6 U/UTP）的线对。

如图 2-35 所示为线对绞绕结构示意图，可以看到增加了塑料十字骨架。

如图 2-36 所示为包装轴照片。

如图 2-37 所示为便携式放线盘应用照片。

图 2-30　5e 类线对

图 2-31　包装箱

图 2-32　出线孔、线端标记

图 2-33　包装箱标签

图 2-34　6 类线对

图 2-35　6 类绞绕结构

图 2-36　包装轴照片

图 2-37　放线盘应用照片

5. 屏蔽双绞线电缆

常用屏蔽双绞线电缆分为 6 类、6_A 类、7 类、7_A 类等。屏蔽层结构分为三类结构，具体如下。

（1）第一类为外护套屏蔽结构，在 4 对双绞线外，增加屏蔽层，常见的型号如下。

① 如图 2-38 所示为 F/UTP，采用金属箔屏蔽外护套结构。

② 如图 2-39 所示为 SF/UTP，采用金属编织物+金属箔屏蔽外护套结构。

（2）第二类为线对屏蔽结构，就是在每组线对外增加屏蔽层，常见的型号为 U/FTP（图 2-40），非屏蔽外护套结构，金属箔屏蔽的两芯对绞线对结构。

（3）第三类为外护套屏蔽+线对屏蔽结构，也叫双屏蔽结构，常见的型号为 S/FTP（图 2-41），金属编织物屏蔽外护套+金属箔屏蔽的两芯对绞线对结构。

常用的屏蔽双绞线电缆的色谱与非屏蔽双绞线电缆的色谱相同。

图 2-38 F/UTP 结构　　图 2-39 SF/UTP 结构　　图 2-40 U/FTP 结构　　图 2-41 S/FTP 结构

6. 大对数电缆

（1）大对数电缆的组成。大对数电缆由 25 对有绝缘保护层的铜导线组成，一般有 3 类 25 对大对数电缆、5 类 25 对大对数电缆等。大对数电缆主要用于综合布线系统工程中的垂直子系统，作为建筑物的干线电缆，负责连接管理间子系统到设备间子系统。

如图 2-42 所示为大对数电缆基本结构，如图 2-43 所示为 25 对非屏蔽大对数电缆。

请扫描"大对数电缆"二维码，观看彩色高清图片。

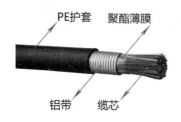
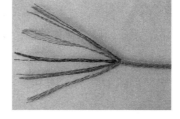

图 2-42 大对数电缆基本结构　　图 2-43 25 对非屏蔽大对数电缆

（2）大对数电缆的色谱。大对数电缆的色谱必须符合相关国际标准和中国标准，共由 10 种颜色组成，如表 2-8 所示。主色为白、红、黑、黄、紫 5 种，副色为蓝、橙、绿、棕、灰 5 种。

表 2-8　大对数电缆色谱表

主色	白	红	黑	黄	紫
副色	蓝	橙	绿	棕	灰

5 种主色和 5 种副色组成 25 种色谱，其色谱如下。

白谱：白蓝，白橙，白绿，白棕，白灰。

红谱：红蓝，红橙，红绿，红棕，红灰。

黑谱：黑蓝，黑橙，黑绿，黑棕，黑灰。

黄谱：黄蓝，黄橙，黄绿，黄棕，黄灰。

紫谱：紫蓝，紫橙，紫绿，紫棕，紫灰。

50 对电缆由 2 个 25 对组成，100 对电缆由 4 个 25 对组成，依此类推。每组 25 对再用副色标识，例如蓝、橙、绿、棕、灰。

■■ 2.3.5　双绞线电缆连接器件

《综合布线系统安装与维护（初级）》教材 2.3.2 节中，对双绞线电缆连接器件有较全面和详细的介绍，请初学者提前补习或预习。摘编主要专业知识和技术要求如下。

1．双绞线电缆连接器件性能指标规定

（1）连接器件应支持 0.4mm～0.8mm 线径导体的连接。

（2）连接器件的插拔次数不应小于 500 次。

2．双绞线电缆器件的连接方式规定

RJ45 型 8 位模块通用插座的连接方式分为 568A 和 568B 两种方式。其中 568B 连接方式如图 2-44 所示，从左到右为白橙、橙、白绿、蓝、白蓝、绿、白棕、棕。图 2-45 为 568B 通用插座实物照片，图 2-46 为 568B 通用插座端接模块实物照片。

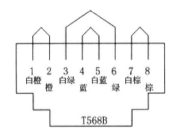

图 2-44　568B 插座连接色谱

图 2-45　568B 插座实物照片

图 2-46　568B 插座端接模块实物照片

3．常用非屏蔽网络模块种类

常用的非屏蔽网络模块主要有 5 类、5e 类、6 类、6A 类等。如图 2-47 所示为西元非屏蔽模块包装盒，每盒 24 个模块，刚好满足 24 口配线架使用，出厂时一般将同类模块独立包装在 1 盒中。如图 2-48 所示为产品使用说明书。

请扫描"XY24 网络模块"二维码，观看彩色高清照片。

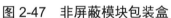

图 2-47　非屏蔽模块包装盒

XY24 网络模块

图 2-48　产品使用说明书

网络模块有多种结构和形状，下面分别介绍。使用前请仔细阅读厂家产品说明书，特别注意线序色谱标识，按照产品说明书进行安装。

（1）非屏蔽 5 类网络模块，如图 2-49 所示，简称 5 类模块。

（2）非屏蔽 5e 类网络模块，如图 2-50 所示，简称 5e 类模块。

（3）非屏蔽 6 类网络模块，如图 2-51 所示，简称 6 类模块。

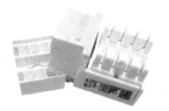

5 类 90 度网络模块与压盖　　　网络模块卡装示意图　　　网络面板安装图

图 2-49　5 类网络模块

5$_e$ 类直通非屏蔽模块　　　免打模块 1　　　免打模块 2

图 2-50　非屏蔽 5$_e$ 类网络模块

图 2-51　非屏蔽 6 类网络模块

4．屏蔽网络模块（适用于高级）

1）屏蔽网络模块的机械结构与电气工作原理。

目前，屏蔽网络模块的结构有很多种。下面选择了一种锌合金外壳的 6 类屏蔽网络模块，介绍其基本机械结构和电气工作原理。如图 2-52 所示，该屏蔽网络模块由 3 个部件和 6 个零件组成，外形尺寸为长 41mm、宽 17mm、高 26mm。

6 类屏蔽网络模块　　　6 类屏蔽网络模块部件　　　6 类屏蔽网络模块零件

图 2-52　6 类屏蔽网络模块

（1）网络模块。如图 2-53～图 2-56 所示，网络模块由 2 个塑料注塑件、1 块 PCB、8 个刀片、8 个弹簧插针组成，其中刀片长 12mm、宽 4mm。线芯压入塑料线柱时，被刀片划破绝缘层，夹紧铜导体，实现电气连接功能。将 8 个刀片和 8 个弹簧插针焊接在 PCB 上，通过 PCB 实现 RJ45 插口与模块的电气连接。PCB 与两个塑料注塑件固定在一起装入屏蔽外壳中，组成完整的网络模块。

   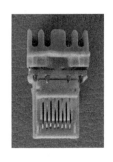

图 2-53 网络模块部件　　图 2-54 塑料注塑件　　图 2-55 刀片结构示意图　　图 2-56 网络模块图

（2）塑料压盖。如图 2-57 所示为塑料压盖，设计有 8 个卡线槽，上部为圆弧形，下部为长方形凹槽，中间为穿线孔，两面有线序标记。

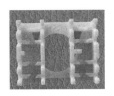 

图 2-57 塑料压盖图

（3）锌合金屏蔽外壳。如图 2-58 所示，锌合金屏蔽外壳由 3 个铸件组成，中间为 RJ45 插口，上部设计有与配线架固定的卡台，两边为活动压盖。压盖内部贴有绝缘片，避免线头与外壳接触导致短路。特别注意压盖上有双箭头，箭头向下表示压在下边，箭头向上表示压在上边。压盖一端设计有适合绑扎电缆的圆槽。

屏蔽外壳铸件图　　　　箭头图　　　　　　微开图　　　　　　　闭合图

图 2-58 锌合金屏蔽外壳

2）常用屏蔽网络模块种类。

屏蔽网络模块有多种结构和形状，常用的规格包括 5_e 类、6 类、6_A 类、7 类等，下面分别介绍。

（1）5_e 类屏蔽网络模块。如图 2-59 所示，采用锌合金屏蔽外壳，抗干扰能力强，50μm 镀金接触针片，电气接触和传输稳定，具有良好的抗氧性。该类模块的安装使用方法如图 2-60 所示。

（2）6_A 类屏蔽网络模块。6_A 类屏蔽网络模块的机械结构如图 2-61 所示。

图 2-59　5e 类屏蔽网络模块机械结构

| 1．剥掉网线外皮 | 2．剪掉撕拉线和十字骨架 | 3．把防尘盖套进网线中 | 4．把网线放入防尘盖中，按 568A/568B 颜色编码 |

| 5．剪掉防尘盖外面多余网线 | 6．完成的防尘盖槽内网线位置 | 7．将防尘盖正确安装在模块上面 | 8．将两边护套盖扣紧，用线扎绑紧 |

图 2-60　5e 类屏蔽网络模块的安装使用方法

图 2-61　6A 类屏蔽网络模块的机械结构

（3）7 类屏蔽网络模块。7 类屏蔽网络模块的机械结构和应用如图 2-62 所示，采用锌合金屏蔽外壳，抗干扰能力强，50μm 镀金接触针片，电气接触和传输稳定，具有良好的抗氧性。如图 2-63 所示为其线序示意图。

图 2-62　7 类屏蔽网络模块机械结构和应用

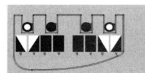 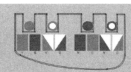  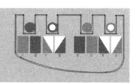

图 2-63　标准 T568A 线序（左图）和标准 T568B 线序（右图）

5．非屏蔽 RJ45 水晶头

RJ45 水晶头是一种国际标准化的接插件，使用国际标准定义的 8 个位置（8 针）的模块化插孔或者插头。

1）5 类水晶头。

如图 2-64 所示的 5 类水晶头，由 9 个零件组成，包括 1 个透明注塑插头体和 8 个刀片。

图 2-64　5 类水晶头

2）5_e 类水晶头。

如图 2-65 所示为 5_e 类水晶头采用的 3 叉结构刀片，刀片前端有 3 个针刺触点，接触面积更大，电气连接更可靠。如图 2-66 所示为刀片工作原理图，如图 2-67 所示为 5_e 类水晶头。

图 2-65　3 叉结构刀片示意图　　　图 2-66　刀片工作原理图　　　图 2-67　5_e 类水晶头

3）6 类水晶头。

6 类水晶头和 5 类水晶头的表面看起来结构相似，其实有很大不同。

（1）限位槽（进线孔）排列方式不同。

5 类、5_e 类水晶头的 8 个限位槽并排排列。但 6 类水晶头为 8 个进线孔上下两排排列，如图 2-68 所示为 6 类水晶头和内部的 8 个进线孔位置示意图。

  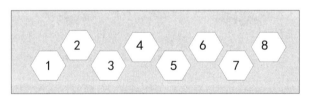

图 2-68　6 类水晶头限位槽结构图

（2）水晶头压接前后刀片位置不同。

如图 2-69 所示为 6 类水晶头压接前刀片位置，凸出水晶头表面。

如图 2-70 所示为 6 类水晶头压接后刀片位置，低于水晶头表面。

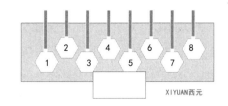

图 2-69　6 类水晶头压接前刀片示意图

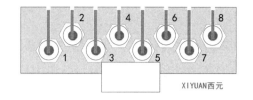

图 2-70　6 类水晶头压接后刀片示意图

（3）水晶头刀片结构不同。

6 类水晶头刀片前端设计为 3 叉针刺，5 类水晶头刀片前端设计为 2 叉针刺。如图 2-71 所示为 6 类水晶头 3 叉针刺结构和应用示意图。

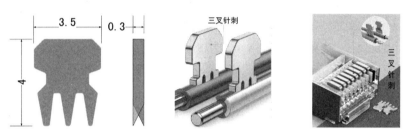

图 2-71　6 类水晶头 3 叉针刺结构和应用示意图

6．屏蔽插头（适用于高级）

屏蔽布线系统必须全部采用屏蔽器件，包括屏蔽电缆、屏蔽插头、屏蔽模块和屏蔽配线架等，同时建筑物和机柜需要有良好的接地线系统。在实际施工时，必须做到全部信道屏蔽的连续性，如果屏蔽层不连续，可能屏蔽层本身就会成为最大的干扰源，导致性能不如非屏蔽布线系统。

屏蔽插头（水晶头）全部带有金属屏蔽层，抗干扰性能优于非屏蔽水晶头，一般应用在屏蔽布线系统中。屏蔽插头与非屏蔽水晶头的线序相同，机械结构也类似，最大区别在于屏蔽插头带有金属屏蔽外壳，通过屏蔽外壳将外部电磁波与内部电路完全隔离。

1）GG45 插头与连接器。

7 类、7_A 类、8 类布线系统均为屏蔽布线系统，连接器件也为屏蔽产品，常用的连接器件为屏蔽插头。以金属铸件为主体的产品往往通体都不是透明的，其插头的结构为 GG45 型。如图 2-72 所示为 GG45 插头，如图 2-73 所示为 GG45 插座。

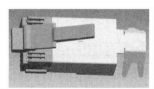

图 2-72　GG45 插头

图 2-73　GG45 插座

GG45 插头与连接器为 Nexans 公司 1999 年的专利产品，获得 ISO/IEC 标准化组织批准，成为新的国际标准插头结构。该产品减少了连接器中的信号串扰，提升了传输质量，并且兼容 RJ45 水晶头。其基本结构为在 RJ45 的基础上增加 2 对连接（3'6'/4'5'），位置设计在原 RJ45 结构 1/2、7/8 针脚的对面，兼容 RJ45 插头（250MHz），实现高速连接时则断开 36/45 针，启用 3'6'/4'5'针。在进行转换时，GG45 插头挤压 GG45 插座内的转换开关，接通新增的 3'6'/4'5'针（600MHz）。GG45 与 RJ45 兼容性较好，支持 7 类 600MHz 物理带宽。如图 2-74 所示为 GG45 插座、GG45 模块、GG45 跳线插头实物照片。

GG45 插座　　　　　　　GG45 模块　　　　　　　GG45 跳线插头

图 2-74　GG45 插座、模块、跳线插头

如图 2-75 所示为 7/7$_A$ 模块插座连接方式，当插座使用插针 1、2、3、4、5、6、7、8 时，能够支持 5 类、6 类布线应用；当使用插针 1、2、3'、4'、5'、6'、7、8 时，能够支持 7 类和 7$_A$ 类布线应用。

通俗来讲，GG45 的特点就是在肩膀上安装了 3'、6'和 4'、5'，有些厂家的 GG45 插头产品则干脆去掉了 3、6 和 4、5，只保留 1、2、3'、6'、4'、5'、7、8。

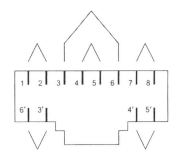 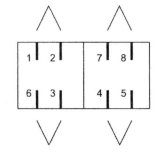

7/7$_A$ 模块插座连接（正视）方式 1　　　　　7/7$_A$ 插座连接（正视）方式 2

图 2-75　7/7$_A$ 模块插座连接方式

2）Tera 插头与连接器。

Tera 连接器是 Siemon 公司的专利产品，由 TIA 批准为标准结构，支持 1000MHz 物理带宽，但是不能兼容 RJ45 结构。如图 2-76 所示，该产品的基本结构就是，在类似 RJ45 尺寸基础上，在 4 角设计了 4 对针脚，并且各自屏蔽，这样的设计加大 4 个线对的间距，减少了线对之间的串扰。

Tera 连接器中的 4 个独立屏蔽线对，能够相互独立地同时支持各种应用及多项专门应用。如图 2-77 所示为同时支持 RJ11 型连接器的语音、CVTA 插头的宽带视频、RJ45 型的 10/100Mbit/s 宽带以太网等多种综合应用，如图 2-78 所示为专门支持 4 个语音用户、2 个以太网用户或 2 个宽带视频用户。

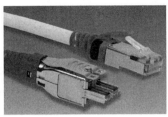

图 2-76　Tera 插头与连接器的结构照片

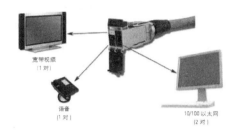

图 2-77　同时支持 RJ11 语音、CVTA 宽带视频、RJ45 宽带以太网综合应用

图 2-78　专门支持 4 个语音用户、2 个以太网用户或 2 个宽带视频用户应用

3）7 类屏蔽水晶头的机械结构和电气工作原理。

下面我们以图 2-79 所示 7 类屏蔽水晶头为例，介绍屏蔽水晶头的机械结构和电气工作原理，该屏蔽水晶头由 11 个零件组成，包括 1 个透明注塑插头体、8 个刀片、1 个金属屏蔽外壳、1 个透明限位支架。

（1）如图 2-80 所示为金属燕尾夹的应用示意图，保证水晶头的屏蔽层与电缆的屏蔽层可靠接触，并且固定牢固，使电缆不松动。如图 2-81 所示的水晶头刀片为 3 叉针刺结构，表面镀镍、镀金，电气导通性更强，传输更稳定。

图 2-79　屏蔽水晶头　　　图 2-80　燕尾夹　　　图 2-81　3 叉针刺

（2）如图 2-82 所示，屏蔽水晶头的限位支架上下两排排列。如图 2-83 所示为限位支架应用，能够保证排线准确，快速端接。

（3）7 类屏蔽水晶头技术参数。

该 7 类屏蔽水晶头为 RJ45 型，限位孔兼容线芯直径≤1.3mm，刀片镀镍、镀金，增强抗氧化性能与电气传导性能，详细尺寸如图 2-84 所示。

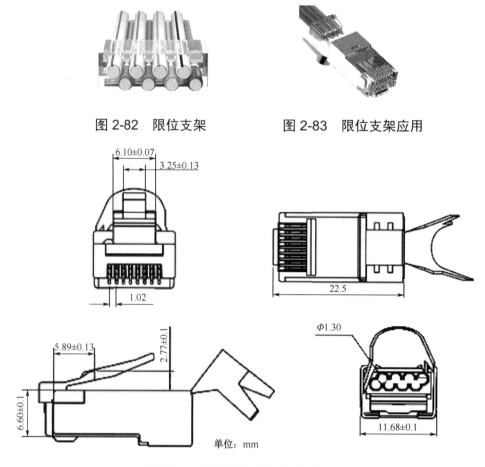

图 2-82 限位支架   图 2-83 限位支架应用

单位：mm

图 2-84 7 类屏蔽水晶头技术参数

4）8 类屏蔽水晶头的机械结构和电气工作原理。

该屏蔽水晶头沿用 RJ45 结构，但与其他屏蔽水晶头在机械结构及端接方法上区别较大。

（1）端接方式不同。如图 2-85 所示，8 类屏蔽水晶头为免打型，不需要打线工具，操作简单，可重复使用，插拔次数≥1500 次。

图 2-85 8 类屏蔽水晶头照片

（2）机械结构不同。8 类屏蔽水晶头结构复杂，主要组成零件包括锌合金外壳、刀片、电路板、限位支架、卡线端子、锡箔纸、金属护套等，图 2-86 为 8 类屏蔽插头零件图。

（3）限位支架不同。如图 2-87 所示，8 类屏蔽水晶头限位支架分为上下两层结构，并带有线序标识，限位支架上下两排长短不同，与卡线端子相对应。图 2-88 为限位槽应用示意图。

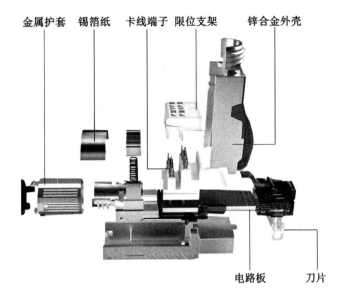

图 2-86　8 类屏蔽水晶头零件图

 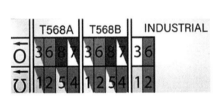

图 2-87　限位槽线序标识

图 2-88　限位槽应用示意图

（4）8 类屏蔽水晶头端接步骤。图 2-89 为 8 类屏蔽插头的端接方法和步骤。

1. 把护套穿进网线

2. 剥除电缆外护套

3. 保持屏蔽层完整

4. 剪掉多余屏蔽线

5. 剪开铝箔屏蔽层

6. 按 568B 整理线序

7. 线芯穿过打线盖

8. 线芯压入线槽

9. 检查线序

10. 将锡箔粘在尾部

11. 压紧打线盖

12. 压紧和旋入螺丝护套

图 2-89　8 类屏蔽水晶头的端接方法和步骤

2.3.6 双绞线电缆配线设备

《综合布线系统安装与维护（初级）》教材 2.3.3 节中，对双绞线电缆配线设备有较全面和详细的介绍，请初学者提前补习或预习。摘编主要专业知识和技术要求如下。

网络配线架是综合布线系统的主要组件。如图 2-90 所示，常用的非屏蔽网络配线架都是1U 规格，外形尺寸为上下高 44.45mm（1U），左右长 482mm，前后宽为 30mm，安装孔距为上下高 31.75mm，左右长 465.1mm。

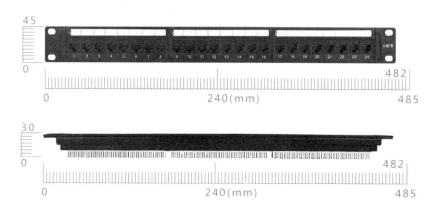

图 2-90 非屏蔽网络配线架外形尺寸示意图

1．5 类非屏蔽网络配线架

5 类非屏蔽网络配线架可提供 100MHz 的带宽，如图 2-91 所示，正面为 RJ45 口，用于插接跳线。如图 2-92 所示，背面为 110 型模块，采用 110 型端接方式。

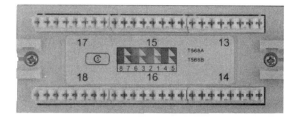

图 2-91 5 类网络配线架正面插口放大图　　图 2-92 5 类网络配线架背面模块放大图

2．5$_e$ 类非屏蔽网络配线架

5$_e$ 类非屏蔽网络配线架支持最高 100MHz 带宽，如图 2-93 所示为产品正面和背面的端接照片。如图 2-94 所示为 T568A、T568B 色谱标签端接示意图。

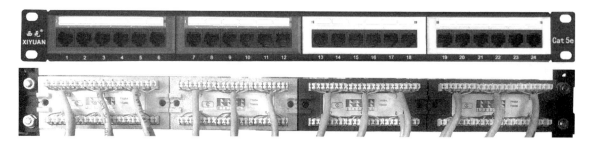

图 2-93 5$_e$ 类非屏蔽网络配线架

图 2-94　非屏蔽网络配线架色谱标签端接示意图

3．6 类非屏蔽网络配线架

6 类非屏蔽网络配线架支持最高 250MHz 带宽。如图 2-95 所示为 6 类非屏蔽网络配线架正面照片和背面照片。配线架自带理线环，便于电缆捆扎固定，保证机柜内电缆方便检修和整体美观。

图 2-95　6 类非屏蔽网络配线架

4．RJ45 口语音配线架

语音配线架可以实现多个语音设备之间的互联，常用 RJ45 口语音配线架为 25 口，用于 25 对大对数电缆的端接。如图 2-96 所示为 25 口 RJ45 语音配线架结构示意图，如图 2-97 所示为语音配线架插口、卡线槽示意图。

图 2-96　25 口 RJ45 语音配线架结构示意图

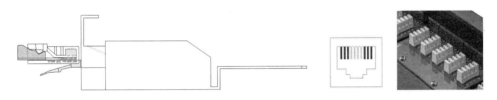

图 2-97　25 口 RJ45 语音配线架插口、卡线槽示意图

25 口 RJ45 语音配线架的前面板设计有 25 个 RJ45 型插口，每个插口有 4 个弹簧插针，如图 2-98 所示。如图 2-99 所示为语音配线架端接工艺图。

图 2-98　电路板与卡线槽

图 2-99　语音配线架端接工艺

5. 7类屏蔽网络配线架（适用于高级）

7类布线系统一般为屏蔽布线系统，支持最高600MHz带宽。7类布线系统都采用屏蔽网络配线架，设计有专门的接地汇集排和接地端子，接地汇集排将屏蔽模块的金属壳体电气连接在一起，连接至机柜内的接地端子完成接地。如图2-100所示为7类屏蔽网络配线架图片。

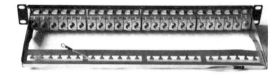

图2-100　7类屏蔽网络配线架图片

7类屏蔽网络配线架一般采用卡装式模块，其外壳一般为锌合金铸件，安装尺寸与非屏蔽配线架相同，如图2-101所示为7类屏蔽网络配线架模块端接和应用示意图。

1. 剥除电缆外皮　　　　2. 剥除屏蔽层和整理线序　　　　3. 将线芯嵌入压盖

4. 压线和扣紧压盖　　　　5. 把模块卡装在配线架上　　　　6. 安装在机柜上并且理线

图2-101　7类屏蔽网络配线架模块端接和应用示意图

6. 110型通信跳线架（适用于高级）

110型通信跳线架在综合布线系统中主要用于语音配线系统，如图2-102所示为110型通信跳线架的高强度塑料鱼骨、卡接模块、标识标签、标准U支架。端接时使用专用打线刀可将线对依次"冲压"端接到110型通信跳线架上，完成大对数电缆的端接。如图2-103所示为110型通信跳线架端接后的照片。110型通信跳线架有时也应用于网络系统，在信息点较多的综合布线系统中，可以利用大对数电缆结合110型通信跳线架完成对语音、数据信息点的转接，减少缆线的应用，节约成本。

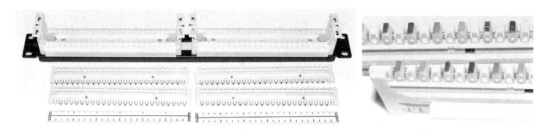

图 2-102　110 型通信跳线架塑料鱼骨、卡接模块、标识标签、标准 U 支架

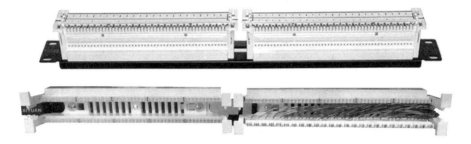

图 2-103　110 型通信跳线架端接作品

2.3.7　综合布线系统工程常用配件

为了方便教学实训，直观介绍常用器材的规格与质量，快速掌握相关知识，我们以国家发明专利产品"西元网络综合布线器材展示柜"实物为例介绍和说明。如图 2-104 所示的西元配件展示柜，精选了工程常用线管与线槽等配件实物进行展示。请扫描"配件展示柜视频"二维码，观看配套的教学实训视频，对照实物产品反复学习。

配件展示柜视频

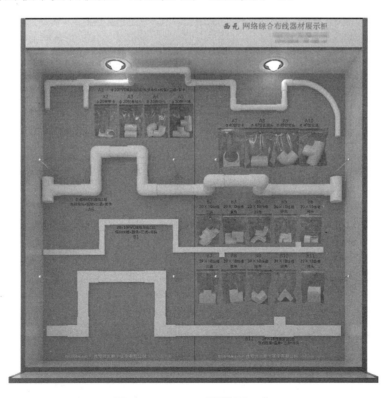

图 2-104　西元配件展示柜

《综合布线系统安装与维护（初级）》教材2.3.6节中，对穿线管和线槽有较全面详细的介绍，请初学者提前补习或预习。摘编主要专业知识和技术要求如下。

更多桥架相关知识详见本教材工作任务5的5.2.2节。

1．穿线管

穿线管分为钢管和PVC管，主要用于建筑物和建筑群的布线，一般暗埋在楼板、过梁和立柱内，建筑群室外工程一般暗埋或敷设在地沟内。在工程设计和安装中应注意下列问题。

（1）穿线管应采用暗埋方式，楼板内暗埋管直径一般不超过$\Phi20$mm。

（2）穿线管拐弯时，应保证弯曲半径符合要求，宜使用自制的大拐弯弯头。

2．线槽

线槽分为塑料线槽和金属线槽两种，配套附件包括阳角、阴角、平角、三通、接头、堵头等。

▦ 2.3.8 桥架

桥架一般安装在建筑群设备间和建筑物设备间、管理间、弱电竖井或楼道顶部、吊顶上等，用于电缆和光缆的安装。如图2-105所示为西元桥架展示系统，以实物方式展示了桥架的安装方法和常用部件。请扫描"桥架"二维码，观看彩色高清照片。

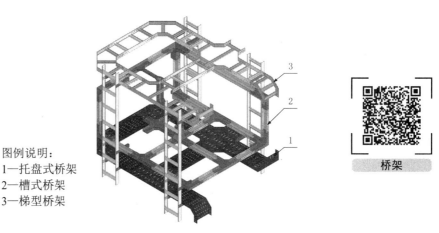

图例说明：
1—托盘式桥架
2—槽式桥架
3—梯型桥架

图2-105 西元桥架展示系统

1．托盘式桥架

托盘式桥架是应用最为广泛的一种电缆敷设和安装设备。它具有重量轻、载荷大、造型美观、结构简单和安装方便等优点。

2．槽式桥架

槽式桥架是全封闭结构，适用于敷设各种电缆，也能够屏蔽外来干扰，保护电缆。

3．梯型桥架

梯型桥架具有重量轻、载荷大、成本低、安装方便、散热和通透性好、外形美观等优点，适合安装大对数电缆和密集布线。

4．网格桥架

网格桥架一般用电镀的铁丝制作，如图 2-106 所示，适用于设备间、管理间等室内布线。

图 2-106　网格桥架

2.3.9　网络机柜

1．标准 U 机柜

机柜是安装设备和缆线交接的地方。标准机柜以 U 为单位区分（1U=44.45mm）。

标准机柜的规格一般为 19 英寸，内部立柱安装尺寸宽度 482mm（约 19 英寸）。机柜外部尺寸宽度为 600mm，深度为 600mm，高度尺寸一般为 2000mm。服务器机柜深度≥800mm，满足刀片式服务器安装要求。具体规格如表 2-9 所示。

表 2-9　网络机柜规格表

产品名称	单元	规格型号/mm（宽×深×高）	产品名称	单元	规格型号/mm（宽×深×高）
普通墙柜系列	6U	530×400×300	普通网络机柜系列	18U	600×600×1000
	8U	530×400×400		22U	600×600×1200
	9U	530×400×450		27U	600×600×1400
	12U	530×400×600		31U	600×600×1600
普通服务器机柜系列（加深）	31U	600×800×1600		36U	600×600×1800
	36U	600×800×1800		40U	600×600×2000
	40U	600×800×2000		45U	600×600×2200

2．配线机柜

配线机柜是为综合布线系统特殊定制的机柜。其特殊点在于增添了布线系统特有的一些附件，例如垂直布置的理线架、理线环、光纤收纳架等，并对电源的布局提出了特别的要求。常见的配线机柜如图 2-107 所示。

3．服务器机柜

常用服务器机柜一般安装在设备间子系统中，如图 2-108 所示。

4．壁挂式机柜

壁挂式机柜主要用于楼层管理间或者分管理间，外观轻巧美观，全柜采用钢板制作，柜门一般装有玻璃，机柜背面有四个挂墙的安装孔，可将机柜挂在墙上节省空间，广泛用于小型综合布线工程、楼道明装、办公室内明装等，如图 2-109 所示。

图 2-107 配线机柜

图 2-108 服务器机柜

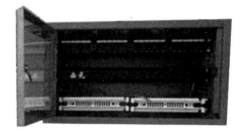

图 2-109 壁挂式机柜

5．机柜立柱安装尺寸

在楼层管理间和设备间，模块化配线架和网络交换机一般安装在 19 英寸的机柜内。为了使安装在机柜内的配线架和网络交换机美观大方且方便管理，必须对机柜内设备的安装进行规划，具体遵循以下原则。

① 配线架一般安装在机柜下部，交换机安装在其上方。

② 每个配线架配套安装一个理线架，每个交换机也要配套安装一个理线架。

③ 正面的跳线从配线架中出来全部要放入理线架内，然后从机柜侧面绕到上部的交换机间的理线架中，再插入交换机端口。

一般网络机柜的安装尺寸执行 YD/T 1819—2016《通信设备用综合集装架》的规定，具体安装尺寸如图 2-110 所示，如图 2-111 所示为常见的机柜内配线架安装实物图，如图 2-112 所示为西元综合布线安装技能展示装置。

请扫描"安装技能展示"二维码，下载彩色高清照片。

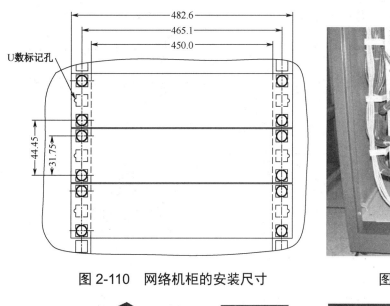

图 2-110 网络机柜的安装尺寸

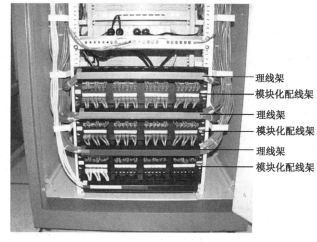

图 2-111 机柜内配线架安装实物图

安装技能展示

图 2-112 西元综合布线安装技能展示装置

2.4 规格和质量检查

2.4.1 工作任务描述

在综合布线系统工程施工前，技术人员需要对相关工程材料进行施工前检查，核实材料的相关信息。技术人员需要具备一定的专业知识，能够识别材料的基本信息，检查材料的名称、规格、数量、标识标志、质量等内容。

本任务要求掌握材料检查的相关知识，完成材料检查典型工作任务。

2.4.2 相关知识介绍

《综合布线系统安装与维护（初级）》教材 2.3.7 节中，详细介绍了规格和质量检查的相关知识，简介如下，初学者请提前补习或预习。

1．材料/设备的一般性检查

器材应具备的质量文件或证书包括产品合格证、检验单位出具的检验报告或认证证书、进网许可证、质量保证书等。如图 2-113 所示为 3C 认证标志，如图 2-114 所示为进网许可证，如图 2-115 所示为产品合格证。

图 2-113　3C 认证标志　　　　　图 2-114　进网许可证　　　　　图 2-115　产品合格证

2．光缆的检查

1）光缆开盘后应先检查光缆端头封装是否良好。

当光缆外包装或光缆护套有损伤时，应对该盘光缆进行光纤性能指标测试，并应符合下列规定。

（1）当有断纤时，应进行处理，并应检查合格后再使用。

（2）光缆 A、B 端标识应正确、明显。

（3）光纤检测完毕后，端头应密封固定，并应恢复外包装。

2）单盘光缆应对每根光纤进行长度测试。

3）光纤检查软线或光纤跳线检验应符合下列规定。

（1）两端的光纤连接器件端面应装配合适的保护盖帽。

（2）光纤应有明显的类型标记，并应符合设计文件要求。

（3）应使用光纤端面测试仪对该批量光连接器件端面进行抽验，比例约为 5%～10%。

3．连接器件的检查

（1）光纤连接器件及适配器的型式、数量、端口位置应与设计相符。

（2）光纤连接器件应外观平滑、洁净，并不应有油污、毛刺、伤痕及裂纹等缺陷，各零部件组合应严密、平整。

4．型材、管材与铁件的检查和配线设备的检查

详见初级教材。

2.4.3　工作任务实践

任务场景：某建筑物综合布线改造项目，前期已经完成了管路的暗埋敷设工作，接下来需要进行穿线和信息插座的安装工序。为保障后续工作的顺利实施，现需要对该工序涉及的

材料进行施工前检查。施工材料如表 2-10 所示。

表 2-10　施工材料

序	材料名称	规格/型号	数量	单位	品牌	说明
1	双绞线电缆	CAT 5$_e$，UTP，4×2×0.5，室内	30	箱	XIYUAN	305m/箱
2	室内光缆	4 芯，多模	5	轴	XIYUAN	200m/轴
3	皮线光缆	单芯	10	轴	XIYUAN	200m/轴
4	信息插座面板	86 型，双口，白色塑料	120	个	XIYUAN	配套安装螺丝
5	网络模块	CAT 5$_e$，非屏蔽，免打	120	个	XIYUAN	
6	语音模块	RJ11，非屏蔽，免打	120	个	XIYUAN	

施工材料应满足连续施工和阶段施工的要求，如果出现材料的短缺或坏件，将直接影响施工进度，降低施工效率，增加运费和管理费等工程费用。因此，相关技术人员必须在施工前对材料进行检查。不同施工单位的材料检查程序、内容和要求可能不同，但均大同小异。一般的材料检查流程如下。

第一步：名称及证明文件检查。

按照设计文件和材料表，逐项清点核对材料名称；核实材料相关证明文件，并合理保存相关文件资料。如图 2-116 所示为西元材料的质量认证标识。

第二步：外观检查。

检查材料包装是否完整，颜色是否合格，外观是否有破损，尺寸是否合格，金属部件表面有无掉漆、生锈现象等。信息插座面板应检查其包装是否完整、颜色是否符合要求、滑动插口盖板等部位是否有破损、外形尺寸是否符合要求、插口标识是否可辨识等。如图 2-117 所示为信息插座插口及标识。

图 2-116　西元材料质量认证标识

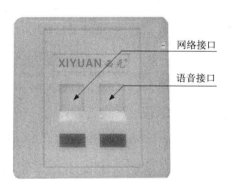

图 2-117　信息插座插口及标识

第三步：规格/型号、数量、品牌检查。

检查材料规格/型号是否符合设计要求，材料的数量是否有短缺、余量，材料的品牌是否为规定厂商等。

认清缆线外护套上印刷的各种识别记号对于组建网络、综合布线、正确选择不同类型的光缆和电缆大有帮助。通常不同生产厂商的产品标志可能不同，但大同小异。

1）如图 2-118 所示为常见的双绞线电缆的识别标记。

XIYUAN	CAT. 5E UTP 4x2x0.5	YD/T 1019-2001	PVC	LOT NO	<<<<264M>>>>
品牌	规格/型号	生产标准	外护套	生产批号	长度标志

图 2-118　常见的双绞线电缆的识别标记

图中双绞线电缆的识别标记主要信息如下。

（1）品牌：指该双绞线电缆的生产厂商，如本项目中的品牌为"XIYUAN"。

（2）规格/型号：该双绞线电缆为超 5 类，非屏蔽，4 对 2 芯，线径为 0.5mm。

（3）生产标准：YD/T 1019《数字通信用聚烯烃绝缘水平对绞电缆》。

（4）长度标志：以 1m 的间距印有以"m"为单位的长度标志。如一般双绞线电缆为 305m/箱，"264M"即代表该节点位置为 264m 处。

2）如图 2-119 所示为常见的室内光缆的识别标记。

HSKOC	GJFJV-4F　SM　G652	18/08/03A	1067M
品牌	规格/型号	生产批号	长度标志

图 2-119　常见的室内光缆的识别标记

图中光缆的识别标记主要信息如下。

（1）品牌：指该光缆的生产厂商，如本项目中的品牌要求为"HSKOC"。

（2）规格/型号：该光缆为 G652 型室内单模 4 芯光缆。注：GJ—室内光缆，F—非金属加强构件，J—光缆紧凑涂覆结构，V—聚氯乙烯护套，SM—单模。

（3）长度标志：以 1m 的间距印有以"m"为单位的长度标志，"1067M"即代表该节点位置为 1067m 处。

第四步：光缆质量检查。

材料质量检查主要指检查测试材料的机械性能、电气性能、传输性能等是否满足设计要求。光纤链路通常使用可视故障定位仪进行连通性测试，一般可达 3km～5km。光纤损耗、单盘光缆长度等参数通常使用 OTDR 测试仪表进行测试。单盘测试结果应与出厂测试记录一致，并符合设计要求。对工程设备缆线和跳线可按 5%比例进行抽样测试。

第五步：填写材料检查登记表。

在完成材料检查工作过程中，应及时完成材料检查登记表的填写，做好相关信息记录，以备核查与处理。根据具体工程或单位管理模式，材料检查登记表的具体内容和格式会略有差别，如表 2-11 所示为西安开元电子实业有限公司材料检查登记表。

表 2-11　西安开元电子实业有限公司材料检查登记表

工程名称			材料名称	
检查人员			检查日期	
检查项目	检查内容	检查记录		检查结果
名称、资料 检查	材料名称	□一致　　　□不一致		
	合格证、检验报告是否齐全	□齐全　　　□不齐全		
外观检查	包装是否完整	□完整　　　□不完整		
	颜色是否合格	□一致　　　□不一致		
	外观是否有破损	□有　　　　□无		
	尺寸是否合格	□有　　　　□无		
	金属部件表面有无掉漆、生锈现象	□有　　　　□无		
	配件是否齐全	□完整　　　□不完整		
规格检查	品牌	□一致　　　□不一致		
	规格/型号	□一致　　　□不一致		
	数量	□一致　　　□不一致		
性能检查				
抽检比例	检查数量		合格数量	不合格 数量
检查结论和分析				

2.5　光纤冷接器材准备

2.5.1　工作任务描述

在光纤布线过程中，光纤的接续方式一般分为冷接和熔接两种。光纤冷接一般采用光纤快速连接器或光纤冷接子完成光纤的接续。尤其是 SC 光纤连接器，因为它的终接成功率高、稳定性强等特点而被广泛应用于现场布线与 FTTH。

本任务要求掌握光纤冷接器材的相关知识，完成光纤冷接器材的准备。

2.5.2　相关知识介绍

1．直通型快速连接器

如图 2-120 所示为常见的直通型快速连接器。这种连接器内部无连接点，只需将切割好的纤芯从尾端插入到连接器顶端即可，最终的光纤端面就是现场切割刀切割的平面型光纤端面。直通型快速连接器结构简单，造价低，但对光纤切割端面依赖性强，对切割长度、加持件硬度及陶瓷插芯与光纤直径匹配等要求较高。如图 2-121 所示为直通型快速连接器结构和原理。

图 2-120　直通型快速连接器

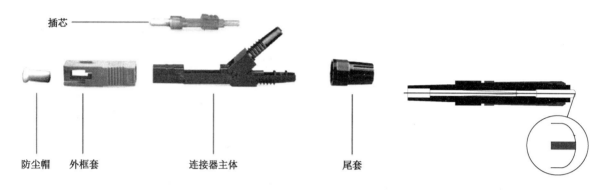

插芯　　　　　　　防尘帽　外框套　　　　连接器主体　　　　尾套

图 2-121　直通型快速连接器结构和原理

2．预埋型快速连接器

如图 2-122 所示为常见的预埋型快速连接器。这种连接器插芯内预埋一段光纤，光缆开剥、切割后与预埋光纤在连接器内部 V 型槽内对接，V 型槽内填充有匹配液，最终陶瓷插芯处的光纤端面是预埋光纤的球形端面。预埋型快速连接器的预埋光纤能有效保障回波消耗，不过分依赖光纤切割端面，同时通过注胶固化，能有效避免光纤晃动、偏芯的情况。如图 2-123 为预埋型快速连接器结构和原理。

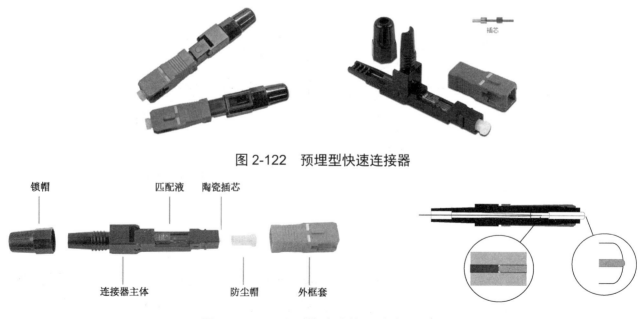

插芯

图 2-122　预埋型快速连接器

锁帽　　　　　　匹配液　陶瓷插芯　　　　　　　连接器主体　　　防尘帽　外框套

图 2-123　预埋型快速连接器结构和原理

3．光纤冷接子的结构原理

光纤冷接子实现光纤与光纤之间的固定连接。皮线光缆冷接子，适用于 2×3mm 皮线光缆，如图 2-124 所示。光纤冷接子适用于 250μm/900μm 单模/多模光纤，如图 2-125 所示。

两种冷接子原理一样，两段处理好的光纤纤芯从光纤冷接子两端的锥形孔推入。由于内腔逐渐收拢的结构可以很容易地进入中间的 V 型槽部分，从 V 型槽间隙推入光纤到位后，将两个推管向中间移动压住盖板，使光纤固定，就完成了光纤与光纤之间的固定连接，如图 2-126 所示。

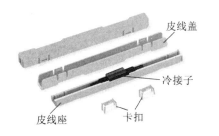

图 2-124 皮线光缆冷接子

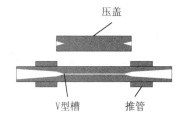

图 2-125 光纤冷接子

图 2-126 光纤冷接子结构原理

■ 2.5.3 工作任务实践

1．设备准备

下面以西元综合布线系统安装与维护装置为例，介绍光纤冷接器材准备工作。综合布线系统安装与维护装置产品型号为 KYPXZ-01-56，如图 2-127 所示。

左视图

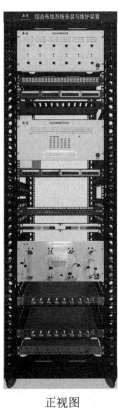

正视图

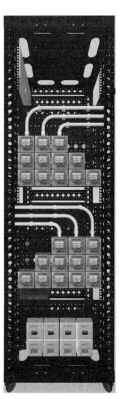

右视图

图 2-127 综合布线系统安装与维护装置

该装置依据《综合布线系统安装与维护职业技能等级标准》职业技能等级要求与技能鉴定需求专门研发，具备教学认知、技术演示、技能训练、技能鉴定等功能。该装置设计有如下 7 个独立单元。

（1）屏蔽电缆永久链路搭建技能训练。

（2）网络数据永久链路安装关键技能训练。

（3）综合布线永久链路（数据+语音）安装关键技能训练。

（4）光纤永久链路安装关键技能训练。

（5）光纤永久链路熔接安装关键技能训练。

（6）光纤永久链路冷接安装关键技能训练。

（7）住宅布线系统安装关键技能训练。

每个单元既可供 4 名学生同时进行不同项目的关键技能实战训练，也可供 2～8 人按照顺序进行技能鉴定，并且在 5 分钟内快速完成测试与评判，通过指示灯持续闪烁显示永久链路开路、跨接、反接等故障。

2．完成光纤冷接布线系统材料准备

按照图 2-127 中右视图下部安装位置和要求，完成 16 个光纤冷接永久链路安装材料准备工作。光纤信道链路如图 2-128 所示，前端设置有 8 个信息插座 16 个信息点，包括 4 个双口 SC 和 4 个双口 ST。

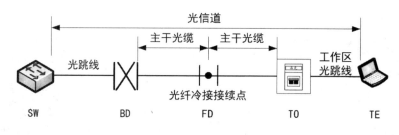

图 2-128　光纤信道链路图

1）确定信息插座底盒类型和数量。

考虑在信息插座内光缆预留长度和弯曲半径需要，以及光纤连接器和适配器的安装空间，本任务选取深度为 60mm 的 86 型信息插座底盒。根据信息点数量，确认信息插座底盒数量为 8 个。

2）确定信息插座面板类型和数量。

根据光纤适配器的类型，适合信息插座安装的光纤面板有 ST、SC、FC、LC 等多种类型，以及单口、双口等类型。根据本工作任务实际需求，本任务选取 86 型 ST 双口光纤面板 4 个、SC 双口光纤面板 4 个，如图 2-129 所示。

3）确定光纤类型和长度。

光纤按传输原理可分为单模和多模光纤；按使用环境可分为室内光纤和室外光纤。根据实际应用场景和需求，分析确认光纤类型，本任务选取单模室内光纤。根据各光纤信息点至光纤配线架之间的布线路由和光纤冷接安装工艺，确认所需光纤长度，本任务选取 SC-SC 光纤跳线 3m，8 根；ST-ST 光纤跳线 3m，8 根。

4）确定光纤连接器类型和数量。

光纤冷接一般分为光纤与快速连接器的接续、光纤与光纤的接续。

根据实际需求，确认光纤连接器类型，本任务需要完成光纤与光纤直接的冷接接续，故选取光纤冷接子，如图 2-130 所示。根据布线路由和光纤冷接安装工艺，确认光纤连接器数量，本任务需要 16 个光纤冷接子。

图 2-129　86 型 ST 双口和 SC 双口光纤面板

图 2-130　光纤冷接子

5）编制器材清单。

根据光纤冷接工艺，结合实际施工需求，列出光纤冷接器材清单，并按器材清单准备相关器材。如表 2-12 所示为光纤冷接布线系统永久链路搭建器材清单。

表 2-12　光纤冷接布线系统永久链路搭建器材清单

序	器材名称	型号/规格	数量	单位
1	信息插座底盒	86mm×86mm×65mm，白色	8	个
2	SC 双口光纤面板	配套 SC 适配器 2 个，M4×25mm 安装螺丝 2 个，白色	4	个
3	ST 双口光纤面板	配套 ST 适配器 2 个，M4×25mm 安装螺丝 2 个，白色	4	个
4	SC-SC 跳线	单模光纤，3m	8	根
5	ST-ST 跳线	单模光纤，3m	8	根
6	光纤冷接子	单芯机械式接续器	16	个
7	尼龙线扎	3mm×100mm 线扎	30	个
8	标签扎带	全长 100mm，标注牌 15mm×25mm	40	个

2.6 安全环境检查与管理（适用于高级）

施工现场指施工活动所涉及的施工场地及项目各部门和施工人员可能涉及的一切活动范围。对于综合布线系统工程，点多线长、施工工期较短，施工经常跨地区、跨省市进行，施工过程中需要与沿线政府、企业、居民沟通，办理相应手续、支付相应赔补费用，现场安全环境检查与管理的任务十分繁重。

1. 安全控制措施

1）施工现场防火措施。

施工现场实行逐级防火责任制，施工单位应明确一名施工现场负责人为防火负责人，全面负责施工现场的消防安全管理工作，根据工程规模配备消防员和义务消防员。

临时使用的仓库应符合防火要求。在机房施工作业使用电焊、气割、砂轮锯等时，必须有专人看管。施工材料的存放、保管应符合防火安全要求。易燃品必须专库储存，尽可能采取随用随进，专人保管、发放、回收。

熟悉施工现场的消防器材，机房施工现场严禁吸烟。现场材料堆放中，堆放不宜过多，垛之间保持一定防火间距。

2）施工现场安全用电措施。

施工人员进入施工现场后，应组织实施安全教育，安全教育应强调用电安全知识。

施工现场需要临时用电时，操作人员应检查临时供电设施、电动机械与手持电动工具是否完好，是否符合规定要求，安装漏电保护装置，注意防止过压、过流、过载及触电等情况发生。接通电源之前，应设警示标志；临时用电结束后，立即做好恢复工作。

操作人员临近电力线施工作业时，应视电力线带电，戴安全帽、穿绝缘鞋、戴绝缘手套，与电力线尤其是高压电力线保持安全距离。带电施工过程中设专人看管电源闸箱，保持良好联络，随时做好应急准备。

3）低温雨季施工控制措施。

低温季节施工时，施工人员应尽量避免高空作业。必须进行高空作业时，应穿戴防冻、防滑的保温服装和鞋帽。吊装机具在低温下工作时，应考虑其安全系数。光缆的接续机具和测试仪表工作时应采取保温措施，满足其对温度的要求；车辆应加装防冻液、防滑链，注意防冻、防滑。

雨季施工时，雷雨天气禁止从事高空作业，空旷环境中施工人员避雨时应远离树木，注意防雷。雨天及湿度过高的天气施工时，作业人员在与电力设施接触前，应检查其是否受潮漏电。山区施工时，工地驻点应选在地质情况稳定的高处，避免受洪水、塌方、泥石流等的侵袭。

4）使用通信设备、网络安全的防护措施。

机房内施工，电源割接时，应注意所使用工具的绝缘防护，检查新装设备，在确保新设备电源系统无短路、接地等故障时，方可进行电源割接工作，以防止发生设备损坏、人员伤亡事故。

在机房内施工需要用电锤、切割机时，应使用防尘罩降低灰尘排放量，对施工现场的新旧设备应采取防尘措施，保持施工现场清洁。禁止触碰与施工无关的设备，需要用到机房原有设备时，应当征得机房负责人的同意，以机房值班人员为主进行工作，保证通信设备网络的安全。需要插拔机盘时，应佩戴防静电手环。

5）地下作业时的安全措施。

施工过程中挖出有害物质时，及时向有关部门报告。有害物质发生泄漏造成施工人员急性中毒时，现场负责人组织抢救，立即向医院求救，并保护好现场，以利于事故的分析和处理。

在室外井内工作时，地面上应设专人看守，井口处白天设置井围、红旗，夜间设红灯。施工人员打开人孔后，首先应进行有害气体测试和通风，下人孔前必须确知人孔内无有害气体。在人孔内抽水时，抽水机的排气管，不得靠近人孔口，应放在人孔的下风方向。

下人孔时必须使用梯子，不得踩蹬光（电）缆或电缆托板。人孔内工作时，如感觉头晕、呼吸困难，必须离开人孔，采取通风措施。点燃的喷灯不准对着光（电）缆和井壁放置。在焊接光（电）缆时，谨防烧坏其他光（电）缆。凿掏人孔壁、石块硬地及水泥地时，必须戴护目眼镜。在人孔内不许吸烟。

施工过程中挖出文物时，由施工单位做好现场保护，并及时向文物管理部门报告，等候处理。

6）公路上作业的安全防护措施。

严格按批准的施工方案进行施工，服从交警的管理和指挥，主动接受询问、交验证件，协助搞好交通安全工作。保护一切公路设施，处理好施工与交通安全的关系。

开工前检查安全标志是否全部摆放到位。每个施工地点都要设置安全员，负责按公路管理部门的有关规定摆放安全标志，观察过往车辆并监督各项安全措施执行情况，发现问题及时处理。在夜间、雾天或其他能见度较差的气候条件下应停止施工。所有进入施工地段人员一律穿戴符合规定的安全标志服，施工车辆设有明显标志。

每个施工点在当日收工时，必须认真清理施工现场，保证路面及公路其他部位的清洁，不留任何机具、材料、安全标志和一切可能影响车辆通行安全、影响路容路貌的废弃物，保证过往车辆安全。

7）高空、高处作业时的安全措施。

高空、高处作业是一项危险性较大的作业项目，容易造成人员、物体坠落。高空作业人员必须经过专门的安全培训，取得资格证书后方可上岗作业。安全员必须严格按照操作规程进行现场检查。作业人员应熟悉危险岗位操作规程，并明白违章操作的危害。作业人员应配戴安全帽、安全带，穿工作服、工作鞋，并认真检查各种劳动保护用具是否安全可靠。

高空作业应划定安全禁区，安置好警示牌。高空作业用的各种工具、器具要加保险绳、钩、袋，防止失手散落伤人。作业过程中禁止无关人员进入安全禁区。在杆子、铁塔上传递物件时严禁抛掷，相互传送物品时要用口令呼应。当地气温高于人体体温、遇有 6 级以上大风、能见度低时，严禁高空作业。

2．安全管理原则

（1）建立安全生产岗位责任制。

（2）质安员须每半个月在工地现场举行一次安全会议。

（3）进入施工现场必须严格遵守安全生产纪律，严格执行安全生产规程。

（4）项目施工方案要分别编制安全技术措施。

（5）严格落实安全用电制度。

（6）电动工具必须要有保护装置和良好的接地保护线。

（7）注意防火。

（8）登高作业时，一定要系好安全带，并有人进行监护。

（9）建立安全事故报告制度。

2.7 电气作业安全防护用品准备

2.7.1 工作任务描述

"安全第一、预防为主、综合治理"是我国安全生产的基本方针，而规范施工现场作业的安全防护用品的配备、使用和管理，能够有效地保障从业人员在施工生产作业中的安全和健康。进入施工现场的施工人员和其他人员，应能正确准备相应的安全防护用品，以确保施工过程中的安全和健康。

本任务要求掌握综合布线系统工程安全防护用品的相关知识，完成电气作业安全防护用品准备。

2.7.2 相关知识介绍

1．安全防护基本规定

（1）进入施工现场人员必须戴安全帽。

（2）施工现场作业人员必须戴安全帽、穿工作鞋和工作服。

（3）在 2m 及以上的无可靠安全防护设施的高处、悬崖和陡坡作业时，必须系安全带/绳。一般安全带/绳其抗拉力不应低于 1000N。

（4）从事机械作业的女工及长发者应配备工作帽等个人防护用品。

（5）从事施工现场临时用电工程作业的施工人员，应配备防止触电的安全防护用品。维修电工应配备绝缘鞋、绝缘手套和紧口的工作服；安装电工应配备手套和防护眼镜。

2．电气安全防护

1）电流对人体的伤害有三种：电击、电伤和电磁场伤害。

（1）电击是指电流通过人体，破坏人体心脏、肺及神经系统的正常功能。

（2）电伤是指电流的热效应、化学效应或机械效应对人体造成的伤害，主要指电弧烧伤、熔化金属溅出烫伤等。

（3）电磁场伤害是指在高频磁场的作用下，使人出现头晕、乏力、记忆力减退、失眠、多梦等症状。

2）电气安全防护措施。

（1）常见的安全措施。

① 绝缘。绝缘是指使用不导电的物质将带电体隔离或包裹起来，以起保护作用的安全措施。瓷、玻璃、云母、橡胶、木材、胶木、塑料、布、纸和矿物油等都是常用的绝缘材料。

注意：很多绝缘材料受潮后会丧失绝缘性能。

② 屏护。屏护是指采用遮拦、护罩、护盖、箱闸等把带电体同外界隔绝开来，以防止人身触电的安全措施。其作用包括防止触电、电弧飞溅、弧光短路等。

③ 间距。间距就是人体与带电体之间的安全距离。在低压工作中，最小检修距离不应小于 0.1m。

（2）接地和接零。

① 接地。接地指电力系统和电气装置的某一部分经由导体与大地相连。接地是为保证电工设备正常工作和人身安全而采取的一种用电安全措施。一般的低压系统中，保护接地电阻值应小于 4Ω。

② 接零。接零是把电工设备的金属外壳和电网的零线可靠连接，以保护人身安全的一种用电安全措施。

（3）装设漏电保护装置。

为了保证在故障情况下人身和设备的安全，应尽量装设漏电保护装置。它可以在设备及线路漏电时通过保护装置促使执行机构动作，自动切断电源，起到保护作用。

（4）采用安全电压。

通过对系统中可能作用于人体的电压进行限制，从而使触电时流过人体的电流受到抑制，将触电危险性控制在没有危险的范围内。

（5）加强绝缘。

加强绝缘就是采用双重绝缘或另加总体绝缘，即保护绝缘体，以防止绝缘体损坏后的触电。

3．安全防护用品的分类

综合布线系统常用的安全防护用品分类如表 2-13 所示。

表 2-13　综合布线系统常用安全防护用品

序	防护分类	防护用品	适用范围
1	头部防护	工作帽	存在头部脏污、擦伤、头发被绞碾的机械性损伤的作业工序，如使用电钻、电锤、钢管切割加工等机械设备
		普通安全帽	存在坠落危险或对头部可能产生碰撞的作业工序，如建筑工地埋管布线、设备安装
		防静电安全帽	不允许有放电及存在坠落危险或对头部可能产生碰撞的场所，如精密仪器加工、现场施工用电、机房/管理中心施工
		电绝缘安全帽	带电作业及存在坠落危险或对头部可能产生碰撞的作业工序，如电力行业等
2	眼部防护	防冲击护目镜	存在碎屑飞溅、细颗粒冲击的作业工序，如电钻开孔、电锤打孔时，切割钢管、PVC 穿线管等管路时
		普通护目镜	存在微小杂物、尘埃较多的作业工序，如进行光纤熔接时，用于防止纤芯进入眼睛
3	手部防护	绝缘手套	涉及强电施工的作业工序，如现场对施工用电的维修、机房配电安装时
		防静电手套	由静电引起的潜在的静电干扰、电气故障等作业工序，如弱电管理间/竖井施工时
		普通防护手套	在施工过程中对手部进行防护的作业工序，如搬运材料、设备时
		机械危害防护手套	接触、使用锋利器物等会造成机械危害的作业工序，如切割加工材料时

续表

序	防护分类	防护用品	适用范围
4	足部防护	安全鞋	存在物体冲击可能砸伤足部的作业工序，如安装机架、机柜等质量较重的设备时
		防滑鞋	作业平面易滑的作业场所
		电绝缘鞋	电气设备上作业的场所
		防静电鞋	由静电引起潜在的静电干扰、电气故障等作业工序，如弱电管理间/竖井施工时
5	防护服	一般工作服	没有特殊要求的一般作业场所
		防静电服	静电敏感区域的作业场所
		防寒服	冬季室外作业或长时间低温环境作业的场所
6	坠落防护	安全带	有坠落风险的场所，如电线杆上作业、设备安装高处作业等
		安全网	有坠落风险的高处作业
		安全绳	有坠落风险的场所，一般与安全带配合使用

2.7.3 工作任务实践

1. 安全防护用品的选用程序

安全防护用品的一般选用程序如图 2-131 所示。

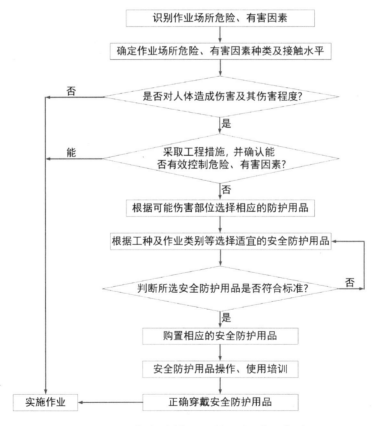

图 2-131 安全防护用品的一般选用程序

2. 常用的电气安全防护用品

（1）防静电安全帽。防静电安全帽是在帽壳和帽衬材料中加有抗静电剂，以达到安全帽防静电的功能。在电力行业中要求安全帽必须具备防静电功能。

（2）电绝缘安全帽。电绝缘安全帽，也称为电力安全帽，帽壳绝缘性能很好，电气安装、高电压作业等行业使用较多。

安全帽的结构基本相同，一般由帽壳、帽衬及附件等组成，如图 2-132 所示。

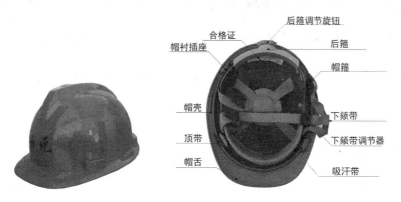

图 2-132　安全帽

（3）绝缘手套。绝缘手套是一种用橡胶制成的五指手套，主要用于电工作业，避免触电损伤，具有保护手和人体的作用，如图 2-133 所示。作业时，应将外衣袖口塞进手套内，手套覆盖袖口部分应不少于 10cm。绝缘手套使用后应擦净、晾干，保持干燥、清洁，最好撒上一些滑石粉，以免粘连。

（4）防静电手套。防静电手套是采用特种防静电绕纶布制作的，手套具有极好的弹性和防静电性能，避免人体产生的静电对产品造成破坏，如图 2-134 所示。防静电手套在使用后，需要清洗、晾干，但不能在高温下烤制，必要时还要撒上滑石粉防止粘连。

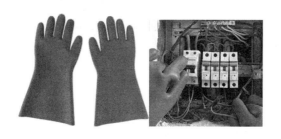

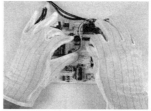

图 2-133　绝缘手套　　　　　　　　图 2-134　防静电手套

（5）电绝缘鞋。电绝缘鞋是使用绝缘材料制成的一种安全鞋，如图 2-135 所示，其作用是使人体与地面绝缘，防止电流通过人体与大地之间构成通路，对人体造成电击伤害。电绝缘鞋不允许放在过冷、过热、阳光直射的地方，应存放在干燥、阴凉的专用柜内，防止霉变。

（6）防静电鞋。防静电鞋是在鞋底中加入防静电材料制成的，如图 2-136 所示，具有微弱的导电功能，能将人体多余的电荷导向大地，避免电荷累积发生静电放电，从而起到消除人体静电的作用。防静电鞋穿一段时间后（一般不超过 100h）应进行电阻测试，然后决定清洗或更换。清洗时，应在温水中用柔软刷子刷洗，不能用洗衣机；干燥时应选用通风良好、阴凉、无太阳直射的地方，禁止在高温下烤制。

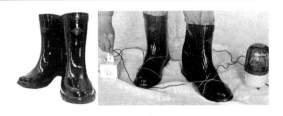

图 2-135 电绝缘鞋

图 2-136 防静电鞋

（7）防静电服。防静电服是由专用的防静电洁净面料制作的，如图 2-137 所示，可抑制服装静电，消除或减小静电放电危害。穿用防静电服时，应与防静电鞋配套使用，同时地面也应是防静电地板并有接地系统。防静电服应保持干净，确保防静电性能，清洗时用软毛刷、软布蘸中性洗涤剂洗擦，或浸泡轻揉，不可破坏布料导电纤维，不可暴晒。

（8）安全带和安全绳。安全带是防止高处电气作业人员发生坠落的防护用品。安全绳是安全带系带和挂点之间的长绳。安全带与安全绳是一对组合装备，两者通常是配合使用，如图 2-138 所示为工程中常见的安全带和安全绳。

图 2-137 防静电服

图 2-138 安全带和安全绳

3．安全防护用品的判废

当出现下列情况之一时，安全防护用品应予判废。

（1）技术指标不符合国家相关标准或行业标准。

（2）标识不符合产品要求或国家法律法规的要求。

（3）所选的安全防护用品功能与所从事的作业类型不匹配。

（4）破损或超过有效使用期。

（5）定期检测不合格。

（6）使用说明中规定的其他报废条件。

2.8 习题和互动练习

扫描"任务 2 习题"二维码，下载工作任务 2 习题电子版。

扫描"互动练习 3""互动练习 4"二维码，下载工作任务 2 配套互动练习。

任务2习题　　　任务2习题答案　　　互动练习3　　　互动练习4

2.9 课程思政

宝剑锋从磨砺出——记西安雁塔工匠纪刚

记者见到西安开元电子实业有限公司新产品试制组组长纪刚时，他正在整理手中的资料。公司董事长王公儒说，纪刚是踏实肯干的好员工。

1. 学习是成长的必需品

纪刚从学徒成长为技师，从技师再到雁塔工匠、劳模、研发团队的骨干。谈到学习，纪刚说，自己学历不高，想要取得成绩，就只能自己努力学习，靠自己奋斗来实现。技校毕业后，纪刚就来到了西安开元电子实业有限公司当学徒。在师傅的指点下，纪刚白天学习技术，晚上学习理论。每天完成8小时的工作后，都给自己加班，每周末还会去书店买书，有时在书店一待就是一天。

2012年，纪刚参与了专业书籍《计算机应用电工技术》的编写，为了跟上大家的步伐，他对很多理论又进行了一次重温，对于很多新的技术，他还会向年轻人请教或问问徒弟。纪刚在工作的同时，还继续提高着学历，他说有机会还想当一名在职研究生。同事谈起纪刚这样说："别看纪工平时很少说话，谈起他新学的知识，会滔滔不绝。"

2. 公司技术的核心人物

宝剑锋从磨砺出，梅花香自苦寒来。15年的勤奋努力和执着追求，纪刚在技术上已成为公司的"领头羊"。提起他的名字，公司里人人交口称赞。西安开元电子实业有限公司主要从事高教和职教行业教学实训装备的创新研发、生产和销售，每一项新产品的研发和创新，纪刚都参与其中。他参与的技术创新、专利技术产品的营业收入占公司总营业收入的70%。

2012年以来，纪刚利用公司作为第42届世界技能大赛官方赞助商和设备提供商的机会，努力学习和钻研世界技能大赛的先进技能，带领团队改进了10项操作方法和生产工艺，提高生产效率两倍，直接降低生产成本超百万元。

研发工作中，纪刚先后获得14项国家专利。其中在研发光纤配线端接实验仪时，他自费购买了专业的资料，利用节假日勤奋钻研。一年的时间，四次修改电路板，五次改变设计图纸和操作工艺，最终获得国家发明专利，产品使用寿命超过5000次，每年实现营收约500万元。

[本文摘编自2019年3月13日《劳动者报》，原文作者为劳动者报记者殷博华。]

编者补充信息：2020年纪刚被中共西安市委、西安市人民政府授予"西安市劳动模范"，2021年被中共西安市委授予"西安市优秀党务工作者"，2022年被中共陕西省委、陕西省人民政府授予"陕西省劳动模范"。纪刚获得西安交通大学学士学位。

2.10 实训项目与技能鉴定指导

■ 2.10.1 光纤冷接综合布线系统永久链路搭建和技能鉴定要求

本实训任务使用冷接技术进行光纤接续，训练读者识图、按图施工等专业技能，介绍指导和示例多人多批次快速技能鉴定流程和成绩评判方法，具有实训或技能鉴定工作任务和难度相同、连续开展多人技能鉴定效率高、设备利用率高等特点。

每个实训项目主要内容如下，请扫描或下载各实训项目对应二维码观看完整电子版，按照具体要求完成实训任务，或者开展技能鉴定服务。

（1）实训任务来源。

（2）实训任务。

（3）技术知识点。

（4）关键技能与要求。

（5）实训课时。

（6）实训指导视频。

（7）实训设备。

（8）实训材料。

（9）实训工具。

（10）光纤冷接永久链路搭建实训步骤。

（11）评判标准。

（12）实训报告。

请在实训和技能鉴定中，发扬工匠精神，认真阅读文件，看懂图纸和技术要求以及操作步骤，按图施工，保质保量按时完成技能训练任务。

（1）认真阅读相关技术文件和图纸，对于实训任务、技能鉴定具体要求，以及图纸规定的操作步骤等文字信息，建议至少认真看两遍，理解和读懂具体要求。

（2）首先阅读图纸标题栏，确认图纸编号与实训要求相符，切勿用错图纸。

（3）认真阅读图纸下部"（1）光信道链路图"所示的光纤信道链路图。

（4）认真阅读图纸下部"（2）××～××端口综合布线系统图"所示的信息点编号。例如"FD1"为一层管理间，"1Z"为1号信息插座左口，"1Y"为1号信息插座右口。

（5）认真阅读图纸信息插座编号与位置，正确安装，切勿出现位置错误。

（6）认真阅读图纸中的测试跳线数量、接口位置、长度和顺序。

（7）要求在安装过程中，随时查看图纸，按图操作。

（8）请扫描实训项目对应二维码，观看或下载电子版与彩色高清图片，正确安装。

2.10.2 光纤冷接综合布线系统永久链路搭建

实训项目 2 ①②号信息插座光纤冷接永久链路搭建

按图 2-139 光纤冷接布线系统（1～4TO）布线图（编号 XY-01-56-24-5）要求，完成 4 个光纤冷接永久链路搭建。要求把来自①②号信息插座的光缆与尾纤冷接，整齐盘放在光纤配线架内，并将尾纤安装在光纤配线架的 1、2 号 SC 接口和 1、2 号 ST 接口。

请扫描"光纤冷接布线彩色高清图（1～4TO）"二维码，阅读彩色高清图片。

请扫描"光纤冷接实训项目 2"二维码，按照实训要求和步骤，完成实训任务。

请扫描"光纤冷接实训视频"二维码，观看实操指导视频。

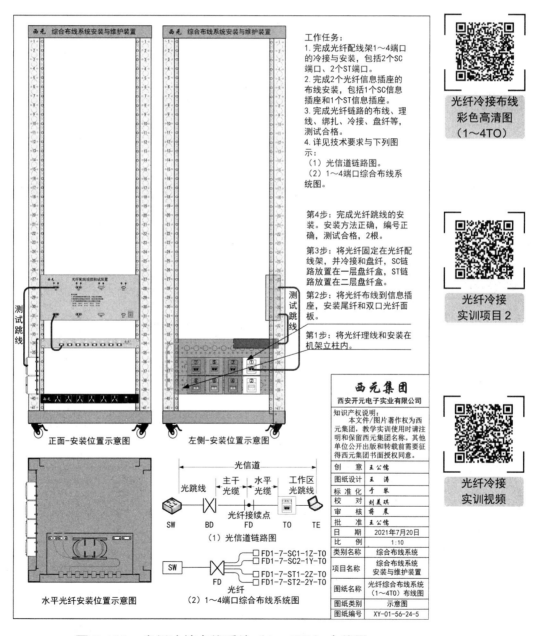

图 2-139 光纤冷接布线系统（1～4TO）布线图

实训项目3 ③④号信息插座光纤冷接永久链路搭建

按图2-140光纤冷接布线系统（5～8TO）布线图（编号XY-01-56-24-6）要求，完成4个光纤冷接永久链路搭建。要求把来自③④号信息插座的光缆与尾纤冷接，整齐盘放在光纤配线架内，并将尾纤安装在光纤配线架的3、4号SC接口和3、4号ST接口。

请扫描"光纤冷接布线彩色高清图（5～8TO）"二维码，阅读彩色高清图片。

请扫描"光纤冷接实训项目3"二维码，按照实训要求和步骤，完成实训任务。

请扫描"光纤冷接实训视频"二维码，观看实操指导视频。

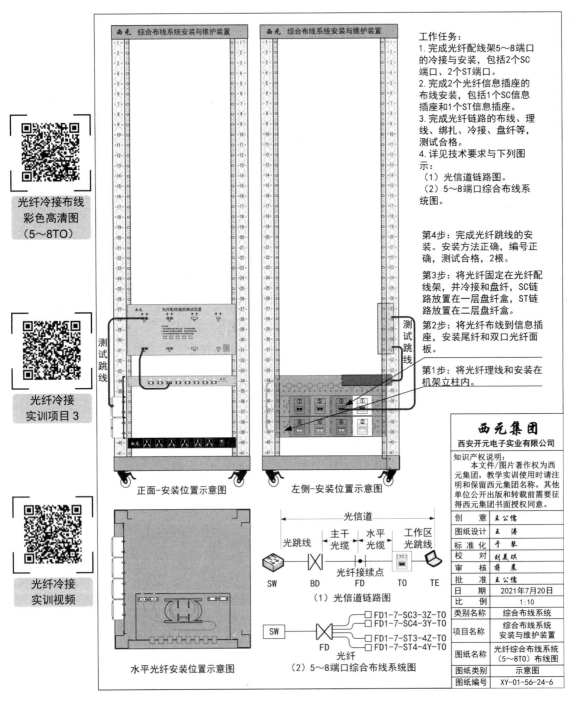

图2-140 光纤冷接布线系统（5～8TO）布线图

实训项目4　⑤⑥号信息插座光纤冷接永久链路搭建

按图 2-141 光纤冷接布线系统（9～12TO）布线图（编号 XY-01-56-24-7）要求，完成 4 个光纤冷接永久链路搭建。要求把来自⑤⑥号信息插座的光缆与尾纤冷接，整齐盘放在光纤配线架内，并将尾纤安装在光纤配线架的 5、6 号 SC 接口和 5、6 号 ST 接口。

请扫描"光纤冷接布线彩色高清图（9～12TO）"二维码，阅读彩色高清图片。

请扫描"光纤冷接实训项目 4"二维码，按照实训要求和步骤，完成实训任务。

请扫描"光纤冷接实训视频"二维码，观看实操指导视频。

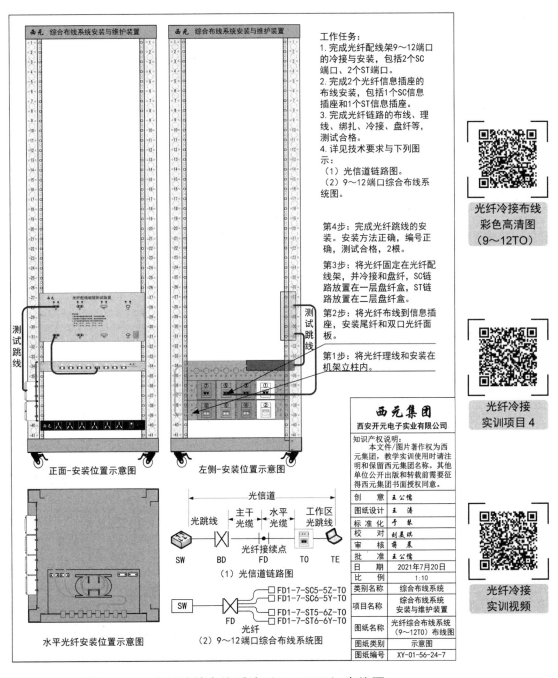

图 2-141　光纤冷接布线系统（9～12TO）布线图

实训项目 5　⑦⑧号信息插座光纤冷接永久链路搭建

按图 2-142 光纤冷接布线系统（13～16TO）布线图（编号 XY-01-56-24-8）要求，完成 4 个光纤冷接永久链路搭建。要求把来自⑦⑧号信息插座的光缆与尾纤冷接，整齐盘放在光纤配线架内，并将尾纤安装在光纤配线架 7、8 号 SC 接口和 7、8 号 ST 接口。

请扫描"光纤冷接布线彩色高清图（13～16TO）"二维码，阅读彩色高清图片。

请扫描"光纤冷接实训项目 5"二维码，按照实训要求和步骤，完成实训任务。

请扫描"光纤冷接实训视频"二维码，观看实操指导视频。

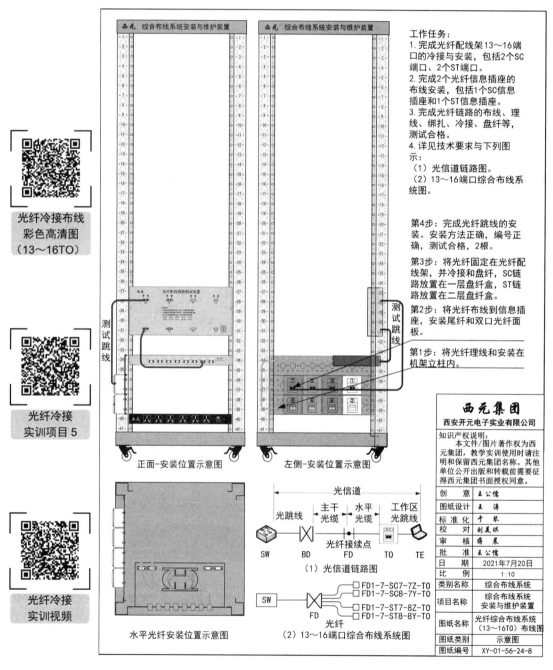

图 2-142　光纤冷接布线系统（13～16TO）布线图

综合布线系统工具准备

工作任务 3 围绕工程常用工具准备与使用方法展开，首先介绍申领工具相关知识和流程，重点介绍电缆和光缆安装新工具、光纤熔接机的功能与设置、室外工程专用工具等内容；其次介绍工具检查与调整、正确使用方法等内容；最后安排光纤熔接实训项目与技能鉴定指导内容。

3.1 职业技能要求

（1）《综合布线系统安装与维护职业技能等级标准》（2.0 版）表 2 职业技能等级要求（中级）对建筑物综合布线系统工具准备工作任务提出了如下职业技能要求。

① 能准备建筑物综合布线工程用特殊工具。

② 能升级光纤熔接机程序。

③ 能更换光纤熔接机电极，调整光纤切割刀刀片高度、切割点，更换光纤切割刀刀片。

④ 能准备光纤冷接的设备和工具。

（2）《综合布线系统安装与维护职业技能等级标准》（2.0 版）表 3 职业技能等级要求（高级）对建筑群综合布线系统工具准备工作任务提出了如下职业技能要求。

① 能准备综合布线室外工程专用工具。

② 能准备登高作业梯子。

③ 能在开工前检查全部工具准备情况。

④ 能准备工程测试器材和工具。

3.2 准备工具

3.2.1 准备和申领工具

1. 工作任务描述

正确准备工具能够有效保障工程安装进度，提高安装质量和效率。在综合布线系统工程的管路敷设、配线端接和设备安装等各个工序中，都需要多种专业工具，因此在工程安装前期，技术人员和安装人员需要准备和申领相关工具。

本工作任务要求掌握工具准备的相关知识，完成工具准备工作任务。

任务1：准备施工工具

任务2：申领常用工具

任务3：申领特殊工具

任务4：申领消耗品

2．相关知识介绍

1）主要工具介绍。

综合布线系统工程施工周期比较长，贯穿建筑工程的土建阶段、装饰阶段、设备安装阶段等，建筑物综合布线系统工程一般需要1~2年，大型建筑物工程往往超过2年，在不同阶段的不同工序需要使用不同的工具，主要包括铺设暗埋管、穿线、安装信息插座、安装配线设备、端接和理线、光纤熔接、光纤冷接、测试等施工工序。在建筑群综合布线室外工程中，还会用到一些专用登高工具。在工作准备阶段，现场仓库需按照施工阶段和工序，准备数量充足的施工工具，各施工工序负责人应及时申领施工工具。

（1）铺设暗埋管。铺设暗埋管工序主要包括图纸复核与环境检查、埋管、暗埋管保护等工作任务。主要工具包括卷尺、弯管器、十字螺丝批、迷你钢锯架、管子割刀和记号笔等。

（2）穿线。穿线工序主要包括管道疏通、穿线、抽线、绑扎、标记、线端保护等工作任务。主要工具包括剪刀、钢丝钳、十字螺丝批、穿线器、记号笔、标签纸和透明胶带等。

（3）安装信息插座。安装信息插座工序主要包括信息插座底盒检查与清理、线端清理与标记、模块端接、模块安装、信息面板安装与标记等工作任务。主要工具包括电缆剥线器、十字螺丝批、水口钳和记号笔等。

（4）安装配线设备。安装配线设备工序主要包括安装机柜、安装配线架、安装跳线架、安装理线环等工作任务。主要工具包括十字螺丝批、活扳手等。

（5）端接和理线。端接和理线工序主要包括网络配线架端接、110型通信跳线架端接、语音配线架端接、永久链路搭建与测试等工作任务。主要工具包括110打线刀、五对打线刀、电缆剥线器、双用网线钳、多功能打线刀、水口钳和记号笔等。

（6）光纤熔接。光纤熔接工序主要包括开缆、熔接、盘纤等工作任务。主要工具包括电缆剥皮器、束管钳、水口钳、光纤剥线钳、光纤切割刀和光纤熔接机等。

（7）光纤冷接。光纤冷接工序主要包括剥线、冷接、盘纤等工作任务。主要工具包括皮线剥皮钳、光纤剥线钳、光纤切割刀等。

（8）测试。测试工序主要包括整箱电缆测试、光纤测试、通断测试、永久链路测试等。主要工具包括万用表、测试仪、红光笔、网络分析仪、光功率计等。

（9）建筑群缆线敷设。建筑群子系统的缆线敷设方式有4种：架空布线法、直埋布线法、地下管道布线法、隧道内电缆布线法。其中，架空布线法使用的主要材料和配件包括缆线、钢缆、固定螺栓、固定拉攀、预留架、U 型卡、挂钩、标志管等。

2）工具申领、申购流程。

施工工具的申领、申购流程一般在施工准备阶段完成，在进场前完成采购入库，保证工程施工进度。在后续工序开始前，也必须按照该工序的需求提前准备工具。如果有漏项或者工具故障，不仅影响工程进度，也可能增加工程管理成本。

（1）领用工具应首先报项目负责人批准，并填写施工工具领用台账，写明领用用途、领用数量、领用人姓名、领用时间。领用台账填写完成后交由仓库管理人员审核并领取施工工具。

（2）常用工具的领用须经项目负责人审批后，将领用单交仓库后领取工具。

（3）项目负责人在拿到特殊工具或者专用工具领用单后，须尽快提出采购申请，再由采购部按采购流程购买。

（4）当库存工具数量较少时，仓库管理人员应尽快提出采购申请，由项目负责人审批后交采购部购买。

（5）领用消耗性用品时，领用人持领料单到仓库领用物品，并将存根联、采购联交给项目负责人进行统计。

如图 3-1 所示为施工工具的申领及归还流程。

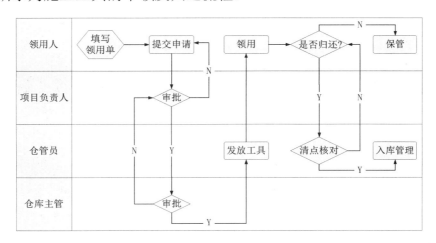

图 3-1 施工工具申领及归还流程

3. 工作任务实践

工作任务场景：某建筑物综合布线系统工程的管路暗埋敷设、穿线和信息插座的安装工作即将结束，接下来需要进行光纤熔接工序。为保障后续工作的顺利实施，现需要提前为后续的工序准备施工工具。

本工作任务要求完成光纤熔接工序的工具准备工作。

任务 1：准备施工工具

第一步：编制工具准备清单。

现场仓管员根据工作内容及工作任务需求，编制施工工具准备清单，并报仓库主管审批。施工工具准备清单一般为表格形式，内容一般包括施工工序、工具名称、型号/规格、数量、备注等，表3-1所示为该项目的施工工具准备清单。

表3-1　施工工具准备清单

施工工具准备清单						
工程名称：某建筑物综合布线系统工程				施工工期		2个工作日
序号	施工工序	序号	工具/设备名称	型号/规格	数量	备注
1	光纤熔接	1	皮线剥线钳	3mm×2mm 剥线钳	1把	
		2	光纤剥线钳	3口剥线钳	1把	
		4	多用剪	带安全锁扣	1把	
		5	酒精泵	按压式	1个	
		5	热缩套管	60mm 单芯	50个	
		6	光纤切割刀	自动回弹式	1个	
		7	光纤熔接机	KYRJ-369	1台	

第二步：准备工具。

施工现场仓管员从公司仓库领取和准备相关施工工具。

第三步：整理工具。

施工现场仓管员对检查完毕的工具分区域进行整理，并在相应的存放位置设置标识牌，或在箱（盒）外增加标签。

任务2：申领常用工具

工具申领人员应根据施工工序及工作内容，结合工具准备情况，按照流程申领常用工具。具体步骤如下。

第一步：填写常用工具领用及归还单。

申领人员填写常用工具领用及归还单，并报项目负责人审批。综合布线系统工程光纤熔接工序中用到的常用工具主要有皮线剥线钳、光纤剥线钳、多用剪、酒精泵等，如表3-2所示。

表3-2　常用工具领用及归还单

常用工具领用及归还单					
工程名称：某建筑物综合布线系统工程			施工工期	2个工作日	
领用/借用部门：工程部			事由	光纤熔接施工工具	
序号	工具/设备名称	型号规格	数量	用途	归还时间
1	皮线剥线钳	3mm×2mm 剥线钳	1把	剥除皮线光缆外护套	
2	光纤剥线钳	3口剥线钳	1把	剥除室内光缆涂覆层等	
3	多用剪	带安全锁扣	1把	剪掉室内光缆凯夫拉线	
4	酒精泵	按压式	1个	保存酒精	
申领人签字： 时间：		项目负责人审批签字： 时间：		仓管员（主管）签字： 时间：	

第二步：仓管员（主管）审核。

申领人员将经项目负责人审批后的常用工具领用及归还单提交仓管员（主管），仓管员（主管）审核无误并签字后，安排仓库工作人员发放工具。

第三步：领取工具。

申领人员按常用工具领用及归还单领取相应工具。领用时应检查工具质量是否合格。

第四步：归还工具。

熔接工序结束后，应及时自觉归还工具。项目负责人向仓管员（主管）口头提出常用工具归还要求，并督促申领人员归还工具。当工具丢失或损坏时，应按照相应的管理办法进行情况说明，人为因素导致的应进行赔偿。

任务 3：申领特殊工具

工具申领人员应根据施工工序及工作内容，结合工具准备情况，并按照流程申领特殊工具。具体步骤如下。

第一步：填写特殊工具领用及归还单。

申领人员填写特殊工具领用及归还单，报项目负责人审批。综合布线系统工程光纤熔接工序中用到的特殊工具主要有光纤切割刀、光纤熔接机等，如表 3-3 所示。

表 3-3　特殊工具领用及归还单

特殊工具领用及归还单					
工程名称：某建筑物综合布线系统工程		施工工期		2 个工作日	
领用/借用部门：工程部		事由		光纤熔接施工特殊工具	
序号	工具/设备名称	型号规格	数量	用途	归还时间
1	光纤切割刀	自动回弹式	1 个	切割光纤	
2	光纤熔接机	KYRJ-369	1 台	熔接光纤	
申领人签字： 时间：		项目负责人审批签字： 时间：		仓管员（主管）签字： 时间：	

第二步：项目负责人提出采购申请。

项目负责人根据申领人员提出的申领单，提出采购需求，报公司相关负责人审批。申购表如表 3-4 所示。

第三步：采购部门采购。

采购部门按照采购流程和相关管理制度，按照特殊工具申购表规定的型号与数量及时采购入库，并通知项目负责人到货时间。

第四步：领取工具。

项目负责人接到到货通知后，会同申领人员前往施工现场仓库领取相应工具。

第五步：归还工具。

光纤熔接任务完成后，应及时自觉归还工具。项目负责人向仓管员（主管）口头提出工具归还要求。当工具丢失或损坏时，应按照相应的管理办法进行情况说明，人为因素导致的应进行赔偿。

表 3-4　特殊工具申购单

特殊工具申购单					
工程名称：某建筑物综合布线系统工程		施工工期		2 个工作日	
申请事由： 尊敬的领导，某建筑物综合布线系统工程施工过程中，光纤熔接工作需用到光纤切割刀、光纤熔接机，特申请采购。 采购清单如下：					
序号	工具/设备名称	型号规格	数量	用途	备注
1	光纤切割刀	自动回弹式	1 个	切割光纤	无库存
2	光纤熔接机	KYRJ-369	1 台	熔接光纤	无库存
项目负责人签字： 　时间：		公司审批签字： 　时间：		仓管员（主管）签字： 　时间：	

任务 4：申领消耗品

工具申领人员应根据施工工序及工作内容，结合材料准备情况，并按照申领流程申领消耗品。

第一步：填写消耗品领用单。

申领人员填写消耗品领用单，并报项目负责人审批，综合布线系统工程光纤熔接工序中用到的消耗品主要有热缩套管，如表 3-5 所示。

表 3-5　消耗品领用单

消耗品领用单					
工程名称：某教学楼综合布线系统工程		施工工期		10 个工作日	
领用/借用部门：工程部		事由		光纤熔接工序施工消耗品	
序号	消耗品名称	型号规格	数量	用途	归还时间
1	热缩套管	60mm 单芯	50 个	保护光纤熔接点	
申领人签字： 　时间：		项目负责人审批签字： 　时间：		仓管员（主管）签字： 　时间：	

第二步：仓管员（主管）审核。

申领人员将审批后的消耗品领用单提交给仓管员（主管），仓管员（主管）审核无误并签字后，安排仓库工作人员发放热缩套管。

第三步：领取消耗品。

申领人员按消耗品领用单领取相应消耗品。

3.2.2　综合布线系统施工工具和使用方法

"工欲善其事，必先利其器。"建筑物综合布线系统工程施工安装区域面积大、楼层高、信息点多、工期长，需要多种专业工具，例如在光纤熔接中，主要依靠各种专用工具完成任务，因此正确选择和使用工具箱、工具腰包等既能保证项目质量，又能提高工作效率。下面以西元综合布线工具箱（KYGJX-13）和西元光纤工具箱（KYGJX-31）为例，介绍工具专业知识和使用方法，为综合布线系统的安装与维护做好工具准备。

1. 综合布线工具

如图 3-2 所示为西元综合布线工具箱，型号为 KYGJX-13，适用于电缆的安装与端接。KYGJX-13 工具箱为西元 2024 年的新产品，新增了多功能打线刀、多功能角度剪、迷你钢锯架、五对打线刀等多种新工具，以及工具使用方法指导视频和专业知识二维码，箱盖印刷有工具名称和数量，方便教学与实训室工具管理。

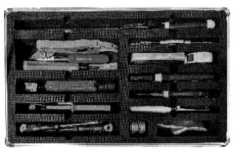

图 3-2　西元综合布线工具箱

本节简要介绍常用工具与新增工具，更多工具使用方法详见王公儒主编的《综合布线系统安装与维护（初级）》教材，该教材由电子工业出版社出版（2022 年 5 月第 1 版，ISBN 978-7-121-43309-2）。

配置工具清单和数量如表 3-6 所示。

表 3-6　西元综合布线工具箱（KYGJX-13）配置工具清单

产品名称	综合布线工具箱	产品型号	KYGJX-13	产品尺寸	长 520mm，高 160mm，宽 315mm	
配套工具清单	工具种类和规格		数量	工具种类和规格		数量
	1. 弹簧弯管器		2 把	15. 计算器		1 个
	2. 长度尺 2m		2 个	16. 钢卷尺		1 把
	3. 迷你钢锯架+5 根钢锯条		1 套	17. 钢丝钳		1 把
	4. 多功能角度剪		1 把	18. 尖嘴钳		1 把
	5. 管子割刀		1 把	19. 水口钳		1 把
	6. 多功能打线刀		1 把	20. 多功能剪		1 把
	7. 110 打线刀		1 把	21. 电缆剥线器		2 个
	8. 五对打线刀		1 把	22. Φ6 麻花钻头		2 个
	9. 电缆剥皮器		1 把	23. Φ8 麻花钻头		2 个
	10. 双用网线钳		1 把	24. RJ45 水晶头		10 个
	11. 十字螺丝批		2 把	25. M6×12 螺丝		10 个
	12. 活动扳手		2 把	26. M6 丝锥		2 个
	13. 手动丝锥扳手		1 把	27. 钻头盒		1 个
	14. 镊子		1 把	28. 十字批头		2 个

（1）双用网线钳。如图 3-3 所示为双用网线钳和使用方法。双用网线钳主要用于压接 RJ45 水晶头，同时具备剥线和剪线功能。双用网线钳的 8 个卡齿自动对接水晶头的 8 个刀片，刀口平整，一次整齐压接到位；同时在刀片外面安装有安全挡板，防止刀片割伤手指。

图 3-3　双用网线钳和使用方法

（2）110 打线刀。如图 3-4 所示为 110 打线刀及其正确操作方法。110 打线刀主要用于网络配线架、网络模块等端接打线。110 打线刀内置钢带和弹簧，具有高冲压式压线功能，操作时不要使蛮力。打线时应注意打线工作端部是否良好，刀刃是否锋利。打线时应对准模块卡槽，垂直快速打下，并且用力适当。

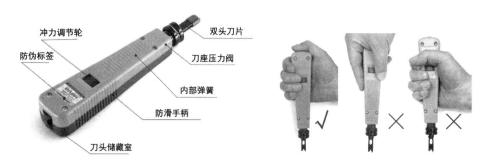

图 3-4　110 打线刀及其正确操作方法

如图 3-5 所示为 110 打线刀使用方法。请正确使用 110 打线刀，注意刀刃在线尾端。打线时依靠机械压力将线芯快速压至模块内的弹簧刀片中，同时划破绝缘层，实现铜线芯与模块弹簧刀片的长期电气连接。打线刀刀刃裁线次数宜为 1000 次，属于易耗品，超过使用次数后，刀刃磨损变钝，无法裁断线，应及时更换。打线刀尾部有存储盒，一般存储有备用刀头。尾部为防滑手柄，有冲力调节轮，可调节打线刀打压冲力。

图 3-5　110 打线刀使用方法

（3）管子割刀。如图 3-6 所示为管子割刀，主要用于剪切 PVC 穿线管。使用时首先用力向外掰刀柄，将刀口张开，然后将线管放入刀口内，最后压紧刀柄，使刀刃切入线管，同时旋转，切断线管。适合切断直径小于等于 40mm 的 PVC 穿线管。

注意：不能切割金属管，手指远离刀口。

（4）多功能角度剪。如图 3-7 所示为多功能角度剪，主要用于裁剪任意角度 PVC 线槽。使用时根据需要角度调整方向进行裁剪，能够快速制作各种拐弯。

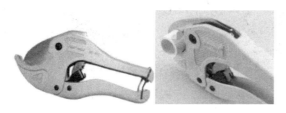  

图 3-6　管子割刀产品照片　　　　　　图 3-7　多功能角度剪和使用方法

（5）电缆剥线器。如图 3-8 所示为电缆剥线器与使用方法，主要用于剥取电缆外护套，使用前根据电缆护套直径调节刀片进深高度，切割护套的 60%～90%，不能全部切透，防止损伤内部双绞线的绝缘层与线芯。

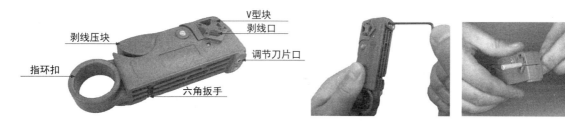

图 3-8　电缆剥线器与使用方法

2．其他常用工具

（1）电缆剥皮器。如图 3-9 所示为电缆剥皮器与使用方法，电缆剥皮器俗称纵横开缆刀，主要用于剥除 25 对大对数电缆外护套。电缆剥皮器设计有 V 型弹力压线扣和刀芯旋转调节钮，V 型弹力压线扣能够支持对不同直径的电缆线进行剥线操作，可牢牢固定电缆，不易滑出，使用时通过 V 型压线扣推把调节压线扣开口大小。刀芯旋转调节钮可通过左右旋转调节刀芯高度和方向，使用前根据电缆护套直径调节刀芯进深高度，切割护套的 60%～90%，不要切透，防止损伤内部双绞线的绝缘层与线芯。

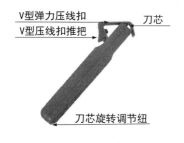  

①刀片刺入电缆护套　②逆时针旋转两圈　③开缆刀向线端方向拉出

图 3-9　电缆剥皮器与使用方法

（2）多功能打线刀。如图 3-10 所示为多功能打线刀与使用方法。多功能打线刀可用于语音配线架端接打线。多功能打线刀头部设计有剪线刀，剪线刀具有断线和不断线两种工作模式，通过剪线刀开关调节，旋转剪线刀开关90°可关闭剪线刀，端接时注意剪线刀在线尾端。勾线起子用于拔出端接错误的线芯，打线卡刀可用于二次打线。如图3-11所示为多功能打线刀功能解析。扫描"多功能打线刀"二维码，观看彩色图片。

图 3-10　多功能打线刀与使用方法

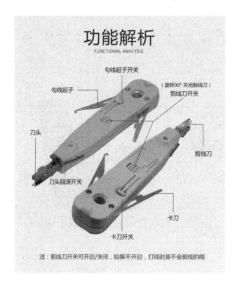

图 3-11　多功能打线刀功能解析

（3）五对打线刀。如图3-12所示为五对打线刀和使用方法。五对打线刀为110型通信跳线架端接专用工具。五对打线刀内置高强度弹簧，具有较强冲击力，便于将线芯端接到位。五对打线刀刀口内设计有10个刀片，端接线芯或卡装模块时每个刀片对应1个线槽。刀口兼容五对卡接模块和四对卡接模块的卡装与端接，使用前应注意检查刀口是否有缺损，刀片是否有变形。端接时首先将卡接模块卡入刀口内，然后将卡接模块刀片对准110型通信跳线架线槽，垂直快速用力压下。

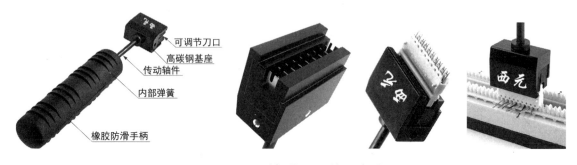

图 3-12　五对打线刀和使用方法

五对打线刀刀口具有断线和不断线 2 种工作模式，使用时可根据需要调整，如图 3-13 所示为五对打线刀刀口调整方法。

第一步卸螺丝　　　　第二步取下刀头　　　第三步翻转刀片　　　第四步装入刀头　　　第五步完成调整

图 3-13　五对打线刀刀口调整方法

3．光纤工具

光纤工具箱主要用于光纤光缆的施工、维护、抢修等，提供光纤截断、开剥、清洁及光纤端面的切割等工具。下面以如图 3-14 所示光纤工具箱（KYGJX-31）为例进行说明，其主要工具名称和用途如下。

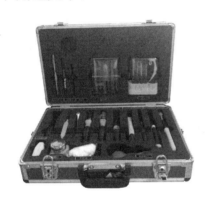 

图 3-14　光纤工具箱

（1）束管钳。如图 3-15 所示，主要用于剪断光缆中的钢丝绳。

（2）8 寸多用剪。如图 3-16 所示，适合裁剪标签纸、塑料线扎、光纤等物品，不宜用来剪断钢丝等硬物，也不适合剪断撕拉线等柔软物品。

图 3-15　束管钳　　　　　　　　　　　图 3-16　8 寸多用剪

（3）剥皮钳。如图 3-17 所示，主要用于剥除光缆外皮，或者光纤树脂层，剪剥外皮时，要注意选择合适的剪口。禁止剪切光缆中的钢丝。

（4）150mm 斜口钳。如图 3-18 所示，主要用于剪掉光缆外皮。禁止用于剪断钢丝。

（5）150mm 尖嘴钳。适合夹持小件物品，或用于拉开光缆外皮。

（6）200mm 钢丝钳。俗名老虎钳，主要用来夹持物件，剪断铁丝或电线。

（7）美工刀。用于裁剪标签纸、塑料层、软线等。

（8）光纤剥线钳。如图 3-19 所示，适用于剪剥光纤的保护套，有 3 个剪口，可依次剪剥尾纤的外皮、中层保护套和树脂保护膜。剪剥时注意选择正确的剪口。

图 3-17　剥皮钳　　　　　图 3-18　150mm 斜口钳　　　　　图 3-19　光纤剥线钳

（9）150mm 活动扳手。用于紧固螺丝。

（10）横向开缆刀。如图 3-20 所示，用于切割室外光缆的黑色外皮。

（11）清洁球。如图 3-21 所示，用于吹掉灰尘。

（12）酒精泵。如图 3-22 所示，禁止倾斜放置。盖子应拧紧，减少酒精挥发。

图 3-20　横向开缆刀　　　　　图 3-21　清洁球　　　　　图 3-22　酒精泵

（13）2m 钢卷尺。用于测量长度。

（14）镊子。用于夹持细小物件。

（15）记号笔和红光笔。如图 3-23 所示，记号笔用于标记，红光笔用于检查光纤的通断。

（16）酒精棉球。用于蘸取酒精擦拭裸纤，平时应保持棉球的干燥。

（17）组合螺丝批。如图 3-24 所示，即多种螺丝批套装，用于紧固螺丝。

（18）微型螺丝批。如图 3-25 所示，多种微型螺丝批套装，适合紧固微型螺丝。

图 3-23　记号笔和红光笔　　　　图 3-24　组合螺丝批套装　　　　图 3-25　微型螺丝批套装

3.3 准备光纤熔接机

3.3.1 工作任务描述

在光缆施工过程中，需要光纤熔接机对光缆的光纤进行熔接，实现两根光缆的接续，或者熔接带连接器的尾纤。在熔接光纤前，应提前准备好光纤熔接机，施工人员应熟悉光纤熔接机的基本功能和操作方法，完成光纤熔接机的基本设置。

本工作任务要求掌握光纤熔接机的相关知识，完成光纤熔接机基本设置。

任务 1：设置熔接程序

任务 2：设置熔接时间

任务 3：升级光纤熔接机程序

3.3.2 相关知识介绍

1. 光纤熔接机的组成与工作原理

光纤熔接机主要用于光缆光纤的熔接。光纤熔接机一般由加热器、防风罩、电源模块、键盘、显示屏等组成，如图 3-26 所示为西元光纤熔接机。

图 3-26　光纤熔接机

光纤熔接机的工作原理是利用高压电弧将两根光纤断面熔化的同时，用高精度运动机构平缓推进，让两根光纤融合成一根，实现光纤接续，如图 3-27 所示。

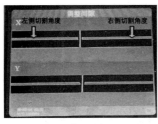

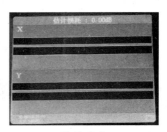

调整光纤　　　　　　　　光纤熔接　　　　　　　　熔接完成

图 3-27　光纤熔接过程

2．光纤熔接机的功能

"功能"菜单列出了熔接机具备的一些功能，如时间和日期、推进测试、导出熔接记录、程序升级等，如图 3-28 所示"功能"菜单中包括熔接机如下基本功能。

（1）"日期时间"如图 3-29 所示，按↵键进入"设置日期时间菜单"，要调整某选项，需按方向键将光标移至该选项，按↵键确认更改，然后按▲或▼键调整该选项值。调整熔接机的日期和时间，日期显示格式为 <u>年/ 月/ 日</u>，例如"日期：2022/11/04"。时间显示格式为<u>时：分</u>，例如"时间：15:36"。

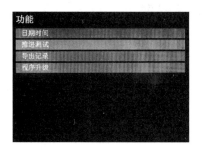
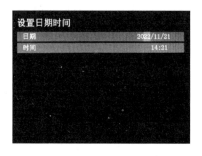

图 3-28 　"功能"菜单　　　　　　图 3-29 　"日期时间"菜单

（2）"推进测试"如图 3-30 所示，按↵键进入测试界面，完全按照熔接光纤的步骤，切割、装夹光纤，再次按↵键开始测试，软件在测试结束时给出测试结果，表明在熔接时光纤推进的距离。

（3）"导出记录"如图 3-31 所示，将 U 盘插入 USB 接口，按↵键导出熔接记录，程序自动检测 USB 端口是否有 U 盘插入，然后自动向 U 盘写入记录内容；如果没有记录文件，程序会提示错误；如果没有插入 U 盘，系统会提示"请插入 U 盘！"。

（4）"程序升级"该项用来升级应用程序，如图 3-32 所示，将存有升级文件的 U 盘插入USB 接口，按↵键确认升级，程序开始检测 USB 端口是否有 U 盘插入，然后检测 U 盘内的升级文件，找到后自动开始升级，否则提示错误。升级完成后，用户需要重新开机。

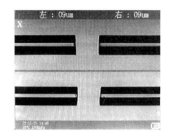

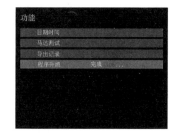

图 3-30 　"推进测试"菜单　　　图 3-31 　导出熔接记录　　　图 3-32 　程序升级

3．光纤熔接机的设置

"设置"菜单用于设置熔接机的运行参数，包括工作模式、显示语言、摄像头亮度、显示器亮度、张力测试、自动关机等子菜单，如图 3-33 所示。

（1）操作模式设置。"操作模式"菜单为熔接机熔接光纤的过程方法，由以下参数组成，如图 3-34 所示。

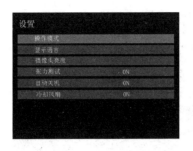

图 3-33　"设置"菜单

图 3-34　设置操作模式

① 熔接模式。有自动、手动两种模式。该参数设置成自动，在待机界面下关闭防风罩后，熔接机自动开始运行熔接光纤程序。手动模式则需要用户按下"SET"键，熔接机才开始熔接光纤。

② 暂停 1。指进行光纤熔接时，光纤推进到满足间隙条件后，程序暂停运行，等待用户的进一步操作，若需继续熔接，则按"SET"键；中断熔接，则按"RESET"键。

③ 暂停 2。光纤在接续过程的调芯结束时暂停运行。

④ 复位时间。在一次光纤熔接完毕后，为了准备下次熔接，推进马达需要复位到基准位置。光纤熔接完毕，打开防风罩，经过一段时间等待，推进马达才开始复位，该等待时间即自动复位时间。

（2）语言设置。"显示语言"菜单用于设置软件界面显示语言，有两种语言可选。选择"中文"后软件界面以中文显示，选择"English"后软件界面以英文显示。

（3）摄像头亮度调整。"摄像头亮度"菜单用于设置摄像头内 CMOS 传感器的增益，提高增益将增加图像亮度。

（4）张力测试。打开该选项，光纤熔接完毕后，将对光纤施加 2N 的拉力，以测试熔接质量。如果光纤被拉断，表明光纤熔接失败。

（5）自动关机。该选项开启时，如果十分钟之内无操作，熔接机将自动关机。

（6）熔接程序和加热时间。光纤熔接机的熔接程序和加热时间一般在"参数"菜单内完成设置，菜单内部由不同的熔接参数子菜单组成，如图 3-35 所示。每一个子菜单是一组熔接参数，菜单由编号、文件名称、类型、状态 4 部分组成。

① 模式有 Auto、Calibrate、Normal 三种，其中 Auto 类参数为厂家实验优化而得，不可修改，推荐新用户使用。Calibrate 类参数除预放电时间和后放电时间外其余数据均可修改，Normal 类参数里的数据全部可修改。

② "类型"为参数组对应的光纤类型，SM、MM、DS、NZ 代表该组参数针对单模光纤、多模光纤、色散位移光纤、非零色散光纤，务必与待熔接类型一致。

③ "状态"表示该组参数是否为当前使用参数，ON/OFF 代表正在使用/未使用。

④ 要改变当前熔接参数组，按▲或▼键，移动到欲设定参数组选项，按↵键，即进入该

参数设置菜单，如图 3-36 所示。

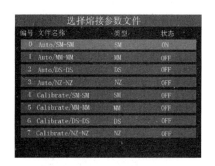

图 3-35　选择熔接参数文件

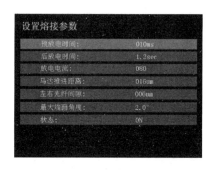

图 3-36　设置熔接参数

3.3.3　工作任务实践

任务 1：设置熔接程序

光纤熔接机熔接程序的设置主要包括放电电流、马达推进距离、左右光纤间隙、最大端面角、当前状态等的设置。

（1）设置放电电流。指放电电弧的电流强度，高的电流值对应更强的电弧，产生更高的温度，光纤被烧蚀得更严重，按◂或▸键，将增大或减小该参数值。

（2）设置马达推进距离。在光纤熔接时，伴随着电弧产生高温熔化光纤，需要将光纤向前推进，使光纤接触融合。光纤向前推进距离即此处马达推进距离，按◂或▸键，将改变该参数值。

（3）设置左右光纤间隙。在光纤熔接放出电弧之前，两光纤需要运行到相对距离很近的位置，两光纤端面之间的距离就是左右光纤间隙，按◂或▸键，将改变该参数值。

（4）设置最大端面角。端面角是在 X、Y 两路光纤图像中，光纤端面与垂直方向的夹角。最大端面角指在对光纤端面进行判断时，端面角允许的最大值。如果判断总是不通过，可适当增加该参数值，但是可能会增加熔接损耗。

（5）设置当前状态。即该参数组是否为当前熔接参数组，按◂或▸键，改变该参数值。

任务 2：设置熔接时间

光纤熔接机熔接时间的设置主要包括预放电时间和后放电时间的设置。

（1）设置预放电时间。光纤推进到熔接位置并对齐完毕后，先短时间放电对光纤进行预加热，时间长度为 10ms，该参数值不建议新用户修改。

（2）设置后放电时间。预放电结束后，熔接机开始熔接放电，放电持续时间长、电流强度大，产生高温将光纤熔化。该段时间长度为 1.2s，该参数值不建议新用户修改。

任务 3：升级光纤熔接机程序

将存有升级文件的 U 盘插入光纤熔接机 USB 接口，然后选中"程序升级"选项，按↵键确认升级，程序开始检测 USB 端口是否有 U 盘插入，然后检测 U 盘内的升级文件，找到后即开始升级，否则提示错误。升级完成后，需要重新开机。

3.4 室外工程专用工具准备（适用于高级）

3.4.1 工作任务描述

综合布线室外工程专用工具准备是确保布线工作顺利进行的重要环节。在进行室外布线工程时，必须确保拥有齐全、合适的工具，以应对各种可能出现的情况。首先，需要准备一些基础的布线工具，如剥线钳、压线钳、网线钳等，用于处理缆线的剥皮、压接等工作。其次，针对室外环境的特殊性，需要准备一些专用的工具和材料，如登高梯子、滑车、吊篮、钢缆、固定螺栓、对讲机等。

本工作任务要求掌握室外工程布线的相关知识，完成室外工程专用工具的准备。

3.4.2 相关知识介绍

1. 建筑群综合布线室外工程布缆方式

建筑群综合布线室外工程布缆方式有 4 种：架空布线法、直埋布线法和地下管道布线法、隧道内电缆布线法。下面将详细介绍这 4 种方法。

1）架空布线法。

架空布线法通常应用于有现成立杆、对电缆的走线方式无特殊要求的场合。这种布线方式造价较低，但影响环境美观且安全性和灵活性不足。架空布线法要求用立杆将缆线在建筑物之间悬空架设，一般先架设钢丝绳，然后在钢丝绳上挂放缆线。架空布线使用的主要材料和配件有：缆线、钢缆、固定螺栓、固定拉攀、预留架、U 型卡、挂钩、标志管等，如图 3-37 所示，在架设时需要使用滑车、安全带等辅助工具。

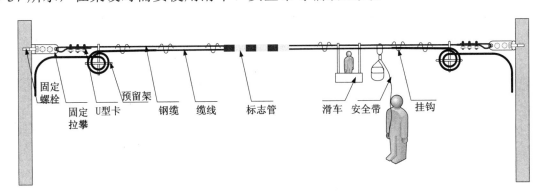

图 3-37　架空布线法用到的主要材料、配件和工具

架空电缆通常穿入建筑物外墙上的 U 型电缆保护套，然后向下（或向上）延伸，从电缆孔进入建筑物内部，如图 3-38 所示。建筑物到最近的立杆相距应小于 30m。建筑物的电缆入口可以是穿墙的电缆孔或管道，电缆入口的孔径一般为 5cm。一般建议另设一根同样口径的备用管道，如果架空线的净空有问题，可以使用天线杆型的入口。该天线的支架一般不应高于屋顶 1200mm，否则，就应使用拉绳固定。通信电缆与电力电缆之间的间距应遵守当地城管等部门的有关法规。架空缆线敷设时，一般步骤如下。

（1）立杆以 30～50m 的间隔距离为宜。

（2）根据缆线的质量选择钢丝绳，一般选 8 芯钢丝绳。

（3）接好钢丝绳。

（4）架设缆线。

（5）每隔 0.5m 架一个挂钩。

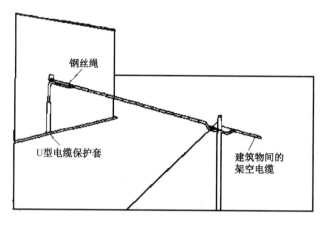

图 3-38　架空布线法

2）直埋布线法。

直埋布线法根据选定的布线路由在地面上挖沟，然后将缆线直接埋在沟内。直埋布线的电缆除了穿过基础墙的部分电缆有管保护外，电缆的其余部分直埋于地下，没有保护，如图 3-39 所示。直埋电缆通常应埋在距地面 0.6m 以下的地方，或按照当地城管等部门的有关规定去施工。当建筑群子系统采用直埋沟内敷设时，如果在同一个沟内埋入了其他图像、监控电缆，应设立明显的共用标志。

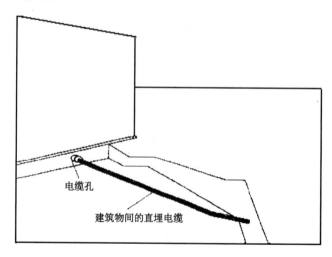

图 3-39　直埋布线法

直埋布线法的路由选择受到土质、公用设施、天然障碍物（如木、石头）等因素的影响。直埋布线法具有较好的经济性和安全性，总体优于架空布线法，但更换和维护电缆不方便且成本较高。

3）地下管道布线法。

地下管道布线是一种由管道和人孔组成的地下系统，它把建筑群的各个建筑物进行互连。如图 3-40 所示，一根或多根管道通过基础墙进入建筑物内部，地下管道对电缆起到很好的保护作用，因此电缆受损坏的机会减少，且不会影响建筑物的外观及内部结构。

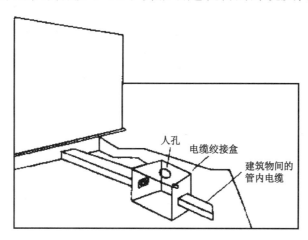

图 3-40　地下管道布线法

管道埋设的深度一般为 0.8～1.2m，或符合当地城管等部门规定的深度。为了方便日后的布线，管道安装时应预埋 1 根拉线，供以后的布线使用。为了方便缆线的管理，地下管道应间隔 50～180m 设立一个接合井，以方便人员维护。接合井可以是预制的，也可以是现场浇筑的。此外，安装时至少应预留 1～2 个备用管孔，以供扩充之用。地埋布线材料如图 3-41 所示。

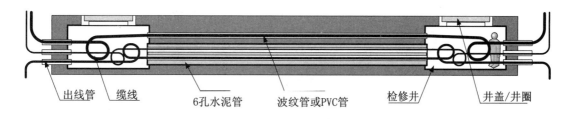

图 3-41　地埋布线材料

4）隧道内电缆布线法。

在建筑物之间通常有地下通道，大多是供暖供水的，利用这些通道来敷设电缆不仅成本低，而且可以利用原有的安全设施。如考虑到暖气泄漏等情况，电缆安装时应与供气、供水、供电的管道保持一定的距离，安装在尽可能高的地方，可根据民用建筑设施的有关条件进行施工。

以上叙述了架空、直埋、地下管道、隧道内 4 种室外工程布缆方法，其比较如表 3-7 所示。

表 3-7 4 种室外工程布缆方法比较

方法	优点	缺点
地下管道	➤ 提供最佳的机械保护 ➤ 任何时候都可敷设电缆 ➤ 敷设、扩充和加固都很容易 ➤ 保持建筑物的外貌	挖沟、开管道和人孔的成本很高
直埋	➤ 提供某种程度的机械保护 ➤ 保持建筑物的外貌	➤ 挖沟成本高 ➤ 难以安排电缆的敷设位置 ➤ 难以更换和加固
架空	如果本来就有立杆，则成本最低	➤ 没有提供任何机械保护 ➤ 灵活性差 ➤ 安全性差 ➤ 影响建筑物美观
隧道内	保持建筑物的外貌，如果本来就有隧道，则成本最低、安全	热量或泄漏的热气可能会损坏电缆，可能被水淹没

2．登高作业工具准备

1）梯子。

梯子是高空作业人员攀登高处的必备工具，如图 3-42 所示。无论是敷设缆线、设备调试还是进行其他高空作业，梯子都为高空作业人员提供了一个稳定、可靠的攀登路径。在室外环境中，梯子能确保作业人员在攀登过程中保持稳定，减少因地面不平或滑倒等因素导致的安全风险。同时，在登高作业过程中，作业人员需要在某一高度进行长时间工作，梯子可以作为一个稳定的工作平台，为作业人员提供足够的支撑和稳定性，确保他们能够在高处安全、舒适地完成工作。需要注意的是，在使用梯子进行登高作业时，必须遵循相关的安全规定和操作规程。

（1）梯子必须放置在平整、坚实的地面上，确保稳固不晃动。

（2）作业人员在攀登和使用梯子时，必须佩戴必要的安全防护装备。

（3）应有专人进行扶梯监护，以确保作业人员的安全。

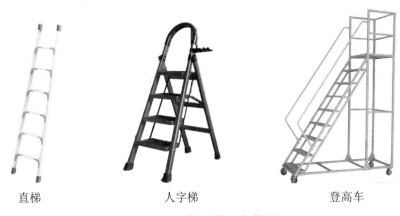

直梯　　　　　　　人字梯　　　　　　　登高车

图 3-42 常见梯子实物图

2）对讲机。

对讲机作为通信工具，能使工程师团队进行远程实时沟通和协调。特别是在室外环境中，由于空间开阔、环境复杂，传统的通信方式受到限制，对讲机凭借其良好的通信范围和抗干扰能力，确保工程师们能够迅速、准确地传递信息。在紧急情况下，对讲机还可以用于呼叫救援，保障人员安全。对讲机在综合布线室外工程中发挥着不可或缺的作用，是工程师们进行室外布线工作的得力助手。

3．建筑群子系统的设计实例

（1）设计实例 1 室外管道的铺设。在设计建筑群子系统预埋管图时，一定要根据建筑物之间数据或语音信息点的数量，来确定埋管规格，如图 3-43 所示。请扫描"建筑群预埋管"二维码，观看高清照片。

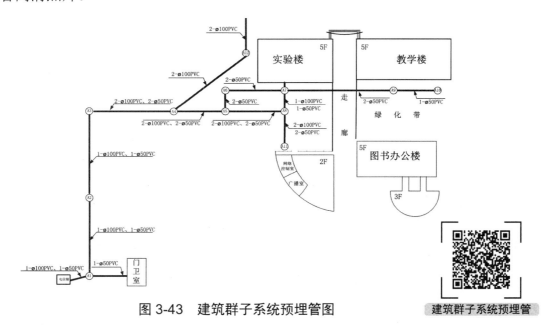

图 3-43　建筑群子系统预埋管图　　**建筑群子系统预埋管**

（2）设计实例 2 室外架空图。建筑物之间的线路还有一种连接方式就是架空方式。设计架空路线时，需要考虑建筑物的承受能力和角度，如图 3-44 所示。

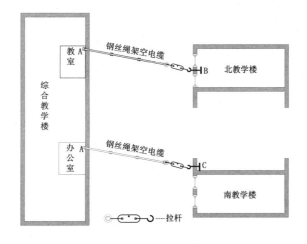

图 3-44　室外架空图

3.4.3 工作任务实践

某建筑群综合布线工程需要进行室外布线工序，为保障后续工作的顺利实施，现需要提前为后续的工序准备施工工具。

任务：准备室外工程专用工具

第一步：编制工具准备清单。现场仓管员根据工作内容，编制施工工具准备清单，并报仓库主管审批。施工工具准备清单一般为表格形式，内容包括施工工序、工具/设备名称、数量等，表3-8所示为该项目的施工工具准备清单。

表 3-8　施工工具准备清单

施工工具准备清单						
工程名称：某建筑群综合布线工程				施工工期	2个工作日	
施工工序	序号	工具/设备名称	数量	序号	工具/设备名称	数量
架空布线	1	缆线	305m（1箱）	7	挂钩	60个
	2	8芯钢缆	30m	8	标志管	1m
	4	固定螺栓	2个	9	滑车	1个
	5	固定拉攀	2个	10	梯子	1个
	5	预留架	2个	11	对讲机	2个
	6	U型卡	2个			

第二步：准备工具。施工现场仓管员从公司仓库领取和准备相关施工工具。

第三步：整理工具。施工现场仓管员对检查完毕的工具分区域整理，并在相应的存放位置设置标识牌，或在箱（盒）外增加标签。

3.5 检查和调整工具

3.5.1 工作任务描述

在综合布线系统工程施工现场，施工人员应根据实际工作任务需求，合理地对工具进行检查和调整，确保工序的顺利开展。工具的合理检查和调整，能够有效保障综合布线系统工程施工安装进度和质量。本工作任务要求掌握工具检查和调整的相关知识，完成工具检查与调整典型工作任务。

任务1：更换光纤熔接机电极

任务2：调整光纤切割刀

3.5.2　相关知识介绍

1．检查工具

施工前对剥线器、光纤熔接机、光纤切割刀、卡接工具等电缆或光缆的施工工具进行检查，合格后方可在工程中使用。主要检查内容如下。

（1）检查施工工具的数量是否与清单一致。

（2）检查施工工具的型号/规格是否与清单一致。

（3）检查剥线器、光纤切割刀、卡接工具等工具的磨损程度，判断是否可继续使用。

（4）检查光纤熔接机、测试仪表等精密工具是否能正常工作，其功能参数是否满足施工要求等。

2．使用打线刀的注意事项

（1）使用打线刀。把刀口的一边放置在线端，正确压接后，刀口应将多余线芯剪断。

（2）打线刀必须保证垂直，突然用力向下压，听到"咔嚓"声，模块刀片会划破线芯的外绝缘护套，与铜线芯接触。

（3）压接时要突然用力，确保将线一次压接到位，避免出现半接触状态。

（4）如果打线刀不垂直，容易损坏模块压线口，也不可能将线压接到位。

如图 3-45 所示为 110 打线刀使用示例。

图 3-45　110 打线刀使用示例

3．使用红光笔的注意事项

（1）激光对眼睛有害，使用红光笔时应避免激光直射眼睛。

（2）在使用红光笔时，最好用清洁工具将光纤连接器清洁 1 次。

（3）激光器在高温环境中会缩短寿命，因此应尽量避免在高温工作环境下使用红光笔。

（4）在每次使用完红光笔后，应立即盖好防尘帽，避免被灰尘、油污等污染。

（5）长时间不使用红光笔时，应取出电池，避免电池腐烂损害红光笔。

如图 3-46 所示为红光笔的结构示意图。

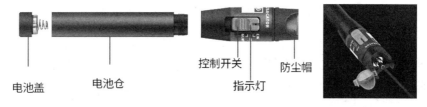

电池盖　　电池仓　　控制开关　　指示灯　　防尘帽

图 3-46　红光笔结构示意图

4．使用光纤熔接机的一般规则

（1）熔接机一般用于熔接石英玻璃光纤。

（2）熔接机工作时，电极间有六千多伏的高电压，形成电弧产生高温，完成熔接。熔接机工作时，必须保持防风罩在关闭状态下，防止人员触及电极，造成不必要的伤害。

（3）清洁电极时，必须使用软布小心清洁，不能使用硬物触碰电极。

（4）清洁 V 型槽时，必须使用软布小心清洁，不能用硬物触碰 V 型槽。

（5）熔接机在使用过程中会产生电弧，不允许在易燃、易爆环境下使用。

（6）电极在长期使用中会磨损，而且由于硅的氧化物会聚积在电极尖端，一般 2500 次放电后，电弧稳定度及熔接质量可能会有所下降，如发现上述现象请及时更换电极。

（7）如果长时间不使用熔接机，建议开机后，用大电流清洁电极 2～3 次，并进行放电试验。

5．使用光纤切割刀的注意事项

（1）使用、清洁等过程中注意保护刀刃，勿使用硬物接触刀刃。

（2）切勿把切割刀放在潮湿或布满灰尘的地方，使用时，切勿弄湿切割刀。

（3）定期用酒精清洗压纤板上的污垢，切勿用丙酮或有腐蚀性的溶剂清理压纤板。

（4）光纤及光纤碎屑非常纤细，且尖端锐利，使用中严防光纤碎屑进入皮肤、眼睛，请用专用容器收集光纤碎屑。

（5）请勿直接用手接触刀刃，维修时也不要碰到刀刃。如图 3-47 所示为光纤切割刀的结构示意图。

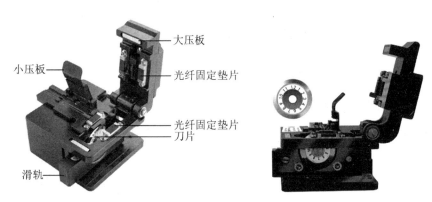

图 3-47　光纤切割刀的结构示意图

▦ 3.5.3　工作任务实践

任务 1：更换光纤熔接机电极

光纤熔接机电极在长期使用中会磨损，而且电弧产生高温熔化光纤时，会产生硅氧化物蒸汽，部分沉积在电极上，增大电极的表面势能，会造成电极的放电不畅、电弧不稳。因此在放电次数超过 2500 次后应更换电极。更换电极的基本步骤如下。

第一步：关闭熔接机电源。

第二步：拧松电极罩上的固定螺丝，取下电极罩，如图 3-48 所示。

第三步：从电极座中取出电极，如图 3-49 所示。

图 3-48 取下电极罩   图 3-49 取出电极

第四步：用蘸酒精的棉纸清洁新电极，然后安装到原电极座位置上。

第五步：装入电极罩并拧紧螺丝。

第六步：关闭防风盖，开启熔接机电源，进行 1 次电极老化。

注意：更换电极时动作要轻柔，以免损坏熔接机或刺伤自己。

如果当前熔接参数为 Auto 模式，使用测试光纤进行 3 次自动接续操作。如果当前熔接参数为 Calibrate 或 Normal 模式，请使用电弧测试内的自动校准操作修正放电电流参数。

任务 2：调整光纤切割刀

（1）清洁光纤切割刀。如果光纤切割刀的刀刃或压垫变脏，可能会造成切割质量下降，并使光纤表面或端面变脏，导致光纤损耗增大。可用蘸有酒精的细棉签清洁刀片和压垫。

（2）调整刀片切割点。当刀刃口经过多次的切割后，会发生损耗，出现切断面切割不良现象，如图 3-50 所示。此时需要调整刀片的切割点，刀片一般有 16 个切割点，旋转刀片一周的 1/16，用新的锋利的位置来替换已经损坏的位置。调整刀片切割点步骤如下。

第一步：用切割刀自带的内六角扳手或螺丝刀，松开刀架上的紧固螺丝，如图 3-51 所示。

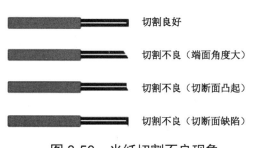

图 3-50 光纤切割不良现象   图 3-51 刀架上的紧固螺丝

第二步：用棉棒抵住刀刃，旋转刀片，使刀刃按顺序旋转到下一个新的刃口。

第三步：用扳手旋紧刀片紧固螺丝，必须确认锁紧。

第四步：试着切割 1、2 次光纤，用熔接机的画面观看光纤切割端面，如端面不良，请调节刀片的高度。

注意：调整刀片切割点时，请勿用手直接转动刀片，以免造成伤害，也不要用镊子等金属转动刀片，以免损伤刀刃。

（3）调整刀片高度。正常情况下刀片高度无须调整，当刀片经常出现切不断或压断光纤的状况时，需要进行刀片高度调整。如图 3-52 所示为刀片高度调整螺丝示意图。

第一步：将滑块推到切割完成时的位置。

第二步：用切割刀自带的内六角扳手插入锁紧螺丝孔，松开锁紧螺丝。

第三步：用扳手插入调节螺丝孔，旋转调节刀片高度。一般顺时针为调高，逆时针为调低，旋转半个刻度或更少一点，以提高或降低刀面，改善切割端面质量。

第四步：重复以上步骤，直到刀刃调整到合适位置。

第五步：高度调好后，可试切 2 次，确认可切断后将锁紧螺丝拧紧即可。

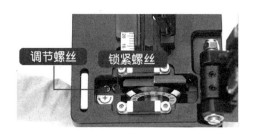

图 3-52　刀片高度调整螺丝示意图

（4）更换刀片。当刀片损坏或被升高 3 次之后，需要更换新的刀片。

第一步：用扳手松开刀片锁紧螺丝，并取出锁紧螺丝与垫片。

第二步：用镊子夹住刀片两侧，轻轻抬起刀片移除，放好。

第三步：用镊子夹住新的刀片，将刀片持平，从略高于刀片轴的位置放进去，使刀片孔落入轴上，用棉棒抵住刀刃，旋转刀片，使刀刃旋转到刻度 1。

第四步：将刀片垫片放在刀片上对应的位置，并拧紧锁紧螺钉。

3.6　准备光纤冷接设备和工具

3.6.1　工作任务描述

光纤的接续方式一般分为冷接和熔接两种。冷接是将两根光纤纤芯通过快速连接器或光纤冷接子等以机械方式连接在一起的技术，以实现光信号的传输。与熔接相比，冷接不需要使用热源。冷接操作简单、快捷，即使在狭小空间内也可轻松实现光纤链路的接通，适合现场快速施工和应急抢修。

在光纤冷接前，应提前准备好光纤冷接设备和工具，有效保障光纤冷接施工进度和质量。本任务要求掌握光纤冷接的相关知识，完成光纤冷接设备和工具准备。

3.6.2　相关知识介绍

下面以西元光纤冷接与测试工具箱（KYGJX-35）为例进行光纤冷接工具介绍，如图 3-53

所示，其工具名称和用途如下。

图 3-53　西元光纤冷接与测试工具箱

（1）光功率计。用于测量绝对光功率或通过一段光纤的光功率相对损耗，一般与稳定光源组合使用，如图 3-54 所示。光功率计能够测量连接损耗、光纤链路损耗、检验连续性，并帮助评估光纤链路传输质量，如图 3-55 所示。

图 3-54　光功率计和稳定光源

图 3-55　光功率测试

（2）红光笔。强劲光源，2.5mm 通用接口，用于简单光纤通断测试。

（3）皮线剥皮钳。用于皮线光缆外护套的定长剥除，带刻度，如图 3-56 所示。

（4）光纤切割刀。用于裸纤的定长切割，带刻度，如图 3-57 所示。

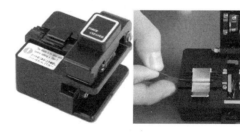

图 3-56　皮线剥皮钳　　　　图 3-57　光纤切割刀

（5）多用剪。用于缆线等器材的裁剪。

（6）光纤剥线钳。用于剪剥光纤的各层保护套，有 3 个剪口，可依次剪剥尾纤的外皮、中层保护套和树脂保护膜。剪剥时注意剪口的选择。

（7）酒精泵。用于存储酒精，不可倾斜放置，盖子不能打开，以防止挥发。

（8）垃圾盒。用于存放切断的裸纤，防止伤人。

（9）无尘纸。用于蘸取酒精，擦拭清洁裸纤。

（10）快速连接器。包括直通型、预埋型，用于光纤冷接训练。

（11）皮线光缆冷接子。用于皮线光缆冷接训练。

（12）光纤冷接子。用于光纤冷接训练。

（13）光纤定长开剥器。用于光纤定长、导轨、开剥，如图 3-58 所示。

图 3-58　光纤定长开剥器

（14）室内光缆。单模 4 芯室内光缆，用于光纤冷接训练。

（15）皮线光缆。2×3mm 皮线光缆，用于光纤冷接训练。

3.6.3　工作任务实践

下面结合"西元"综合布线系统安装与维护装置，完成光纤冷接准备工作。

现需完成该装置光纤冷接布线系统 16 个光纤永久链路的搭建，如图 3-59 所示为光纤信道链路图。前端 16 个信息点需要在光纤配线架内完成光纤冷接接续，如表 3-9 所示为光纤冷接布线系统永久链路搭建器材清单。请结合工作需求和器材类型，完成光纤冷接设备和工具准备。

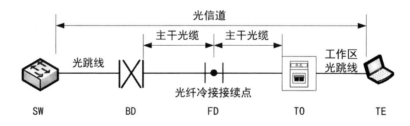

图 3-59　光纤信道链路图

表 3-9　光纤冷接布线系统永久链路搭建器材清单

序	器材名称	型号/规格	数量	单位
1	信息插座底盒	86mm×86mm×65mm，白色	8	个
2	SC 双口光纤面板	配套 SC 适配器 2 个，M4×25mm 安装螺丝 2 个，白色	4	个

续表

序	器材名称	型号/规格	数量	单位
3	ST 双口光纤面板	配套 ST 适配器 2 个，M4×25mm 安装螺丝 2 个，白色	4	个
4	SC-SC 跳线	单模光纤，3m	8	根
5	ST-ST 跳线	单模光纤，3m	8	根
6	光纤冷接子	单芯机械式接续器	4	个
7	尼龙线扎	3mm×100mm 线扎	30	个
8	标签扎带	全长 100mm，标注牌 15mm×25mm	40	个

1. 确定器材安装工具

（1）面板底盒安装。十字螺丝批，用于安装固定。本任务选取规格 $\Phi6×150$mm。

（2）光纤敷设。水口钳，用于光纤、线扎、标签扎带裁剪。本任务选取 6 寸水口钳。

（3）其他。尖嘴钳，用于加持细小器材、部件，安装固定等需求。

2. 确定光纤冷接专用工具

光纤冷接主要涉及光纤端面制作专用工具。

（1）光纤剥线钳。用于剥除光纤松套管和涂覆层。

（2）酒精泵、无尘纸。用于清洁光纤。

（3）光纤切割刀。用于切割光纤。

3. 确定测试工具

红光笔、光功率计。用于光纤冷接性能测试。

4. 编制工具清单

根据光纤冷接工艺，列出光纤冷接工具清单，按工具清单准备相关工具。

如表 3-10 所示为光纤冷接布线系统永久链路搭建工具清单。

表 3-10　光纤冷接布线系统永久链路搭建工具清单

序	工具名称	型号/规格	数量	单位
1	十字螺丝批	$\Phi6×150$mm	1	把
2	水口钳	6 寸	1	把
3	尖嘴钳	适用夹持细小器材	1	把
4	光纤剥线钳	适用剥除光纤保护套	1	把
5	酒精泵	内含酒精	1	个
6	无尘纸	四层	若干	张
7	光纤切割刀	切割光纤长度 5～20mm	1	个
8	红光笔	2.5mm 通用接口，15mW	1	个
9	光功率计	误差±0.5db，支持多接口多波长	1	台

3.7 习题和互动练习

扫描"任务 3 习题"二维码，下载工作任务 3 习题电子版。

扫描"互动练习 5""互动练习 6"二维码，下载工作任务 3 配套互动练习。

任务 3 习题　　　　任务 3 习题答案　　　　互动练习 5　　　　互动练习 6

3.8 课程思政

立足岗位、刻苦专研　技能创造思维、技能改变命运

纪　刚

雁塔区劳动模范　西安开元电子实业有限公司新产品试制组组长

国家发明专利 4 项，实用新型专利 10 项，全国技能大赛和师资培训班实训指导教师，精通 16 种光纤测试技术，200 多种光纤故障设置和排查技术，5 次担任全国职业院校技能大赛和世界技能大赛网络布线赛项安装组长，改进、推广了 10 项操作方法和生产工艺，提高生产效率两倍，5 年内降低生产成本约 580 万元……作为雁塔区西安开元电子实业有限公司新产品试制组组长，纪刚拥有着一份不凡的成绩单。

15 年的时间，纪刚从一名学徒成长为国家专利发明人、技师和西安市劳动模范，他说："技能首先是一种工作态度，技能就是标准与规范，技能的载体就是图纸和工艺文件，现代技能需要创造思维、技能能够改变命运。"

为了实现目标，降低成本，纪刚自费购买专业资料，利用节假日勤奋钻研，多次上门拜访西安交通大学教授，边做边学，历时一年，先后四次修改电路板，五次改变设计图纸和操作工艺，最终获得国家发明专利。

[本文摘编自 2020 年 4 月 29 日《西安日报》。]

编者补充信息：2020 年纪刚被授予"西安市劳动模范"，2021

年被授予"西安市优秀党务工作者"，2022 年被授予"陕西省劳动模范"，纪刚获得西安交通大学学士学位。

3.9 实训项目与技能鉴定指导

3.9.1 光纤熔接综合布线系统永久链路搭建和技能鉴定要求

本实训任务使用光纤熔接机进行光纤接续，训练读者的识图、使用光纤熔接机、按图施工等专业技能，介绍指导和示例多人多批次快速技能鉴定流程和成绩评判方法，具有实训或技能鉴定工作任务和难度相同、连续开展多人技能鉴定效率高、设备利用率高等特点。

每个实训项目主要内容如下，请扫描或下载各实训项目对应二维码观看完整电子版，按照具体要求完成实训任务，或者开展技能鉴定服务。

（1）实训任务来源。

（2）实训任务。

（3）技术知识点。

（4）关键技能与要求。

（5）实训课时。

（6）实训指导视频。

（7）实训设备。

（8）实训材料。

（9）实训工具。

（10）光纤熔接永久链路搭建实训步骤。

（11）评判标准。

（12）实训报告。

请在实训和技能鉴定中，发扬工匠精神，认真阅读文件，看懂图纸和技术要求以及操作步骤，按图施工，保质保量按时完成技能训练任务。

（1）认真阅读相关技术文件和图纸，对于实训任务、技能鉴定具体要求，以及图纸规定的操作步骤等文字信息，建议至少认真看两遍，理解和读懂具体要求。

（2）首先阅读图纸标题栏，确认图纸编号与实训要求相符，切勿用错图纸。

（3）认真阅读图纸下部"（1）光信道链路图"所示的光纤信道链路图。

（4）认真阅读图纸下部"（2）××～××端口综合布线系统图"所示的信息点编号。例如"FD1"为一层管理间，"1Z"为 1 号信息插座左口，"1Y"为 1 号信息插座右口。

（5）认真阅读图纸信息插座编号与位置，正确安装完成，切勿出现位置错误。

（6）认真阅读图纸中的测试跳线数量、接口位置、长度和顺序。

（7）要求在安装过程中，随时查看图纸，按图操作。

（8）请扫描实训项目对应二维码，观看或下载电子版与彩色高清图片，正确安装。

▓ 3.9.2　光纤熔接综合布线系统永久链路搭建

实训项目 6　①②号信息插座光纤熔接永久链路搭建

按图 3-60 光纤熔接综合布线系统（1～4TO）布线图（编号 XY-01-56-24-1）要求，完成 4 个光纤熔接永久链路搭建。要求把来自①②号信息插座的光缆与尾纤熔接，整齐盘放在光纤配线架内，并将尾纤安装在光纤配线架的 1、2 号 SC 接口和 1、2 号 ST 接口。

请扫描"光纤熔接布线彩色高清图（1～4TO）"二维码，阅读彩色高清图片。

请扫描"光纤熔接实训项目 6"二维码，按照实训要求和步骤，完成实训任务。

请扫描"光纤熔接实训视频"二维码，观看实操指导视频。

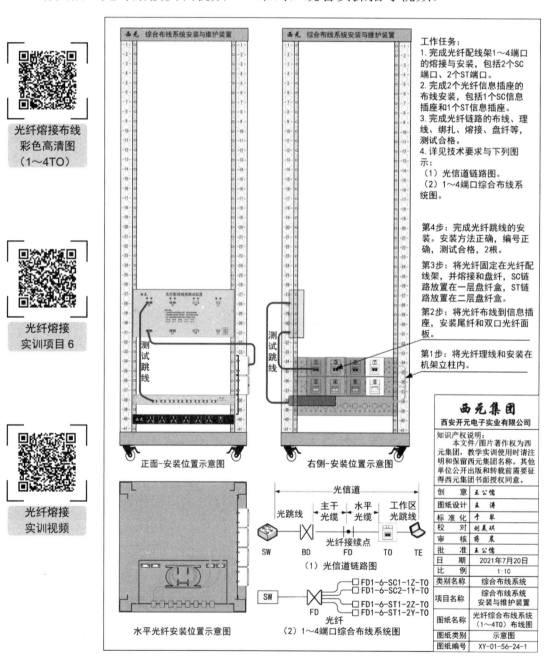

图 3-60　光纤熔接综合布线系统（1～4TO）布线图

实训项目 7 ③④号信息插座光纤熔接永久链路搭建

按图 3-61 光纤熔接综合布线系统（5～8TO）布线图（编号 XY-01-56-24-2）要求，完成 4 个光纤熔接永久链路搭建。要求把来自③④号信息插座的光缆与尾纤熔接，整齐盘放在光纤配线架内，并将尾纤安装在光纤配线架的 3、4 号 SC 接口和 3、4 号 ST 接口。

请扫描"光纤熔接布线彩色高清图（5～8TO）"二维码，阅读彩色高清图片。

请扫描"光纤熔接实训项目 7"二维码，按照实训要求和步骤，完成实训任务。

请扫描"光纤熔接实训视频"二维码，观看实操指导视频。

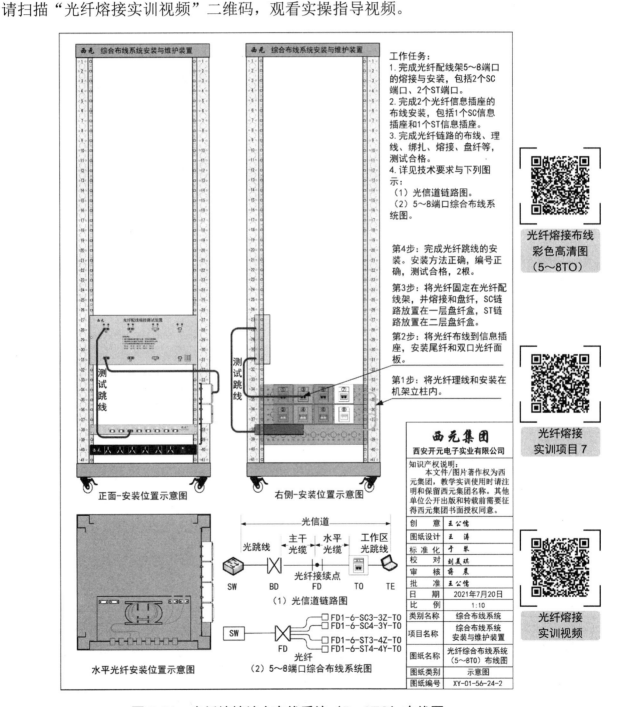

图 3-61 光纤熔接综合布线系统（5～8TO）布线图

实训项目8 ⑤⑥号信息插座光纤熔接永久链路搭建

按图3-62光纤熔接综合布线系统（9～12TO）布线图（编号XY-01-56-24-3）要求，完成4个光纤熔接永久链路搭建。要求把来自⑤⑥号信息插座的光缆与尾纤熔接，整齐盘放在光纤配线架内，并将尾纤安装在光纤配线架的5、6号SC接口和5、6号ST接口。

请扫描"光纤熔接布线彩色高清图（9～12TO）"二维码，阅读彩色高清图片。

请扫描"光纤熔接实训项目8"二维码，按照实训要求和步骤，完成实训任务。

请扫描"光纤熔接实训视频"二维码，观看实操指导视频。

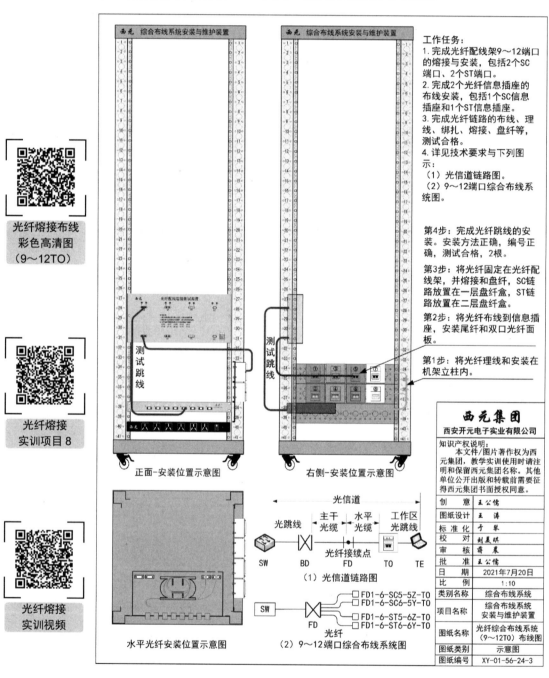

图3-62 光纤熔接综合布线系统（9～12TO）布线图

实训项目 9　⑦⑧号信息插座光纤熔接永久链路搭建

按图 3-63 光纤熔接综合布线系统（13～16TO）布线图（编号 XY-01-56-24-4）要求，完成 4 个光纤熔接永久链路搭建。要求把来自⑦⑧号信息插座的光缆与尾纤熔接，整齐盘放在光纤配线架内，并将尾纤安装在光纤配线架 7、8 号 SC 接口和 7、8 号 ST 接口。

请扫描"光纤熔接布线彩色高清图（13～16TO）"二维码，阅读彩色高清图片。

请扫描"光纤熔接实训项目 9"二维码，按照实训要求和步骤，完成实训任务。

请扫描"光纤熔接实训视频"二维码，观看实操指导视频。

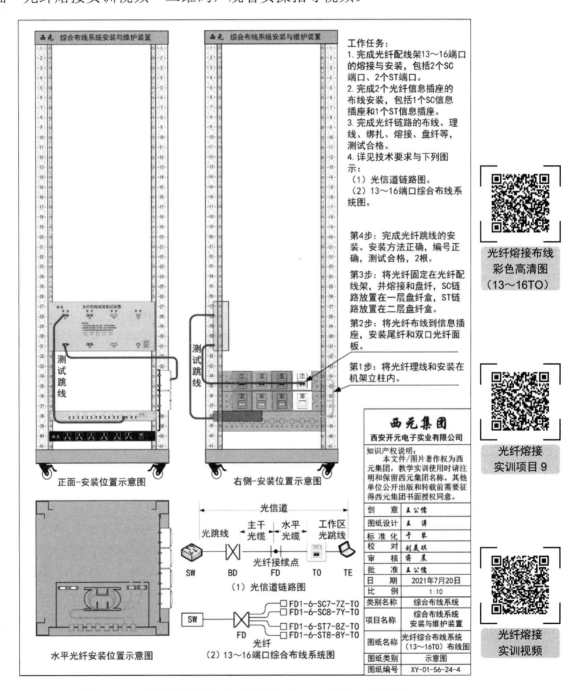

图 3-63　光纤熔接综合布线系统（13～16TO）布线图

工作任务 *4*

综合布线系统安装

工作任务 4 首先介绍综合布线系统工程安装专业技术技能，包括穿线管、线槽和桥架安装，布线与信息插座安装等；其次介绍设备间和管理间子系统的配线端接与设备安装；再次重点介绍光纤冷接、屏蔽布线系统、数据中心等相关安装知识和特点；最后安排屏蔽布线系统实训项目和技能鉴定指导内容。

4.1 职业技能要求

（1）《综合布线系统安装与维护职业技能等级标准》（2.0 版）表 2 职业技能等级要求（中级）对建筑物综合布线系统安装工作任务提出了如下职业技能要求。

① 能根据施工图安装穿线管、线槽和桥架，能使用弯管器对金属穿线管折弯，转弯角度应大于 90°，桥架水平度每米偏差不应超过 2mm。

② 能在桥架内布线和理线，捆扎和固定缆线。

③ 能根据系统图和端口对应表进行设备间子系统的设备安装、端接和理线。

④ 能使用冷接器材安装光纤连接器、进行光纤接续。

⑤ 能制作同轴电缆 F 头。

⑥ 能根据施工图现场布置竖井和管理间的缆线敷设与设备安装位置。

（2）《综合布线系统安装与维护职业技能等级标准》（2.0 版）表 3 职业技能等级要求（高级）对建筑群综合布线系统安装工作任务提出了如下职业技能要求。

① 能根据施工图安装屏蔽综合布线系统。

② 能安装 RJ45 口浪涌保护器。

③ 能安装智能布线管理系统、光缆在线监测系统。

④ 能安装数据中心综合布线系统。

⑤ 能采用新工艺和安装新产品。

4.2　穿线管、线槽和桥架安装

4.2.1　工作任务描述

建筑物综合布线系统中常用布线方式包括暗埋管布线、桥架布线、地面敷设布线三种方式，主要应用于建筑物综合布线水平子系统。

本工作任务要求掌握穿线管、线槽和桥架的安装技术知识，掌握专业技能与经验。

任务 1：使用弯管器对金属穿线管折弯

任务 2：完成金属穿线管暗埋敷设

4.2.2　相关知识介绍

1. 穿线管敷设施工

在《综合布线系统安装与维护（初级）》教材 4.2.2 节中详细介绍了表 4-1 穿线管安装相关知识，初学者请提前补习或预习。

表 4-1　穿线管安装相关知识

1. 建筑物内安装与敷设穿线管的规定	4. 穿线管设计与安装原则和经验
2. 建筑物内选用穿线管的规定	5. 墙面开槽要求与经验
3. 穿线管连接附件和设置位置规定	

例如 GB 50311—2016《综合布线系统工程设计规范》规定，在新建建筑物中，综合布线系统的双绞线电缆、光缆等必须有穿线管保护。穿线管一般都暗埋敷设在建筑物梁、柱、墙体或楼板内部，在土建施工阶段随工敷设，如图 4-1 所示为楼板内暗埋穿线管设计案例图，如图 4-2 所示为楼板内敷设好的暗埋穿线钢管照片。

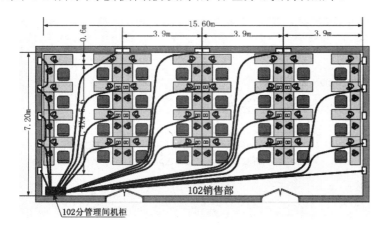

图 4-1　楼板内暗埋穿线管设计图

图 4-2　楼板内暗埋穿线钢管照片

2．线槽安装施工

在建筑物改造新增或临时综合布线系统项目时，水平子系统可使用明装线槽布线。

（1）线槽的弯曲半径。线槽拐弯处也有弯曲半径问题，如图4-3所示为宽度20mm的PVC线槽90°拐弯形成的最大弯曲半径。直径6mm的双绞线电缆在线槽中最大弯曲半径为45mm，布线弯曲半径与双绞线外径的最大倍数为45/6=7.5倍。要求在线槽内安装布线时，应保持双绞线电缆安装时靠线槽外缘，保持最大的弯曲半径。

特别强调，在线槽中安装双绞线电缆时必须预留一定的余量，而且不能再拉电缆。如果没有余量，拉伸电缆后，就会改变拐弯处的弯曲半径，如图4-4所示。

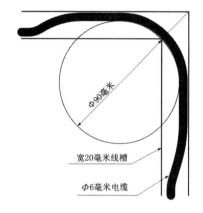 

图4-3　宽20mm线槽拐弯处最大弯曲半径　　　　图4-4　宽20mm线槽拐弯处最小弯曲半径

（2）线槽拐弯。如图4-5所示为线槽拐弯使用的成品弯头，常用的有阴角、阳角、三通、堵头等配件。使用成品配件安装简单，速度快，如图4-6所示为弯头和三通安装示意图。

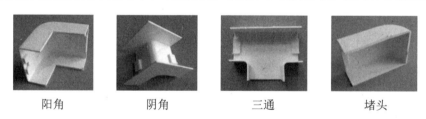

阳角　　　　　　阴角　　　　　　三通　　　　　　堵头

图4-5　宽40mmPVC线槽常用配件

在实际工程中，由于准确计算配件数量比较困难，因此一般都是现场自制弯头，不仅能够降低材料费，而且美观。但自制弯头安装效率较低。现场自制弯头时，要求接缝间隙小于1mm。如图4-7所示为水平弯头示意图，如图4-8所示为阴角弯头示意图。

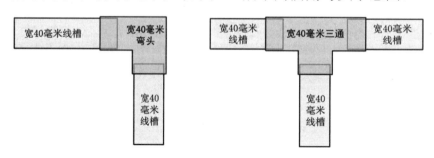

图4-6　弯头和三通安装示意图

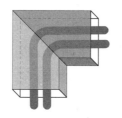 

图 4-7　水平弯头　　　　　图 4-8　阴角弯头

安装线槽时，首先在墙面测量并标出线槽的位置，在建工程以 1m 线为基准，保证水平安装的线槽与地面或楼板平行。垂直安装的线槽与地面或楼板垂直，没有肉眼可见偏差。

布线时先将缆线放入线槽内，在布放缆线同时安装盖板。拐弯处保持缆线有较大的弯曲半径。安装盖板后，不要再拉线，如果拉线会改变线槽拐弯处的缆线弯曲半径。

安装线槽时，用水泥钉或自攻丝把线槽固定在墙面上，固定距离宜为 300mm 左右，固定牢固。两根线槽之间的接缝必须小于 1mm，盖板接缝宜与线槽接缝错开。

（3）楼道大型线槽安装方式。建筑物水平子系统也可以在楼道墙面安装较大塑料线槽，例如宽 100mm、150mm 的 PVC 塑料线槽，线槽宽度必须按照需要容纳双绞线的数量来确定，选择常用规格。

安装方法是首先根据各个房间信息点穿线管口在楼道的高度，确定楼道线槽安装高度并且画线，其次按照 2～3 处/米将线槽固定在墙面，如图 4-9 所示，楼道线槽的高度宜遮盖墙面穿线管出口，并且在线槽开孔，开孔位置与穿线管出口对应。

如果各个信息点穿线管出口在楼道的高度偏差太大时，宜将线槽安装在穿线管下边，将双绞线电缆通过弯头引入线槽，这样施工方便，外形美观，如图 4-10 所示。

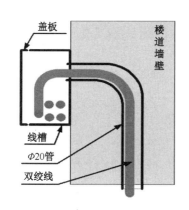 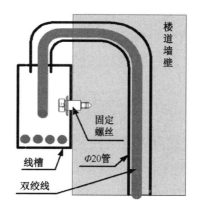

图 4-9　线槽遮盖穿线管出口　　　图 4-10　线槽安装在穿线管下边

采取暗管明槽布线方式，不仅成本低，而且比较美观，安装步骤如下。

第一步根据穿线管出口高度，确定线槽安装高度，并且画线。第二步固定线槽。第三步布放缆线。第四步安装线槽盖板。

3．桥架安装施工

（1）桥架吊装安装方式。如图 4-11 所示，楼道水平子系统桥架一般吊装在楼板或横梁下部，具体步骤如下。

第一步确定桥架安装高度和位置。第二步安装膨胀螺栓、吊杆、桥架挂片，调整好高度。第三步安装桥架，并且用固定螺栓把桥架与挂片固定。第四步安装缆线和盖板。

（2）桥架壁装安装。如图 4-12 所示，用壁装方式安装桥架的具体步骤如下。

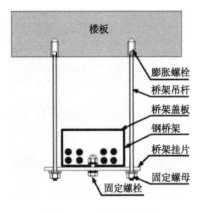

图 4-11　吊装桥架

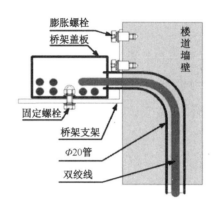

图 4-12　壁装桥架

第一步确定桥架安装高度和位置，并且标记安装高度。第二步安装膨胀螺栓、桥架支架，调整好高度。第三步安装桥架，并用螺栓把桥架与桥架支架固定牢固。第四步安装缆线和盖板。

在楼道墙面安装金属桥架时，首先根据各个房间信息点出线管口在楼道的高度，确定楼道桥架安装高度并且画线，其次按照 2～3 个/米安装 L 型支架或三角型支架。支架安装完毕后，用螺栓将桥架固定在每个支架上，并且在桥架对应管出口处开孔。

如果各个信息点穿线管出口在楼道的高度偏差太大时，也可以将桥架安装在穿线管出口的下边，将双绞线电缆通过弯头引入桥架，这样施工方便，外形美观。缆线引入桥架时，必须穿保护管，并且保持比较大的弯曲半径。

■ 4.2.3　工作任务实践

任务 1：金属穿线管弯曲塑形

如图 4-13 所示，采用金属穿线管暗埋敷设时，经常需要对金属穿线管弯曲塑形。如图 4-14 所示的金属管弯管器是最常用的现场塑形工具。注意不同直径和壁厚的穿线管必须使用不同的专用弯管器。请扫描"弯管器使用"二维码观看弯管操作使用方法视频。

图 4-13　穿线管弯曲塑形照片

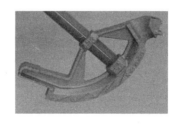

图 4-14　弯管器照片

弯管器使用

在使用弯管器前，我们需要了解弯管器上的符号和标记，主要标记和说明如下。

如图 4-15 所示为箭头标记，代表弯曲变形的起点和测量基准。

如图 4-16 所示为缺口标记，代表加工鞍形弯的中点。

如图 4-17 所示为星形标记，代表加工 U 形弯的参考点。

如图 4-18 所示为角度标线，代表穿线管弯曲后直管部分所成锐角，例如穿线管与 22°标线平行，代表弯曲后穿线管所成锐角为 22°。

图 4-15　箭头标记　　图 4-16　缺口标记　　图 4-17　星形标记　　　图 4-18　角度标线

穿线钢管直角弯的制作方法如下。

直角弯的弯曲角度为 90°，以箭头作为测量基准获得弯曲端准确位置。

第一步：若需准确控制直角弯穿线管末端的垂直高度，如图 4-19 所示，从穿线管一端量取尺寸差值，并在穿线管上做标记。

第二步：如图 4-20 所示，将穿线管放入弯管器，箭头标记对准穿线管上的标记。

第三步：如图 4-21 所示，双手握住弯管器手柄，通过踩踏点辅助用力，弯管塑形。

第四步：弯管过程中注意观察穿线管与弯管器上的刻度重合情况，确认弯曲角度，得到预期形状和尺寸。如图 4-22 所示为完成弯曲塑形的直角穿线管。

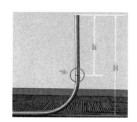   

图 4-19　做标记　　图 4-20　箭头对准标记　　图 4-21　弯曲塑形　　图 4-22　直角弯

任务 2：金属穿线管暗埋敷设

穿线管暗埋敷设的一般工序流程和要求如下。

准备材料→制作弯头→敷设→固定→清理→布放钢丝→保护管口。

第一步：准备材料和工具。例如弯管设备、螺丝刀、开槽机、穿线管、接线盒、固定配件等。

第二步：提前外购或制作大拐弯弯头。现场自制大拐弯弯头时，使用电动弯管设备或手动弯管器。一般在施工前计算弯头数量与规格，安排专人制作工程需要的弯头。

第三步：敷设暗埋穿线管。根据土建工程进度，在梁、柱、楼层、墙体的施工中，随时敷设穿线管。如图 4-23 所示为在楼板中敷设的暗埋穿线管照片。这项工作特别需要与土建进度协调配合。

第四步：固定穿线管、出线盒、信息插座底盒等。在钢筋混凝土结构中敷设暗埋穿线管时，必须用铁丝把穿线管绑扎在钢筋上，防止位移，保持管路平直。在砌筑墙体内敷设暗埋穿线管时，应随时敷设穿线管并固定。

第五步：清理穿线管。暗埋穿线管后，需要及时清理穿线管内的垃圾，保持穿线管畅通。必须对每条穿线管进行清理，及时检查维修，保证穿线管通畅。

第六步：布放牵引钢丝。清理穿线管后，需在穿线管内布放牵引钢丝，方便穿线。

第七步：保护管口。由于土建施工现场水泥砂浆多、垃圾多，因此必须对穿线管的管口进行保护，防止水泥砂浆、垃圾等杂物灌入穿线管，堵塞管路。

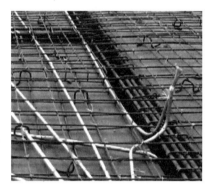

图 4-23　楼板中敷设的暗埋穿线管照片

4.3　穿线和信息插座安装

4.3.1　工作任务描述

穿线和信息插座安装对于综合布线系统的可靠性、稳定性、数据传输速率、安全性，以及维护和管理便利性等方面都起着关键作用。应根据建筑物的结构、用途及未来扩展需求，设计合理的线路走向和布局，使建筑内部整洁、有序。对每条缆线、每个信息插座进行标识，记录其起始点、终点、用途等信息，方便后续维护。

本任务旨在保证穿线和信息插座的安装质量和效率，满足通信和数据传输需求。

4.3.2　相关知识介绍

1. 穿线

《综合布线系统安装与维护（初级）》教材 4.3 节中，详细介绍了穿线相关工程技术知识和要求，如表 4-2 所示。初学者请提前补习或预习相关内容。

表4-2 穿线相关工程技术知识和要求

1. 布线先行	4. 避让高温影响	7. 缆线布放弯曲半径符合要求
2. 避让强电	5. 缆线标记清晰	8. 穿线管布放缆线数量合理
3. 选用合格缆线	6. 缆线预留长度合理	9. 拉力均匀

我们通过下列视频介绍电缆抽线和理线的方法。请扫描二维码，反复观看西元教学实训视频片，掌握相关知识与方法。

A141 二维码为《A141-电缆抽线方法》（3 根线），片长 1 分 36 秒。

A142 二维码为《A142-电缆理线操作方法》（1 箱抽线），片长 4 分 05 秒。

A143 二维码为《A143-电缆理线操作演示》（站立演示），片长 1 分 06 秒。

2. 信息插座安装

《综合布线系统安装与维护（初级）》教材 4.4.2 节中，详细介绍了信息插座安装相关技术知识，摘录主要技术知识与要求如表 4-3 所示，具体内容详见初级教材。

表4-3 信息插座安装相关技术知识与要求

1. 选用信息插座的原则	3. 安装底盒	5. 安装面板
2. 信息插座安装位置	4. 安装模块	6. 面板标记

4.3.3 工作任务实践

在《综合布线系统安装与维护（初级）》教材第 4.3.2 节中，介绍了如下相关知识。

（1）综合布线系统工程的布线要求。

（2）布线施工经验与注意事项。

（3）网络双绞线电缆的抽线和理线方法。

（4）标记缆线。

请初学者提前补习或预习，掌握电缆理线技能，并完成任务 1 和任务 2。

任务 1：电缆抽线

请扫描"A141"二维码，按照视频进行电缆抽线技能训练或竞赛。

任务 2：电缆理线

请扫描"A142""A143"二维码，按照视频进行电缆理线技能训练或竞赛。

A141　　　　A142　　　　A143

4.4 设备间子系统安装

4.4.1 工作任务描述

设备间子系统就是建筑物的网络中心，有时也称为建筑物机房，建筑物一般都有独立的设备间。设备间子系统是建筑物中数据、语音垂直主干缆线终接的场所，也是建筑群的缆线进入建筑物的场所，还是各种数据和语音设备及保护设施的安装场所。

本任务要求能根据安装图和端口对应表进行设备间子系统设备安装、端接和理线。

4.4.2 相关知识介绍

1．走线通道敷设安装施工

设备间内各种桥架、管道等走线通道敷设应符合以下要求。

（1）横平竖直，水平走向支架或吊架左右偏差应≤50mm，高低偏差≤2mm。

（2）走线通道与其他管道共用桥架安装时，走线通道应布置在管道共用桥架一侧。

（3）走线通道内缆线垂直敷设时，在缆线的上端和每间隔1.5m处应固定在通道的支架上，水平敷设时，在缆线的首、尾、转弯及每间隔5～10m处进行固定。

（4）布放在桥架上的缆线必须绑扎。外观平直整齐，线扣间距均匀，松紧适度。

（5）要求将交、直流电源线和信号线分桥架走线，或用"山"金属桥架隔开，也可以在保证缆线间距的情况下，同槽敷设。

（6）缆线应顺直，不宜交叉，在缆线转弯处应绑扎固定。

（7）缆线在机柜内布放时不宜绷紧，应留有适当余量，满足未来调整设备位置需要。

（8）缆线绑扎或者束缆间距均匀，力度适宜，布放顺直、整齐，不应交叉缠绕。

（9）6_A类UTP电缆敷设通道填充率不应超过40%。

2．缆线端接

设备间有大量跳线和端接工作，端接时应遵守表4-4的基本要求。

表4-4　缆线端接基本要求

1．交叉连接时，尽量减少跳线的冗余和长度，保持整齐和美观	5．双绞线电缆外护套剥除最短
2．满足缆线的弯曲半径要求	6．线对开绞距离不能超过13mm
3．缆线应端接到性能级别相同的连接硬件上	7．6_A类及以上电缆采用束缆，绑扎不宜过紧
4．主干缆线和水平缆线应端接在不同配线架上	

3．布线通道安装

1）地板下安装。

建筑物设备间桥架必须与垂直子系统和管理间主桥架连通。在设备间内部每隔1.5m安装托架或支架，并固定。底部距地面≥50mm，如图 4-24 和图 4-25 所示。

2）天花板安装。

在天花板安装桥架时采取吊装方式，通过吊竿和水平托架与螺栓将桥架固定，吊装于机柜上方，将相应的缆线布放到机柜中，通过机柜中的理线器等对其进行绑扎、整理归位。常见安装方式如图 4-26 所示。

图 4-24　托架安装

图 4-25　支架安装

图 4-26　天花板吊装安装

3）特殊安装方式。

（1）分层安装。分层安装可敷设更多缆线，便于维护和管理，如图 4-27 所示。

（2）机架支撑安装。采用这种新的安装方式，安装人员不用在天花板上钻孔，而且安装和布线时工人无须爬上爬下，省时省力，非常方便。用户不仅能对整个安装工程有更直观的控制，缆线也能自然通风散热，机房日后的维护升级也很简便，如图 4-28 所示。

图 4-27　分层安装　　　　　　　　图 4-28　机架支撑安装

4．设备间的接地

（1）机柜和机架接地连接。设备间机柜和机架等必须可靠接地，一般采用螺丝与机柜钢板连接方式。接地必须直接接触到金属，如果表面有油漆等绝缘层时，使用褪漆溶剂或电钻，实现电气连接。

（2）设备接地。安装在机柜的服务器、交换机等设备必须可靠电气接地。

（3）桥架的接地。桥架必须可靠接地，常见接地方式如图 4-29 所示。

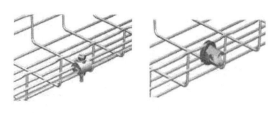

图 4-29　敞开式桥架接地方式

5．设备间内部的通道设计与安装

1）人行通道。

设备间内部人行通道与设备之间的距离应符合下列规定。

（1）运输设备的通道净宽不应小于1.5m。

（2）面对面布置的机柜或机架正面之间的距离不宜小于1.2m。

（3）背对背布置的机柜或机架背面之间的距离不宜小于1m。

（4）需要在机柜侧面维修测试时，机柜与机柜、机柜与墙之间的距离不宜小于1.2m。

（5）成行排列的机柜，其长度超过6m（或数量超过10个）时，两端应设有走道；当两个走道之间的距离超过15m（或中间的机柜数量超过25个）时，其间还应增加走道；走道的宽度不宜小于1m，局部可为0.8m。

2）架空地板走线通道。

架空地板地面起到防静电的作用，它的下部空间可以作为冷、热通风的通道，同时又可设置缆线的敷设槽、道。在地板下走线的设备间中，缆线不能在架空地板下面随便摆放。架空地板下缆线敷设在走线通道内，通道可以按照缆线的种类分开设置，进行多层安装，线槽高度不宜超过150mm。

相关标准中规定，架空地板下部空间只用于布放通信缆线时，地板内净高不宜小于250mm。当架空地板下部空间既用于布线，又作为空调静压箱时，地板内净高不宜小于400mm。地板下通道布线如图4-30所示。

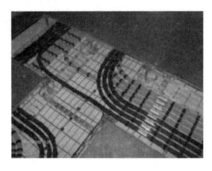

图4-30　地板下通道布线示意图

3）天花板下走线通道。

（1）净空要求。常用机柜高度一般为2.0m，气流组织所需机柜顶面至天花板的距离一般为500～700mm，尽量与架空地板下部空间净高相近，故机房净高不宜小于2.6m。

数据中心机房净高要求如表4-5所示。

表4-5　机房净高要求

	一级	二级	三级	四级
天花板离地板高度	至少2.6m	至少2.7m	至少3m 天花板离最高的设备顶部不小于0.46m	至少3m 天花板离最高的设备顶部不小于0.6m

（2）通道形式。天花板走线通道由开放式桥架、槽式封闭式桥架和安装附件等组成。开放式桥架方便维护，在新建的数据中心中应用较广。走线通道安装在离地板 2.7m 以上机房走道和其他公共空间上部的空间，天花板走线通道的底部应铺设实心材料，以防止人员触及和保护其不受意外或故意的损坏。天花板通道布线如图 4-31 所示。

图 4-31　天花板通道布线示意图

（3）通道位置与尺寸要求。通道顶部距楼板或其他障碍物不应小于 300mm。通道宽度不宜小于 100mm，高度不宜超过 150mm。通道内横断面的缆线填充率不应超过 50%。

如果存在多个天花板走线通道时，可以分层安装，光缆最好敷设在电缆的上方，为了方便施工与维护，电缆线路和光缆线路宜分开通道敷设。

6．机柜机架的设计与安装

1）预连接系统安装设计。

预连接系统可以用于水平配线区—设备配线区，也可以用于主配线区—水平配线区之间缆线的连接。设计关键是准确定位预连接系统两端的安装位置，定制合适长度缆线，包括配线架在机柜内单元高度位置、端接模块在配线架上的端口位置、机柜内走线方式、冗余安装空间、走线通道和机柜的间隔距离等。

2）机架缆线管理器安装设计。

在每对机架之间和每列机架两端安装垂直缆线管理器，垂直缆线管理器宽度至少为 83mm（3.25 英寸）。在单个机架摆放处，垂直缆线管理器至少宽 150mm（6 英寸）。两个或多个机架一列时，在机架间考虑安装宽度为 250mm（10 英寸）的垂直缆线管理器，在一排的两端安装宽度为 150mm（6 英寸）的垂直缆线管理器。缆线管理器要求从地面延伸到机架顶部。

管理 6_A 类及以上级别的电缆和跳线时，缆线管理器宜适当增加理线空间的高度或深度，满足缆线最小弯曲半径与填充率要求。机架缆线管理器构成如图 4-32 所示。

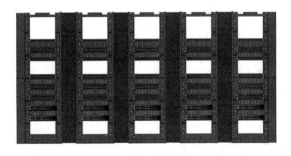

图 4-32　机架缆线管理器构成

3）机柜安装抗震设计。

单个机柜、机架应固定在抗震底座上，不得直接固定在架空地板的板块上或随意摆放。每一列机柜、机架应该连接成为一个整体，采用加固件与建筑物的柱子及承重墙进行固定。机柜、列与列之间也应当在两端或适当的部位采用加固件进行连接。机房设备应防止在地震时产生过大的位移、扭转或倾倒。

4.5 管理间设备安装

4.5.1 工作任务描述

管理间子系统设备一般包括机柜、配线架、跳线架、理线环等，主要用于对各种缆线进行规范、集中管理，一般在管理间设置网络机柜，并在机柜中安装相关配线设备。

本任务要求掌握配线设备的相关知识，完成配线设备安装典型工作任务。

任务 1：安装机柜

任务 2：安装 110 型通信跳线架

任务 3：安装理线环

任务 4：安装网络配线架

任务 5：安装交换机

4.5.2 相关知识介绍

在《综合布线系统安装与维护（初级）》教材 4.5.2 节相关知识介绍中，专门介绍了管理间子系统的设计原则，以及机柜和配线架等安装相关技术知识，初学者请提前补习或预习，具体内容详见初级教材。

4.5.3 工作任务实践

在《综合布线系统安装与维护（初级）》教材第 4.5.3 任务实践中，专门介绍了安装机柜、110 型通信跳线架、理线环、配线架、交换机的安装步骤和方法，初学者请提前补习或预习，具体内容详见初级教材。

4.6 管理间缆线配线端接

4.6.1 工作任务描述

配线端接是综合布线系统的关键安装技术，涉及跳线的制作，网络模块、配线架等的端接和安装，网络设备的配线连接等。

本任务要求掌握建筑物综合布线系统工程配线端接和理线的相关知识，完成端接和理线典型工作任务。

4.6.2 相关知识介绍

在《综合布线系统安装与维护（初级）》教材 4.6.2 节相关知识介绍中，专门介绍了配线端接和理线的相关内容，初学者请提前补习或预习，具体内容详见初级教材。

（1）电缆配线端接基本要求。

（2）网络跳线制作要求。

（3）网络机柜内部配线端接。

（4）理线。

4.6.3 工作任务实践

在建筑物综合布线系统工程中，往往每个管理间有数百甚至数千根网络电缆或光缆。一般每个信息点的网络双绞线电缆从设备跳线→信息插座模块→楼层机柜 110 型通信跳线架→网络配线架→交换机连接跳线→交换机级联跳线等，平均端接 12 次，每次端接 8 根芯线，在工程安装中，每个信息点平均需要端接 96 芯，因此熟练掌握配线端接技术非常重要，要求配线端接正确率达到 100.0%。

建筑物管理间电缆端接主要任务如下，具体内容详见《综合布线系统安装与维护（初级）》教材 4.6.3 节任务实践以及住宅布线系统相关实训项目，初学者请提前补习或预习。

任务 1：RJ45 水晶头、网络模块端接

任务 2：网络配线架端接

任务 3：110 型通信跳线架端接

任务 4：RJ45 口语音配线架端接

任务 5：同轴电缆 F 头端接

4.7 光纤冷接

4.7.1 工作任务描述

光纤接续方式一般分为两种，一种是光纤热熔，热熔需要专门的光纤熔接机设备，操作也比较复杂，需要熟练的专业技能，多用于大规模铺设的长距离光信号传输中；另一种是光纤冷接，使用快速连接器或光纤冷接子进行接续，其体积小，操作简便，即使在狭小空间内也可轻松实现光纤链路的接通，常用于光纤入户项目或光纤紧急抢修。

本任务要求掌握光纤冷接技术的相关知识，完成光纤冷接典型工作任务。

任务 1：光纤快速连接器的制作

任务 2：光纤冷接子的制作

4.7.2　相关知识介绍

1．冷接的基本原理

光纤冷接技术，也称为机械接续，是把两根处理好端面的光纤固定在高精度 V 型槽中，通过外径对准的方式实现光纤纤芯的对接，同时利用 V 型槽内的光纤匹配液填充光纤的端面间隙。

（1）V 型槽。无论是光纤冷接子，还是连接器，要实现纤芯的精确对接，就必须要将比头发丝还细的光纤的位置固定，这就是 V 型槽的作用，如图 4-33 所示。

（2）匹配液。在对接的两段光纤端面之间，填充匹配液的作用就是填补它们之间的间隙，它是一种透明无色液体，折射率与光纤大体相当，匹配液可以弥补光纤切割缺陷引起的损耗过大，有效降低菲涅尔反射。如图 4-34 所示，匹配液通常密封在 V 型槽内。

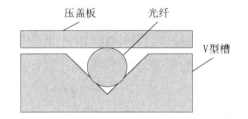

图 4-33　压板式 V 型槽的结构示意图

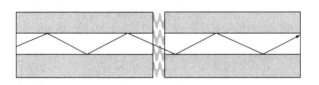

图 4-34　光纤与匹配液中光信号传播的示意图

（3）光纤端面。常见的光纤端面分为平面和球面，不常见的还有斜面。通常使用光纤切割刀切割出来的端面为平面，球面则需要更为复杂的模具和工艺处理。在现场制作的端面一般都是平面，而在工厂里制作的，如连接器的预埋光纤端面，则为球面。

两段光纤端面之间的接续方式分为以下几类。

① 平面—平面冷接续方式。如图 4-35 所示，平面—平面冷接续方式是指光纤接续点两端均为切制的平面。对接时要加入匹配液填充接续空隙，实现光信号的低损导通。它适用于光纤冷接子和光纤快速接续连接器。

② 球面—平面冷接续方式。如图 4-36 所示，球面—平面冷接续方式是指光纤接续点一端为研磨的球面，另一端为现场切制的平面。对接时根据产品结构的不同，可选择性加入匹配液来填充接续空隙。它是目前高品质产品主要采用的冷接续方式，适用于现场光纤快速接续连接器设备接口。

③ 球面—球面冷接续方式。如图 4-37 所示，球面—球面冷接续方式是指光纤接续点两端均为研磨的球面，对接时不用加入匹配液来填充接续空隙。这种方式在活动连接器中大量使用，而用于现场冷接最初是在 20 世纪 80 年代。它适用于光纤活动连接器、光纤冷接子和

现场光纤快速接续连接器。

④ 斜面—斜面冷接续方式。如图 4-38 所示，斜面—斜面冷接续方式是指光纤接续点两端均为斜面，需在接续点加入匹配液来填充接续空隙，主要用于对回波损耗要求较高的 CATV 模拟信号传输，一般用在 APC 活动连接器上，在现场冷接续技术领域应用只是刚刚开始。它适用于 APC 型光纤活动连接器、光纤冷接子或现场快速接续连接器。

图 4-35　平面—平面冷接续　　　图 4-36　球面—平面冷接续

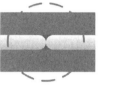

图 4-37　球面—球面冷接续　　　图 4-38　斜面—斜面冷接续

2．注意事项

（1）清洁操作。在光纤冷接安装过程中，各个环节应保障清洁操作，降低光纤损耗。

（2）清洁光纤。清洁光纤是光纤冷接的重要步骤，如果光纤表面不清洁或不干净，直接影响光纤质量。清洁光纤应注意以下几点。

① 使用纯度 99%以上的酒精。

② 每次清洁都应该更换纱布或清洁纸。

③ 从被剥离涂覆层部分的边缘开始清洁。

④ 使用蘸有酒精的纱布或无尘纸擦拭裸纤至少 3 次。

（3）切割光纤。切割光纤就是对光纤端面进行处理，光纤端面的质量决定光纤冷接质量。切割好的光纤端面应为整齐的平面。光纤切割后出现不合格端面时，都必须重新清洁和制作端面。

（4）光纤端头不要触碰任何物品。清洁后的光纤端头不要触碰任何物品，避免光纤或端头碰坏，出现缺角等问题，也避免被污染或附着脏物、杂质等。

（5）按照说明书操作。不同厂商的光纤快速连接器或冷接子，可能会有不同的操作程序和方法，应严格按照说明书进行光纤冷接操作。

3．光纤盘纤

盘纤是一门技术，也是一门艺术。科学的盘纤方法可使光纤布局合理、附加损耗小，也可避免挤压造成的断纤现象。如图 4-39 所示为光纤盘纤效果图。

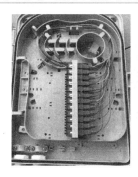

图 4-39　光纤盘纤效果图

4.7.3　工作任务实践

任务 1：光纤快速连接器的制作

下面以皮线光缆为例介绍直通型光纤快速连接器的制作方法。

第一步：材料和工具准备。

端接前应准备好光纤冷接材料和工具，并检查所用光纤和连接器是否合格。

第二步：光纤开剥。

① 剥除护套。使用皮线剥线钳，剥去 55mm 的光缆外皮护套，如图 4-40 所示。

② 剥除涂覆层。将光纤放入定长开剥涂覆层的凹槽中，光缆外皮切口紧贴挡块，闭合定长开剥器，拉出光缆，剥除光纤的涂覆层，如图 4-41 所示。

图 4-40　剥除护套　　　　　　　　　　图 4-41　剥除涂覆层

第三步：清洁光纤。用无尘纸蘸取适量酒精，擦拭光纤最少 3 次，如图 4-42 所示。

第四步：切割光纤。如图 4-43 所示，首先将光纤放入定长切割光纤的凹槽中，光缆外皮切口紧贴挡块，然后将装好光纤的定长开剥器，紧贴光纤切割刀定位处，进行光纤切割，取出光纤。

图 4-42　清洁光纤　　　　　　　　　　图 4-43　切割光纤

第五步：光纤快速连接器制作。

① 穿入光纤。如图 4-44 所示，打开直通型光纤连接器的后压盖，将光纤穿入，当光缆外皮切口碰到限位杆时，穿纤到位，同时压下后压盖，锁紧光缆外皮。

图 4-44 穿入光纤

② 完成光纤快速连接器制作。如图 4-45 所示，首先压紧前端箱盖，锁紧裸光纤，然后卸掉开启工具，套上连接器外壳，完成光纤连接器的制作。

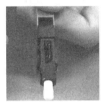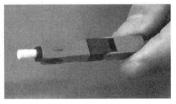

图 4-45 完成光纤快速连接器制作

第六步：光纤测试。如图 4-46 所示，摘掉光纤快速连接器防尘帽，将插头插入红光笔的光源接口处，打开红光笔电源开关，在光缆另一端看到一束明亮聚集的红光，则表示光纤通路，光纤快速连接器制作成功。如果光缆另一端红光发散、不明亮或无光，表示制作失败。请扫描"A314"二维码，观看《A314-直通型光纤连接器的制作》视频。

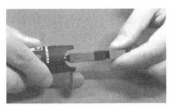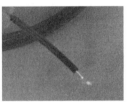

图 4-46 光纤测试

任务 2：光纤冷接子的制作

下面以室内光缆为例介绍光纤冷接子的制作方法。

第一步：材料和工具准备。

端接前，应准备好光纤冷接材料和工具，并检查所用光纤和连接器是否合格。

第二步：光纤开剥。

① 剥除外护套。如图 4-47 所示，使用光纤剥线钳最外面的刀口，剥除约 150mm 的尾纤外护套；露出内部的填充纤维和光纤紧套管，用剪刀剪去填充纤维。

② 剥除紧套管。如图 4-48 所示，用光纤剥线钳中间的刀口，剥除约 40mm 紧套管。

③ 剥除树脂层。如图 4-49 所示，使用光纤剥线钳最里边的刀口，剥除光纤树脂层。

第三步：清洁光纤。如图 4-50 所示，用无尘纸蘸取酒精，擦拭清洁光纤最少 3 次。

第四步：切割光纤。

① 光纤定位。如图 4-51 所示，将定长工具条左侧定位槽的卡扣开关打开，将处理好的

光纤放入左侧定位槽中，保证光纤紧贴定长工具条前端定位处，再锁上卡扣开关。

② 切割光纤。如图 4-52 所示，将装好光纤的定长工具条紧贴切割刀定位处，进行切割，切割后取出光纤。

图 4-47　剥除外护套

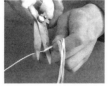

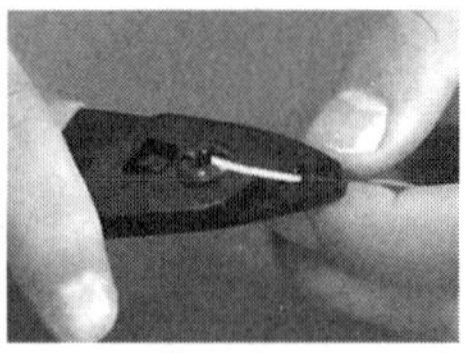

图 4-48　剥除紧套管

图 4-49　剥除树脂层

图 4-50　清洁光纤

图 4-51　光纤定位

图 4-52　切割光纤

第五步：光纤冷接子制作。将光纤通过推管穿入冷接子中，直至无法穿入为止；然后将推管向前推到位，锁住光纤。将另一根尾纤处理好后，用同样方法，穿入光纤冷接子另一端，并锁住光纤。最后压紧压盖，完成光纤冷接子的制作，如图 4-53 所示。

第六步：光纤测试。将接续完成的尾纤一端插入红光笔的光源接口处，打开红光笔的电源开关，在尾纤另一端看到一束明亮聚集的红光，则表示光纤通路，光纤冷接子制作成功，如图 4-54 所示。如果尾纤另一端红光发散、不明亮或无光，表示制作失败。

请扫描"A312"二维码，观看《A312-西元光纤冷接子的接续》视频。

图 4-53　光纤冷接子制作

图 4-54　光纤测试

A312

4.8　屏蔽综合布线系统安装（适用于高级）

4.8.1　工作任务描述

在保密单位或需要高稳定性和高带宽的网络系统中，一般使用屏蔽综合布线系统。屏蔽综合布线系统一般需要由专业人员使用和运维。本任务要求掌握屏蔽模块、屏蔽水晶头和屏蔽配线架等端接相关技术技能，完成屏蔽链路制作典型工作任务。

任务 1：完成网络机柜配线端接

任务 2：完成屏蔽链路制作

▓ 4.8.2　相关知识介绍

1. 屏蔽跳线制作步骤

（1）第一步：按照说明书规定操作。各厂家屏蔽水晶头的安装方法可能不同，取出屏蔽水晶头后，首先研读使用说明书，熟悉使用方法，按照说明书规定操作。

（2）第二步：裁线。取出屏蔽网线，按照跳线总长度进行裁线，一般增加 20mm 余量，每端 10mm。例如 500mm 跳线的裁线长度为 520mm。

（3）第三步：穿入水晶头护套。将配套的水晶头护套穿入网线，注意方口朝向线端，如图 4-55 所示。

（4）第四步：剥除护套。用剥线器旋转划开护套的 60%～90%，沿网线方向取下护套，露出屏蔽层。注意不要划透护套，避免损伤屏蔽层和接地线；不要反复折弯网线，避免损伤网线绞绕结构，如图 4-56 所示。

（5）第五步：剪掉露出的铝箔屏蔽层。首先将屏蔽钢丝与线对分开；然后，向后折回到护套上；最后，剪掉露出的铝箔屏蔽层。注意不能剪掉屏蔽钢丝，如图 4-57 所示。对于 6 类 S/FTP 双屏蔽网线，还需要剥除每对线芯外面的屏蔽层。

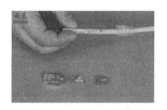

图 4-55　穿入护套　　　　图 4-56　剥线　　　图 4-57　剪掉撕拉线、铝箔和塑料纸

（6）第六步：拆开 4 对双绞线。按照视频中展示的方法，把 4 对双绞线拆成十字形，绿线对准自己，蓝线朝外，棕线在左，橙线在右，按照蓝、橙、绿、棕逆时针方向顺序排列，如图 4-58 所示。

（7）第七步：把线序排列整齐。首先将 4 对线分别拆开，然后按照 T568B 线序排好，最后把 8 芯线分别捋直。

（8）第八步：理线。首先将金属理线器插入 8 芯线中间，理线器的凹口向上，有 Y 槽面朝向自己，如图 4-59 所示。然后，把白绿线和绿线压入理线器的 Y 槽内，白绿线在左，绿线在右；把白蓝线和蓝线压入理线器的 I 槽内，蓝线在左，白蓝线在右；把白橙线和橙线压入理线器的左槽内，白橙线在左，橙线在右；把白棕线和棕线压入理线器的右槽内，白棕线在左，棕线在右。这样就完成了 8 芯线的整理工作，8 芯线按照 T568B 线序整齐排列。如图 4-60 所示。

（9）第九步：剪掉线端。用剪刀把线端剪齐，要求必须剪成斜角。

图 4-58 拆开 4 对线

图 4-59 插入理线器

图 4-60 完成理线

（10）第十步：插入分线器。将 8 孔塑料分线器插入 8 芯网线，要求分线器有箭头的一面朝向自己，按照箭头方向插入 8 芯线。嵌入金属理线器中。最后沿塑料分线器端头剪掉多余网线。特别注意，塑料分线器有箭头的一面预留 8 个条形孔，方便水晶头 8 个插针穿过，装反时无法压接，不能实现电气连接，如图 4-61 所示。

（11）第十一步：插入水晶头。首先把水晶头有刀片的一面朝向自己，把水晶头插入已经装好金属理线器和塑料分线器的线头，必须插到底，注意金属接地线不能插入，如图 4-62 所示。

（12）第十二步：压接。把水晶头放入网线钳用力一次压接完成，如图 4-63 所示。

（13）第十三步：固定屏蔽层。将金属接地线折叠到网线护套外边，用尖嘴钳把水晶头的屏蔽层与网线固定，剪掉多余的接地线；如图 4-64 所示。注意：金属接地线必须放在屏蔽层下边，网线与水晶头保持直线。

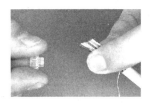
图 4-61 插入分线器

图 4-62 插入水晶头

图 4-63 压接

图 4-64 固定屏蔽套

（14）第十四步：安装水晶头护套。将护套向前插入水晶头，护套上的两个孔卡入水晶头上的两个凸台中，这样就完成了水晶头的制作，如图 4-65 所示。

（15）第十五步：完成另一端水晶头的制作。按照上述步骤，完成另一端水晶头压接。

（16）第十六步：测试。跳线制作完成后，首先测量长度是否合格，然后在西元测线仪上测量线序是否合格，仔细观察指示灯的闪烁顺序，特别注意观察显示接地的第 9 个指示灯，如图 4-66 所示。

请扫描"屏蔽跳线制作"二维码观看视频，掌握屏蔽跳线制作方法与步骤等。

图 4-65 安装护套

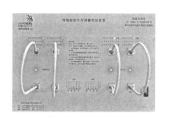
图 4-66 测试

屏蔽跳线制作

2. 屏蔽模块端接原理与方法

各种屏蔽模块的机械结构基本相同或者类似，我们以常见的 6 类屏蔽卡装式免打网络模块为例，详细介绍其机械结构和电气工作原理。如图 4-67、图 4-68 所示，模块由 2 个塑料注塑件、1 块 PCB、8 个刀片、8 个弹簧插针组成。线芯压入塑料线柱时，被刀片划破绝缘层，夹紧铜导体，实现电气连接功能。将 8 个刀片和 8 个弹簧插针焊接在 PCB 上，通过 PCB 实现 RJ45 口与模块的电气连接。PCB 与两个塑料注塑件固定在一起，装入金属屏蔽外壳中，组成完整的屏蔽模块。

图 4-67　6 类屏蔽卡装式免打网络模块

图 4-68　部件图

屏蔽模块端接方法和步骤如下。

（1）第一步：剥除网线外护套。剥除 6 类双屏蔽网线外护套。

（2）第二步：将编织带与钢丝缠绕。如图 4-69 所示，将编织带与钢丝缠绕在一起，预留 10mm，其余剪掉。然后剪掉铝箔、塑料包带和十字骨架。

（3）第三步：网线穿入压盖。如图 4-70 所示，将网线穿入压盖，注意穿入压盖时屏蔽层与压盖平台方向一致。

（4）第四步：压入模块。如图 4-71 所示，按照 T568B 线序将 8 芯线压入模块对应的 8 个塑料线柱刀片中。注意一定要将网线拉直，并置于压盖小平台正上方。

（5）第五步：压盖扣入模块。如图 4-72 所示，将压盖扣入模块外壳中。注意模块平台方向与外壳圆弧方向一致。

（6）第六步：剪掉余线。如图 4-73 所示，用斜口钳剪掉线头，线头长度必须小于 1mm，防止线芯接触模块外壳造成短路。

（7）第七步：合住金属外壳。如图 4-74 所示，先将活动压盖中向下箭头一端扣下来，然后再将向上箭头一端扣下来，最后用力将两边的活动压盖紧紧扣合。

（8）第八步：绑扎外壳。如图 4-75 所示，用线扎绑扎网线、屏蔽层及金属外壳，保证金属外壳与屏蔽层牢固连接。

请扫描"屏蔽模块制作"二维码观看视频，掌握屏蔽模块制作方法与步骤等。

图 4-69　预留 10mm　　图 4-70　穿入方向　　图 4-71　压接 8 芯线　　图 4-72　压盖扣入方向

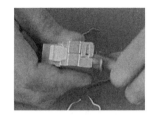

图 4-73　剪掉余线　　　　图 4-74　合住金属外壳　　　　图 4-75　线扎固定

4.8.3　工作任务实践

任务 1　网络机柜安装

网络机柜的安装尺寸执行 YD/T 1819—2016《通信设备用综合集装架》标准，具体安装尺寸如图 4-76 所示。在楼层管理间和设备间内，模块化配线架和网络交换机一般安装在 19 英寸的机柜内。为了使安装在机柜内的配线架和网络交换机美观大方且方便管理，必须对机柜内设备的安装进行规划，具体遵循以下原则。

（1）一般配线架安装在机柜下部，交换机安装在其上方。

（2）每个配线架配套安装一个理线架，每个交换机也要配套安装一个理线架。

（3）正面的跳线从配线架中出来全部要放入理线架内，然后从机柜侧面绕到上部的交换机间的理线架中，再插入交换机端口。

常见机柜内配线架安装实物如图 4-77 所示。机柜内部配线端接，根据设备的安装位置进行连接，一般网络缆线进入到机柜内是直接将缆线按照顺序压接到网络配线架上的，然后从网络配线架上做跳线与网络交换机连接。

请扫描"机柜安装"二维码，观看机柜安装尺寸和安装实物彩色高清图片。

图 4-76　网络机柜的安装尺寸

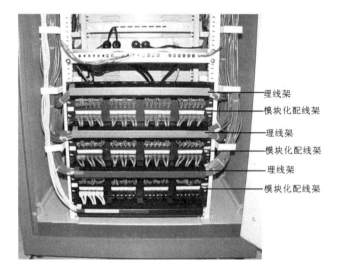

图 4-77　机柜内配线架安装实物图

任务 2　屏蔽永久链路搭建

（1）第一步：做第 1 根屏蔽跳线（RJ45 水晶头—RJ45 屏蔽模块）。按照屏蔽跳线制作方法，在屏蔽网线一端做 RJ45 水晶头，另一端按照下面步骤端接 RJ45 屏蔽模块。

（2）第二步：端接 RJ45 屏蔽模块。

① 剥开屏蔽网线另一端绝缘护套，剪掉铝箔、塑料纸和撕拉线，保留接地钢丝。

② 按照 T568B 线序，将 8 芯线压入屏蔽模块对应的 8 个刀片中。

③ 用压盖扣入模块外壳中，用斜口钳剪掉余线，避免线端与屏蔽外壳接触引起短路。

④ 将屏蔽模块活动压盖中向下箭头一端扣下来，然后再将向上箭头一端扣下来，再次用力将两边的活动压盖紧紧扣合。

⑤ 用线扎固定网线、屏蔽层及金属外壳，保证金属外壳与屏蔽层可靠连接。

（3）第三步：插入配线架插口。将屏蔽模块安装到配线架插口内。

（4）第四步：做第 2 根屏蔽跳线（RJ45 水晶头—RJ45 水晶头）。按照屏蔽跳线制作方法，做 1 根 RJ45 水晶头—RJ45 水晶头的屏蔽跳线。

（5）第五步：测试。将第 2 根跳线与第 1 根跳线连接，再将两根跳线分别插入网络测线仪，观察指示灯闪烁顺序，检查链路端接情况。特别注意屏蔽层是否接通。

4.9 数据中心安装（适用于高级）

4.9.1 工作任务描述

数据中心是数据存储和共享的核心，能够存储并共享项目中的所有数据，减少数据的重复存储和传输。对于行业来说，数据中心是项目管理和分析的关键，帮助项目管理人员更好地管理和分析项目数据和信息。通过对数据的分析和比较，项目管理人员能够更准确地预测项目进展和风险，制定更合理的计划，并采取措施，提高项目管理水平。

本任务要求掌握数据中心的定义、功能、组成等基础知识，熟悉数据中心分级的相关知识，完成数据中心安装的典型工作任务。

4.9.2 相关知识内容

1. 数据中心的定义

数据中心是为集中放置的电子信息设备提供运行环境的建筑场所，可以是一栋或是几栋建筑物，也可以是一栋建筑物的一部分，包括主机房、辅助区、支持区和行政管理区等，可对信息流进行传送、存储、计算、交换，并提供各种信息的服务中心与应用环境，其自身又是一个需要安全运行和智能管理的 ICT 基础设施。

2. 数据中心的功能

数据中心的功能是全面、集中、主动并有效地管理和优化 ICT 基础架构，实现信息系统较高水平的可管理性、可用性、可靠性和可延展性，保障业务的顺畅运行和服务的及时提供。

建设一个完整的、符合现在使用需求及将来业务发展需要的高标准数据中心，应满足以下基本功能要求。

（1）可进行数据传输、数据运算、数据存储及安全和通信网互通的设施安装场地。

（2）为所有设备运转提供所需的电力保障。

（3）在满足设备技术参数的要求下，为设备运转提供一个温度可控的环境。

（4）为所有数据中心内部和外部及公用网的设备提供安全可靠的网络连接。

（5）不会对周边环境产生危害。

（6）具有安全防范设施和防灾设施。

3．数据中心的组成

一个完整的数据中心包含各种类型的功能区域，如主机区、服务器区、存储区、网络区及控制室、操作员室、测试机房、设备间、电信间、进线间、资料室、备品备件室、办公室、会议室、休息室等。数据中心从功能上可以分为计算机房和其他支持空间，空间分隔如表4-6所示。

表4-6　数据中心空间分隔

机房外场地	办公区	
	楼层电信间	
	楼宇使用进线间	
机房内场地	计算机房	
	支持空间	行政管理区
		进线间
		辅助区
		电信间
		支持区

（1）计算机房。计算机房是进行电子信息处理、存储、交换和传输的设备安装、运行和维护的建筑空间，包括服务器机房、网络机房、存储机房等功能区域，分别安装有服务器设备（也可以是主机或小型机）、存储区域网络（SAN）和网络连接存储（NAS）设备、磁带备份系统、网络交换机及机柜/机架、缆线、配线设备和走线通道等。

（2）支持空间。支持空间是计算机房外部专用于支持数据中心运行的设施安装和工作的空间。

4．数据中心的分级

GB 50174—2017《数据中心设计规范》根据数据中心的使用性质和数据丢失或网络中断对经济或社会造成的损失或影响程度，将数据中心划分为A、B、C三级。

（1）A级为容错型。在系统需要运行期间，其场地设备不应因操作失误、设备故障、外部电源中断、维护和检修而导致电子信息系统运行中断。

（2）B级为冗余型。在系统需要运行期间，其场地设备在冗余能力范围内，不应因设备故障而导致电子信息系统运行中断。

（3）C级为基本型。在场地设备正常运行情况下，应保证电子信息系统运行不中断。

数据中心的使用性质主要是指数据中心所处行业或领域的重要性，最主要的衡量标准是由于基础设施故障造成网络信息中断或重要数据丢失在经济上和社会上造成的损失或影响程度。数据中心按照哪个等级标准进行建设，应由建设单位根据数据丢失或网络中断在经济或社会上造成的损失或影响程度确定，同时还应综合考虑建设投资。等级高的数据中心可靠性提高，但投资也相应增加。

5. 数据中心综合布线系统的特点

（1）满足不同规模（大、中、小）的数据中心与不同机房等级（A、B、C）及数据中心网络架构的需要。数据中心的网络演进具有十分清晰的方向，为了减少网络延时，提高数据中心网络的响应速度，云计算数据中心网络将更为普遍地采用核心+接入层的两层网络架构替代传统核心+汇聚+接入的三层方式。核心网络采用 40G/100G 网络端口，接入层网络与服务器采用10G 端口。

（2）布线系统各个子系统设置满足机房布局与功能区的应用及弱电系统的需要。一个数据中心实际上包括楼宇综合布线系统和机房综合布线系统两大布线系统。楼宇综合布线系统由设备配线区、水平配线区、中间配线区和主干配线区组成。两个布线系统之间又建立了互通的路由。

（3）布线系统选用的等级满足网络传输带宽的需要。基于云计算的数据中心，目前普遍采用网络虚拟化的应用技术，数据中心可以采用更多的虚拟机及提高每台服务器的工作负荷以承载更大的数据流量。相比较传统数据中心，服务器的数据流量将成倍提高。如此大量数据流量的传输均要求布线系统提高等级，以支持高带宽的应用。

6. 中国数据中心建设基本情况

中国的数据中心有大约 60%以"企业自建"的方式满足相关需求，租用数据中心环境进行设备托管的用户占 25%，同时有 15%的用户利用 IDC 设备实现数据中心建设。自建数据中心的用户占多数，充分说明了企业级数据中心的重要地位，加之电信业数据类业务的大幅增加，数据中心的投资规模在未来几年的复合增长率将会达到 20%。

▉ 4.9.3　工作任务实践

任务：数据中心的安装

第一步：设备进场与位置确定。对数据中心的空间布局进行测量和规划，确定机柜、服务器等设备的位置和数量。其次，制定详细的安装方案，包括设备清单、安装步骤、时间节点等。同时，准备必要的安装工具和材料，如螺丝刀、缆线、标签等。

第二步：设备安装与固定。首先，根据规划好的位置，将机柜安放在指定地点，并确保其稳固可靠。然后，按照设备清单，逐一将服务器、网络设备、存储设备等安装在机柜中。在安装过程中，要注意设备的朝向、接线口位置等因素，以便后续缆线的连接和管理。同时，对设备进行初步的检查和测试，确保其正常运行。

第三步：设备连接与布线。首先，根据设备之间的连接关系，确定缆线的类型和长度。然后，按照缆线连接图纸或规范，逐一将缆线连接到相应的设备上。在连接过程中，要注意缆线的走向、弯曲半径、连接头的紧固等因素，以避免损坏缆线或影响信号传输。此外，还要对缆线进行整理和标记，以方便后续的维护和管理。

4.10 习题和互动练习

请扫描"任务 4 习题"二维码，下载工作任务 4 习题电子版。

请扫描"互动练习 7""互动练习 8"二维码，下载工作任务 4 配套的互动练习。

任务 4 习题　　　任务 4 习题答案　　　互动练习 7　　　互动练习 8

4.11 课程思政

劳模传技能

2021 年纪刚被授予"西安市优秀党务工作者""西安好人"等荣誉，被中国计算机学会晋升为"CCF 高级会员"，2022 年被评为"CCF 杰出演讲者"。纪刚作为西元集团劳模进校园首席讲师，走进职业院校，在全国举行了 28 次劳模报告会和劳模传技能活动，听众超过 1.3 万人次。

劳模传技能

《弘扬劳模精神，中国计算机学会"劳模进校园"活动走进内蒙古》新闻摘要

为深入贯彻落实习近平总书记在"全国劳动模范和先进工作者表彰大会"上的重要讲话精神，大力弘扬劳模精神，营造崇尚劳动、尊重劳动、热爱劳动的氛围，中国计算机学会职业教育发展委员会（简称 CCF VC）组织"劳模进校园"活动走进内蒙古。本次活动是由中国计算机学会主办，CCF 职业教育发展委员会承办，内蒙古电子信息职业技术学院、内蒙古建筑职业技术学院和西元集团协办。CCF 高级会员、西元集团党支部副书记、西安市"劳动模范"纪刚技师走进校园，他通过劳模报告会和技能展示与技能培训指导等活动，分享了自身的成长经历和先进事迹，为青年学子们上一堂特别而生动的劳动教育课，引领同学们深入体会劳动模范的情怀。

请扫描"劳模传技能"二维码，观看和学习活动报道新闻。

4.12 实训项目与技能鉴定指导（适用于高级）

4.12.1 屏蔽综合布线系统永久链路搭建和技能鉴定要求

本实训任务使用 6 类屏蔽电缆进行屏蔽链路搭建，训练读者识图、按图施工等专业技能，介绍指导和示例多人多批次快速技能鉴定流程和成绩评判方法，具有实训或技能鉴定工作任务和难度相同、连续开展多人技能鉴定效率高、设备利用率高等特点。

每个实训项目主要内容如下，请扫描或下载各实训项目对应二维码观看完整电子版，按照具体要求完成实训任务，或者开展技能鉴定服务。

（1）实训任务来源。

（2）实训任务。

（3）技术知识点。

（4）关键技能与要求。

（5）实训课时。

（6）实训指导视频。

（7）实训设备。

（8）实训材料。

（9）实训工具。

（10）屏蔽永久链路搭建实训步骤。

（11）评判标准。

（12）实训报告。

请在实训和技能鉴定中，发扬工匠精神，认真阅读文件，看懂图纸和技术要求及操作步骤，按图施工，保质保量按时完成技能训练任务。

（1）认真阅读相关技术文件和图纸，对于实训任务、技能鉴定具体要求，以及图纸规定的操作步骤等文字信息，建议至少认真看两遍，理解和读懂具体要求。

（2）首先阅读图纸标题栏，确认图纸编号与实训要求相符，切勿用错图纸。

（3）认真阅读图纸下部"（1）信道与永久链路图"所示的信道链路图。

（4）认真阅读图纸下部"（2）××～××端口综合布线系统图"所示的信息点编号。例如"FD1"为一层管理间，"1Z"为 1 号信息插座左口，"1Y"为 1 号信息插座右口。

（5）认真阅读图纸信息插座编号与位置，正确完成安装，切勿出现位置错误。

（6）认真阅读图纸中的测试跳线数量、接口位置、长度和顺序。

（7）要求在安装过程中，随时查看图纸，按图操作。

（8）请扫描实训项目对应二维码，观看或下载电子版与彩色高清图片，正确安装。

▓ 4.12.2　屏蔽综合布线系统永久链路搭建

实训项目 10　①②③号信息插座屏蔽永久链路搭建

按图 4-78 屏蔽综合布线系统（1~6TO）布线图（编号 XY-01-56-21-1）要求，完成 6 个屏蔽永久链路搭建。要求把来自①②③号信息插座的屏蔽电缆端接到屏蔽配线架 1~6 口背面的模块上，并理线绑扎整齐。

请扫描"屏蔽布线彩色高清图（1~6TO）"二维码，阅读彩色高清图片。

请扫描"屏蔽布线实训项目 10"二维码，按照实训要求和步骤，完成实训任务。

请扫描"屏蔽布线实训视频"二维码，观看实操指导视频。

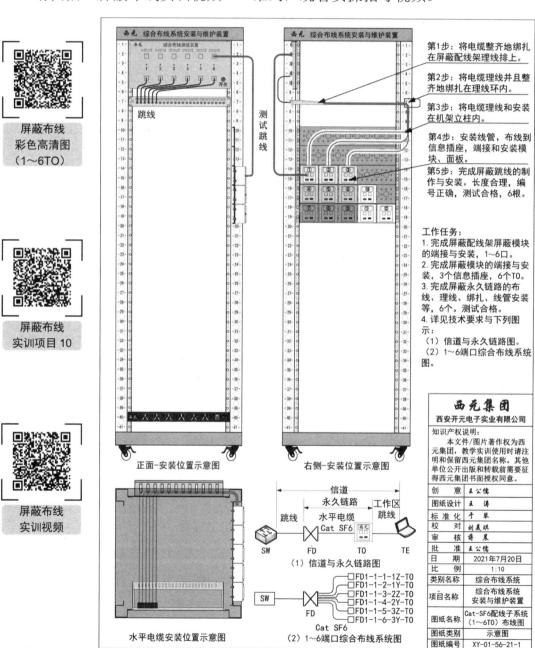

图 4-78　屏蔽综合布线系统（1~6TO）布线图

实训项目 11 ④⑤⑥号信息插座屏蔽永久链路搭建

按图 4-79 屏蔽综合布线系统（7～12TO）布线图（编号 XY-01-56-21-2）要求，完成 6 个屏蔽永久链路搭建。要求把来自④⑤⑥号信息插座的屏蔽电缆端接到屏蔽配线架 7～12 口背面的模块上，并理线绑扎整齐。

请扫描"屏蔽布线彩色高清图（7～12TO）"二维码，阅读彩色高清图片。

请扫描"屏蔽布线实训项目 11"二维码，按照实训要求和步骤，完成实训任务。

请扫描"屏蔽布线实训视频"二维码，观看实操指导视频。

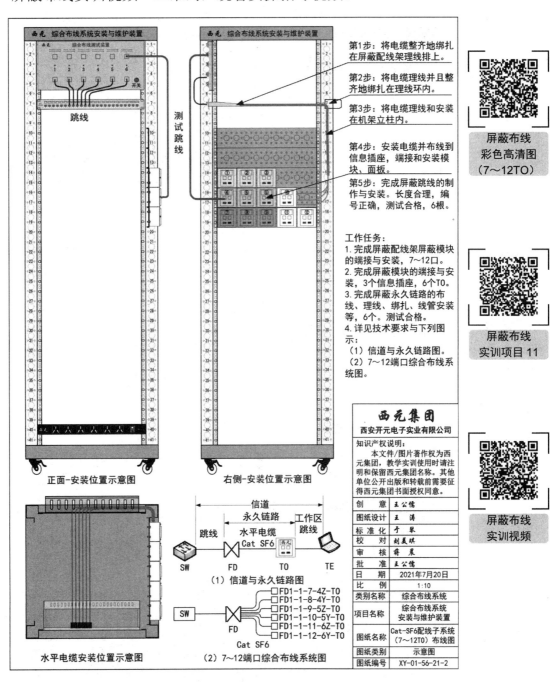

图 4-79 屏蔽综合布线系统（7～12TO）布线图

实训项目 12　⑦⑧⑨号信息插座屏蔽永久链路搭建

按图 4-80 屏蔽综合布线系统（13～18TO）布线图（编号 XY-01-56-21-3）要求，完成 6 个屏蔽永久链路搭建。要求把来自⑦⑧⑨号信息插座的屏蔽电缆端接到屏蔽配线架 13～18 口背面的模块上，并理线绑扎整齐。

请扫描"屏蔽布线彩色高清图（13～18TO）"二维码，阅读彩色高清图片。

请扫描"屏蔽布线实训项目 12"二维码，按照实训要求和步骤，完成实训任务。

请扫描"屏蔽布线实训视频"二维码，观看实操指导视频。

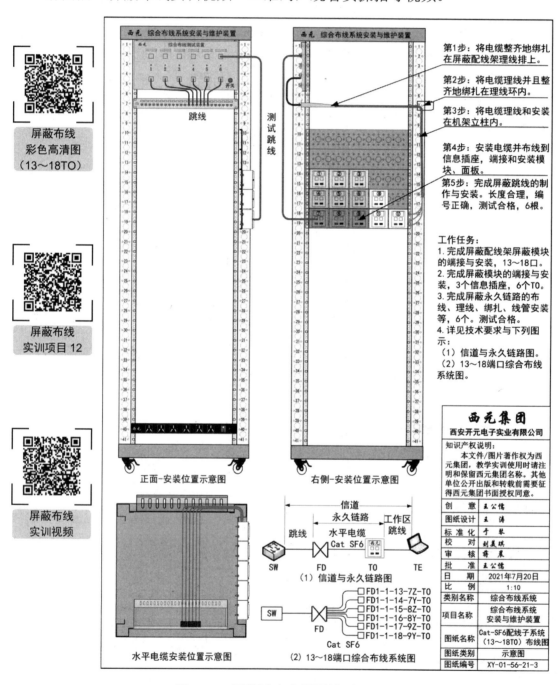

图 4-80　屏蔽综合布线系统（13～18TO）布线图

实训项目 13 ⑩⑪⑫**号信息插座屏蔽永久链路搭建**

按图 4-81 屏蔽综合布线系统（19～24TO）布线图（编号 XY-01-56-21-4）要求，完成 6 个屏蔽永久链路搭建。要求把来自⑩⑪⑫号信息插座的屏蔽电缆端接到屏蔽配线架 19～24 口背面的模块上，并理线绑扎整齐。

请扫描"屏蔽布线彩色高清图（19～24TO）"二维码，阅读彩色高清图片。

请扫描"屏蔽布线实训项目 13"二维码，按照实训要求和步骤，完成实训任务。

请扫描"屏蔽布线实训视频"二维码，观看实操指导视频。

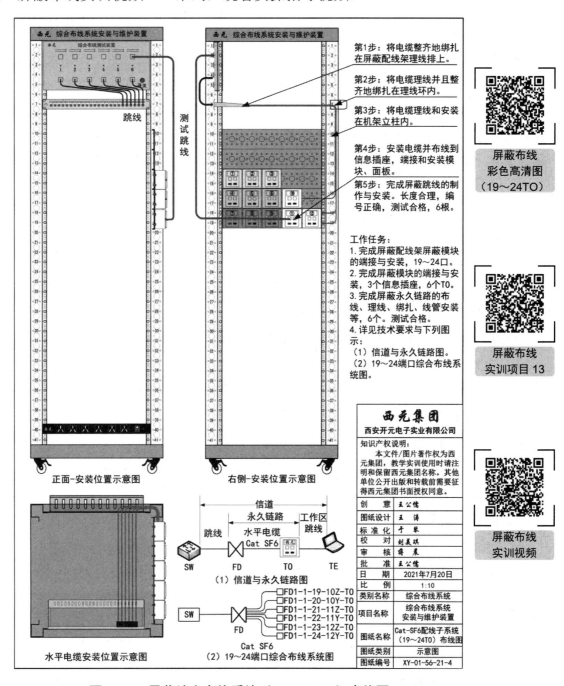

图 4-81 屏蔽综合布线系统（19～24TO）布线图

综合布线系统调试

工作任务 5 围绕综合布线系统调试技术技能，首先介绍了调整桥架平直、处理穿线管和线槽接头故障等内容；其次介绍了调整设备和理线的方法与任务，包括数据中心设计与理线等；再次重点介绍了智能布线管理系统安装与调试要求，包括智能配线架模式、种类、构成和管理软件等；最后安排了光纤链路搭建与测试实训项目和技能鉴定内容。

5.1 职业技能要求

（1）《综合布线系统安装与维护职业技能等级标准》（2.0 版）表 2 职业技能等级要求（中级）对建筑物综合布线系统调试工作任务提出了如下职业技能要求。

① 能调整桥架安装高度和位置、布线方式。

② 能处理明装穿线管和线槽的各种接头。

③ 能调整设备间子系统的设备安装位置和连接端口。

④ 能整理设备间、管理间预留缆线并理线。

（2）《综合布线系统安装与维护职业技能等级标准》（2.0 版）表 3 职业技能等级要求（高级）对建筑群综合布线系统调试工作任务提出了如下职业技能要求。

① 能调试智能布线管理系统。

② 能调试光缆在线监测系统。

③ 能调整数据中心布线和重新理线。

④ 能调整和优化管理间、设备间的缆线。

5.2 调整桥架

5.2.1 工作任务描述

建筑物综合布线系统工程中，往往在楼道、竖井等安装金属桥架，用于安装和布放水平子系统双绞线电缆。

本工作任务要求掌握桥架安装与布线相关知识，完成典型工作任务。

任务 1：调整桥架保持横平竖直

任务 2：完成在桥架内敷设缆线和理线

5.2.2 相关知识介绍

1. 桥架安装相关规定

根据 GB/T 50312—2016《综合布线系统工程验收规范》的规定，对桥架的安装、布线等有如下规定。

1）桥架安装的规定。

（1）安装位置应符合施工图要求，水平度每米偏差不应超过 2mm；左右偏差不应超过 50mm；桥架截断处及拼接处应平滑、无毛刺；吊架和支架安装应保持垂直，整齐牢固。如图 5-1 所示为桥架正确安装示意图，如图 5-2 所示为桥架错误安装示意图。

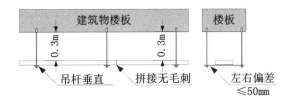

图 5-1　桥架正确安装示意图　　　　图 5-2　桥架错误安装示意图

（2）桥架垂直安装时应与地面保持垂直，垂直度偏差不应超过 3mm。

（3）金属桥架及金属导管各段之间应保持连接良好，安装牢固。

（4）采用垂直槽盒布放缆线时，支撑点宜避开地面沟槽和槽盒位置，支撑应牢固。

2）设置桥架保护的规定。

（1）桥架底部应高于地面并不应小于 2.2m，顶部距楼板不宜小于 300mm，与梁及其他障碍物交叉处间的距离不宜小于 50mm。梯架、托盘水平敷设时，支撑间距宜为 1.5～3m。图 5-3 为桥架保护正确安装位置图，图 5-4 为桥架保护错误安装位置图。

（2）垂直敷设时固定在建筑物构体上的间距宜小于 2m，距地 1.8m 以下部分应加金属盖板保护，或采用金属走线柜包封，但门应可开启。

（3）直线段梯级式桥架、托盘式桥架每超过 15～30m 或跨越建筑物变形缝时，应设置伸缩补偿装置。

（4）金属槽盒明装敷设时，在槽盒接头处、每间距 3m 处、离开槽盒两端出口 0.5m 处和转弯处均应设置支架或吊架。

（5）塑料槽盒槽底固定点间距宜为 1m。

（6）桥架转弯半径不应小于槽内缆线的最小允许弯曲半径，直角弯处最小弯曲半径不应小于槽内最粗缆线外径的 10 倍。

（7）桥架穿过防火墙体或楼板时，缆线布放完成后应采取防火封堵措施。

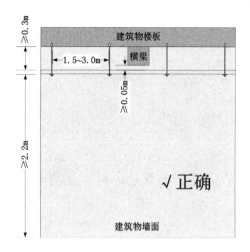

图 5-3　桥架保护正确安装位置示意图

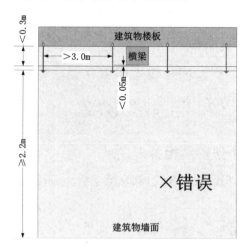

图 5-4　桥架保护错误安装位置示意图

2．桥架的配件

如图 5-5 所示，桥架分为托盘式桥架、槽式桥架、梯级式桥架等。

请扫描"桥架展示系统"二维码，观看彩色高清图片。

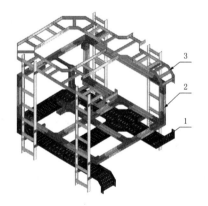

图例说明：
1—托盘式桥架
2—槽式桥架
3—梯级式桥架

桥架展示系统

图 5-5　西元桥架展示系统

1）托盘式桥架。如图 5-6 所示为托盘式桥架主要配件。

（1）水平弯通。主要用于水平敷设时的直角拐弯，具有一定的弧度，能够满足缆线敷设的弯曲半径要求。

（2）水平三通。主要用于水平敷设时改变桥架布线的走向，具有三个接口，通常为一进二出或二进一出。

（3）水平四通。主要用于水平敷设时两根直通桥架的交叉连接。

（4）垂直凹弯通。主要用于垂直安装的桥架与水平桥架的连接，例如穿过楼板沿墙面垂直向下安装的桥架与水平吊装的桥架的连接。

（5）垂直凸弯通。主要用于水平安装的桥架与垂直桥架的连接，例如水平吊装的桥架通过垂直凸弯通布放到网络机柜顶部的垂直桥架。

（1）水平弯通　　　（2）水平三通　　　　（3）水平四通　　　　（4）垂直凹弯通　　（5）垂直凸弯通

图 5-6　托盘式桥架配件

2）槽式桥架。

如图 5-7 所示为槽式桥架常用的主要配件，分为以下两类。

（1）等径弯通。指弯通两侧的桥架宽度相同。

（2）变径弯通，又称异径弯通，指弯通两侧的桥架宽度不同。

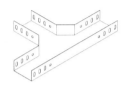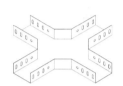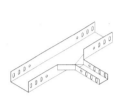

（1）水平等径弯通　　（2）水平等径三通　　（3）水平等径四通　　（4）水平变径三通　　（5）垂直等径上弯通

（6）垂直等径下弯通　　（7）垂直等径右下弯通　　（8）垂直等径左上弯通　　（9）垂直等径左下弯通

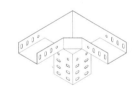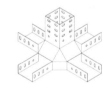

（10）上角垂直等径三通　　（11）下角垂直等径三通　　（12）下角垂直等径五通　　（13）垂直变径上弯通

图 5-7　槽式桥架配件

3）梯级式桥架。

如图 5-8 所示，梯级式桥架主要有水平弯通、水平三通、水平四通、垂直凹弯通、垂直凸弯通和配套连接片，用途和托盘式桥架配件基本相似。

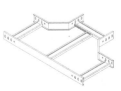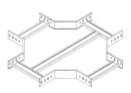

（1）水平弯通　　　（2）水平三通　　　　（3）水平四通　　　　（4）垂直凹弯通　　（5）垂直凸弯通

图 5-8　梯级式桥架配件

3．桥架敷设缆线的规定

（1）缆线布放应顺直，不宜交叉，在缆线进出槽盒部位、转弯处应绑扎固定。

（2）梯级式桥架或托盘式桥架内垂直敷设缆线时，在缆线的上端和每间隔1.5m处应固定；水平敷设时，在缆线的首、尾、转弯及每间隔5～10m处应进行固定。

（3）在水平、垂直梯级式桥架或托盘式桥架中敷设缆线时，应对缆线进行绑扎。对绞电缆、光缆及其他信号电缆应根据缆线的类别、数量、缆径、缆线芯数分束绑扎。绑扎间距不宜大于1.5m，间距应均匀，不宜绑扎过紧或使缆线受到挤压。

（4）室内光缆在梯级式桥架或托盘式桥架中敞开敷设时，应在绑扎固定段加装垫套。

5.2.3　工作任务实践

任务1：调整桥架、保持横平竖直

下面以水平吊装桥架为例，完成调整桥架、保持横平竖直的典型工作任务。

如图5-9所示，2号吊杆处桥架偏高，不是横平状态，应对桥架进行调整。调整的主要步骤如下。

第一步：使用卷尺测量和确定桥架安装高度，并使用记号笔在吊杆上进行标记。

第二步：如图5-10所示，将吊杆螺母与横担移动到标记位置。

第三步：将桥架向下移动，紧贴横担，使用水平尺测量桥架水平度。

第四步：如图5-11所示，完成调整，桥架保持横平，吊杆垂直。

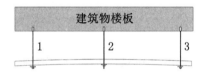
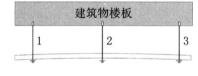
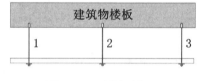

图5-9　桥架不是横平状态　　　　图5-10　调整横担与螺母　　　　图5-11　桥架横平

任务2：完成桥架内敷设缆线和理线

桥架内敷设缆线和理线步骤如下。

第一步：裁剪缆线。根据布线路由图，计算所需缆线数量、长度，按照规格数量裁剪并梳理整齐。

第二步：缆线标记。在缆线的两端制作相同的临时标签，用于区分缆线。

第三步：敷设缆线。将缆线整齐分束布放在桥架内，应顺直，不应交叉。

第四步：缆线分类。将缆线按照电缆、光缆、线径等进行分类、分束。

第五步：缆线绑扎。使用魔术贴绑扎完成分类、分束的缆线；垂直敷设的缆线每隔1.5m进行绑扎，水平敷设的缆线每隔5～10m进行绑扎。

5.3 处理穿线管和线槽接头

5.3.1 工作任务描述

在建筑物综合布线系统工程施工中，穿线管接续、线槽接续、穿线管与底盒连接等均需要安装管接头。接头的不规范安装，会导致管/槽无法穿线、弯曲半径不符合要求等诸多问题。例如明装 PVC 穿线管使用成品弯头导致弯曲半径过小等。因此正确规范使用管接头，不仅能提高施工效率和安装进度，也能有效保证工程质量。

本任务要求掌握穿线管、线槽的相关知识，完成典型工作任务。

任务 1：自制 PVC 穿线管弯头

任务 2：自制 PVC 线槽弯头（直角、阴角、阳角）

5.3.2 相关知识介绍

1. PVC 穿线管接头

（1）PVC 穿线管成品接头。如图 5-12 所示，PVC 穿线管接头主要有以下几种。

① 直通。直通主要用于两根直径相同的穿线管的接续。使用直通时必须安装到位，否则会导致管路穿线困难、穿线时损伤电缆，同时会发生管接头脱落。

② 大拐弯弯头。弯头主要用于穿线管的拐弯，必须使用大拐弯弯头。工业成品弯头拐弯半径较小，不符合缆线的弯曲半径要求，在实际工程中一般不使用。

③ 接头。接头主要用于 PVC 穿线管与底盒、过线盒的连接，防止穿线管脱落。

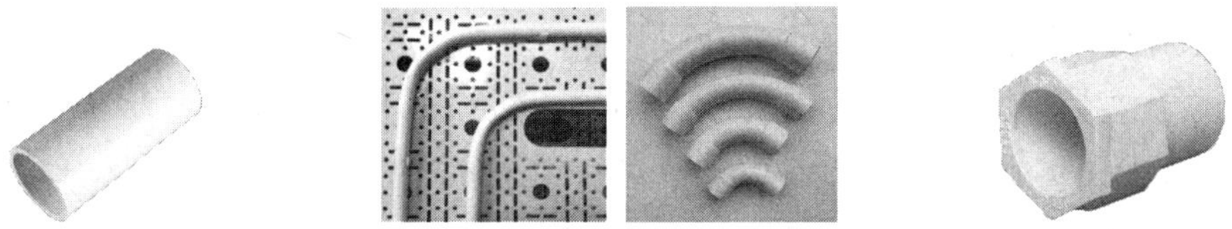

直通　　　　　　　　　　大拐弯弯头　　　　　　　　　　接头

图 5-12　PVC 穿线管成品接头

（2）自制 PVC 穿线管大拐弯弯头。

在综合布线系统工程中，为了保证穿线管的拐弯半径比较大，能够满足双绞线的弯曲半径要求，在施工前需要自制大拐弯弯头。如图 5-13 所示为自制大拐弯弯头弯曲半径示意图，如图 5-14 所示为自制大拐弯弯头实际应用图。

2. PVC 线槽的各种接头

如图 5-15 所示，为 PVC 线槽配套的阳角、阴角、转角、三通、堵头等配件。

如图 5-16 所示，为常见线槽接头配件应用照片。

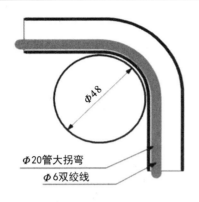

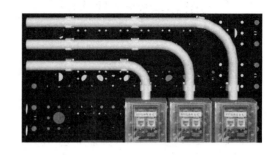

图 5-13 自制大拐弯弯头弯曲半径示意图   图 5-14 自制大拐弯弯头实际应用图

（1）阳角   （2）阴角   （3）转角   （4）三通   （5）堵头

图 5-15 PVC 线槽配件

（1）阳角安装   （2）阴角安装   （3）转角安装   （4）三通安装   （5）堵头安装

图 5-16 常见线槽接头配件应用

5.3.3 工作任务实践

任务 1：自制 PVC 穿线管弯头

使用西元综合布线工具箱（KYGJX-13）中的弹簧弯管器工具，方法和步骤如下。

第一步：如图 5-17 所示，准备冷弯管，确定弯曲位置和角度，做出弯曲位置标记。

第二步：如图 5-18 所示，把弯管器中心插到需要弯曲的位置。如果弯曲的穿线管较长，可以给弯管器绑一根绳子，将其拉到要弯曲的位置。

第三步：如图 5-19 所示，两手抓紧放入弯管器的穿线管位置，用力弯曲成 90°。

第四步：如图 5-20 所示，取出弯管器，安装穿线管弯头。

请扫描"制作弯头"二维码，观看实操指导视频。

制作弯头

图 5-17 做标记   图 5-18 插入弯管器   图 5-19 弯管   图 5-20 安装弯头

任务 2：自制线槽弯头（直角、阴角、阳角）

1）使用西元综合布线工具箱（KYGJX-12）中的弯头模具等工具，方法和步骤如下。

第一步：如图 5-21 所示，确定弯头位置，做出拐弯位置标记。

第二步：将线槽盖板安装好，放入弯头模具，并且靠边。

（1）直角制作。如图 5-22 所示，线槽盖板向上，标记与弯头模具 45°槽口对齐。

（2）阴角制作。如图 5-23 所示，线槽盖板向上，标记与弯头模具斜口对齐。

（3）阳角制作。如图 5-24 所示，线槽盖板向下，标记与弯头模具斜口对齐。

第三步：如图 5-25 所示，用锯弓锯断线槽，要求锯断位置光滑无毛刺。

第四步：如图 5-26 所示，完成线槽安装，要求缝隙小于 1mm。

 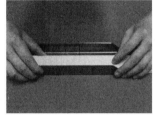  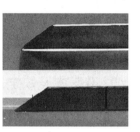

图 5-21　标记　　　　图 5-22　直角制作　　　图 5-23　阴角制作　　　图 5-24　阳角制作

 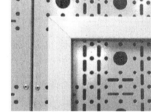  

图 5-25　裁剪　　　　图 5-26　完成线槽安装（直角拐弯、阴角、阳角）

2）使用西元综合布线工具箱（KYGJX-13）中的多功能角度剪等工具，方法和步骤如下。

第一步：确定线槽需要裁剪的角度。

第二步：打开多功能角度剪的保险扣，如图 5-27 所示。

第三步：将角度调整至所需的裁剪角度，如图 5-28 所示。将线槽盖板安装好，使用多功能角度剪裁剪，如图 5-29 所示。

第四步：如图 5-26 所示，完成线槽安装，要求缝隙小于 1mm。

图 5-27　打开保险扣　　　图 5-28　调整角度　　　图 5-29　裁剪线槽

5.4 调整设备

5.4.1 工作任务描述

综合布线系统工程安装和运维中，经常需要调整设备安装位置，方便理线、跳线连接及管理等。这些设备包括机柜、交换机、配线架等。

本任务要求掌握设备的安装、调整相关知识，完成典型工作任务。

任务 1：安装 RJ45 口语音交换机

任务 2：调整 RJ45 口语音交换机端口及分机号码

5.4.2 相关知识介绍

1. 设备安装规定

GB/T 50312—2016《综合布线系统工程验收规范》对设备安装有如下规定。

1）机柜、配线箱等设备规格、容量、位置应符合设计要求，安装应符合下列规定。

（1）机柜垂直偏差度不应大于 3mm。

（2）各种零件不得脱落或碰坏，漆面不应有脱落及划痕，各种标志应完整、清晰。

（3）在公共场所安装机柜、配线箱时，墙挂式箱体底面距地不宜小于 1.8m，壁嵌式箱体底边距地不宜小于 1.5m。

（4）门锁的启闭应灵活、可靠。

（5）设备安装应牢固，当有抗震要求时，应按要求设计，进行加固。

2）各类配线部件的安装应符合下列规定。

（1）各部件应完整，安装就位，标志齐全、清晰。

（2）安装螺丝应拧紧，面板应保持在一个平面上。

3）信息插座模块安装应符合下列规定。

（1）信息插座底盒、多用户信息插座及集合点配线箱、用户单元信息配线箱安装位置和高度应符合设计文件要求。

（2）安装在活动地板内或地面上时，应固定在接线盒内，插座面板采用直立和水平等形式；接线盒盖可开启，并具有防水、防尘、抗压功能。接线盒盖面应与地面齐平。

（3）信息插座底盒同时安装信息插座模块和电源插座时，间距及采取的防护措施应符合设计文件要求。

（4）信息插座底盒明装的固定方法应根据施工现场条件而定。

（5）固定螺丝应拧紧，不应产生松动现象。

（6）各种插座面板应有标识，以颜色、图形、文字表示所接终端设备业务类型。

（7）工作区内终接光缆的光纤连接器件及适配器安装底盒应具有空间，并应符合设计文件要求。

2．设备选用规定

1）配线设备选用规定。

GB 50311—2016《综合布线系统工程设计规范》第 3.4 条 系统应用中，对设备间（BD）等配线设备应用业务、布线等级、产品性能等指标，给出了下列具体规定。

（1）应用于数据业务时，电缆配线模块应采用 8 位模块通用插座。

（2）应用于语音业务时，BD、CD 处配线模块应选用卡接式配线模块，包括多对、25 对卡接式模块及回线型卡接模块。

（3）光纤配线模块应采用单工或双工的 SC 或 LC 光纤连接器件及适配器。

（4）主干光缆的光纤容量较大时，可采用预端接光纤连接器件（MPO）互通。

（5）综合布线系统产品的选用应考虑缆线与器件的类型、规格、尺寸，对安装设计与施工造成的影响。

2）配线模块产品选用规定。

GB 50311—2016《综合布线系统工程设计规范》条文说明中要求，配线设备的选用应与所连接缆线相适应，并给出了如表 5-1 所示的配线模块产品选用具体规定。

表 5-1 配线模块产品选用

类别	产品类型		配线模块安装场地和连接缆线类型		
	配线设备类型	容量与规格	FD（电信间）	BD（设备间）	CD（设备间）
电缆配线设备	大对数卡接模块	采用 4 对卡接模块	4 对水平电缆/4 对主干电缆	4 对主干电缆	4 对主干电缆
		采用 5 对卡接模块	大对数主干电缆	大对数主干电缆	大对数主干电缆
	25 对卡接模块	25 对	4 对水平电缆/4 对主干电缆/大对数主干电缆	4 对主干电缆/大对数主干电缆	4 对主干电缆/大对数主干电缆
	回线型卡接模块	8 回线	4 对水平电缆/4 对主干电缆	大对数主干电缆	大对数主干电缆
		10 回线	大对数主干电缆	大对数主干电缆	大对数主干电缆
	RJ45 配线模块	24 口或 48 口	4 对水平电缆/4 对主干电缆	4 对主干电缆	4 对主干电缆
光纤配线设备	SC 光纤连接器件、适配器	单工/双工，24 口	水平/主干光缆	主干光缆	主干光缆
	LC 光纤连接器件、适配器	单工/双工 24 口、48 口	水平/主干光缆	主干光缆	主干光缆

说明：

1．屏蔽大对数电缆使用 8 回线型卡接模块。

2．在楼层配线设备处水平侧电话配线模块主要采用 RJ45 类型，以适应通信业务的变更与产品的互换性。

3．机柜出入光纤数量较多时，为节省机柜安装空间，也可采用 LC 高密度（48～144 个光纤端口）的光纤配线架。

5.4.3 工作任务实践

如图 5-30 所示，以西元 RJ45 口语音交换机（KYYJH-22K）为例，完成设备安装与调整工作任务实践。

图 5-30 RJ45 口语音交换机

任务 1：安装 RJ45 口语音交换机

安装 RJ45 口语音交换机步骤如下。

第一步：检查配件。检查配件是否齐全，包括语音交换机 1 台、挂耳 2 个、挂耳安装螺丝 8 个、电源线 1 根。

第二步：安装挂耳。使用十字螺丝批安装挂耳，每个挂耳安装 4 个螺丝。

第三步：安装交换机。按照设计图纸规定位置将交换机安装到机架上。

第四步：接通电源。连接电源线，打开开关，LED 电源指示灯常亮。

任务 2：调整 RJ45 口语音交换机端口及分机号码

单位调整业务和办公室时，需要对员工的内线电话进行调整，满足新业务的需要。内线电话全部连接在 RJ45 口语音交换机分机端口，调整端口及分机号码步骤如下。

第一步：端口检查。检查端口跳线标签，确定对应的工位，如果没有标签或标签模糊不清，需要查看端口对应表等设计文件，重新制作标签。

第二步：调整端口。按照设计文件，重新调整端口跳线位置。

第三步：调整分机号码。

（1）连接分机。调整分机号码必须在 1 号分机端口进行。

（2）开启编程锁。将 1 号分机话筒提起，输入 "** 01 1234 #"，听到 "开锁成功，可以开始设置" 后不挂机，开始进行其他功能的设置。

（3）更改分机号码。更改分机号码格式 "*7 ABC abcd #"，其中 "ABC" 为希望更改号码的分机端口号，"abcd" 为该端口分机的新号码。

例如：将 006 号分机号码更改为 8006。输入 "*7 006 8006 #"，听到 "操作已成功" 后表示设置成功。

5.5 整理缆线

5.5.1 工作任务描述

综合布线系统工程中，往往有大量的缆线需要敷设与整理，缆线的敷设方式、布放间距对于后续理线、端接、检测、变更等工序非常重要。根据 GB 50311—2016《综合布线系统工程设计规范》规定，建筑物内缆线敷设方式应根据建筑物构造、环境特征、使用要求、分布及所选用导体与缆线的类型、外形尺寸和结构等因素综合确定。

本任务要求掌握整理缆线相关知识，完成典型工作任务。

任务 1：整理管理间缆线

任务 2：整理设备间缆线

任务 3：整理数据中心缆线（适用于高级）

5.5.2 相关知识介绍

1. 缆线敷设的规定

缆线的敷设应符合下列规定。

（1）缆线的型式、规格应与设计规定相符。

（2）缆线在各种环境中的敷设方式、布放间距均应符合设计要求。

（3）缆线布放应自然平直，不得有扭绞、打圈等现象，不应受外力挤压和损伤。

（4）缆线的布放路由中不得出现缆线接头。

（5）缆线两端应贴有标签，应标明编号，标签书写应清晰、端正和正确。

（6）缆线应有余量以适应成端、终接、检测和变更，有特殊要求的应按设计要求预留长度，并应符合下列规定。

① 对绞电缆在终接处，预留长度在工作区信息插座底盒内宜为 30～60mm，电信间宜为0.5～2.0m，设备间宜为 3～5m。

② 光缆布放路由宜盘留，预留长度宜为 3～5m。光缆在配线柜处预留长度应为 3～5m，楼层配线箱处光纤预留长度应为 1～1.5m，配线箱终接时预留长度不应小于 0.5m，光缆纤芯在配线模块处不做终接时，应保留光缆施工预留长度。

2. 理线弯曲半径要求

综合布线中如果不能满足最低弯曲半径要求，双绞线电缆的缠绕节距会发生变化，严重时，电缆可能会损坏，直接影响电缆的传输性能。例如，在电缆系统中，布线弯曲半径直接影响回波损耗值，严重时会超过标准规定值。在光纤系统中，则可能会导致高衰减。因此在设计布线路径时，尽量避免和减少弯曲，增加电缆的拐弯弯曲半径值。

缆线的弯曲半径应符合下列规定。

（1）非屏蔽 4 对对绞电缆的弯曲半径不应小于电缆外径的 4 倍。

（2）屏蔽 4 对对绞电缆的弯曲半径不应小于电缆外径的 4 倍。

（3）主干对绞电缆的弯曲半径不应小于电缆外径的 10 倍。

（4）2 芯或 4 芯水平光缆的弯曲半径应大于 25mm。

（5）光缆允许的最小弯曲半径在施工时应当不小于光缆外径的 20 倍，施工完毕应当不小于光缆外径的 15 倍。

（6）其他芯数的水平光缆、主干光缆和室外光缆的弯曲半径应至少为光缆外径的 10 倍。如果产品说明书有明确规定时，请按规定实施。管线敷设允许的弯曲半径如表 5-2 所示。

表 5-2 管线敷设允许的弯曲半径

缆线类型	弯曲半径（mm）/倍
4 对非屏蔽电缆	不小于电缆外径的 4 倍
4 对屏蔽电缆	不小于电缆外径的 4 倍
大对数主干电缆	不小于电缆外径的 10 倍
2 芯或 4 芯室内光缆	>25mm
其他芯数和主干室内光缆	不小于光缆外径的 10 倍
室外光缆、电缆	不小于缆线外径的 10 倍

注：当缆线采用电缆桥架布放时，桥架内侧的弯曲半径不应小于 300mm。

3．缆线标签制作要求

1）标签设置规定。

为了方便综合布线系统的管理和维护人员的检验维修，整理缆线时必须在缆线的两端增加唯一的标识符或标签，且符合下列规定。

（1）标识符应包括安装场地、缆线终端位置、缆线管道、水平缆线、主干缆线、连接器件、接地等类型的专用标识，系统中每一组件应指定一个唯一标识符。

（2）电信间、设备间、进线间所设置配线设备及信息点处均应设置标签。

（3）每根缆线应指定专用标识符，标在缆线的护套上，或在距每一端护套 300mm 内应设置标签，缆线的成端点应设置标签，标记指定的专用标识符。

（4）根据设置的部位不同，可使用粘贴型、插入型或其他类型标签。标签表示的内容应清晰，材质应符合工程应用环境要求，具有耐磨、抗恶劣环境、附着力强等性能。

（5）成端色标应符合缆线的布放要求，缆线两端成端点的色标颜色应一致。

2）标签选用原则。

缆线标识符可由数字、英文字母、汉语拼音或其他字符组成，布线系统内各同类型的器件与缆线的标识符应具有同样特征（相同数量的字母和数字等），标签的选用与使用应参照下列原则。

（1）选用粘贴型标签时，缆线应采用环套型标签，标签在缆线上缠绕应不少于一圈，配线设备和其他设施应采用扁平型标签。

（2）标签衬底应耐用，可适应各种恶劣环境；不可将民用标签应用于综合布线系统工程；插入型标签应设置在明显位置、固定牢固。

3）色标应用原则。

（1）橙色应使用于分界点，连接入口设施与外部网络的配线设备。

（2）绿色应使用于建筑物分界点，连接入口设施与建筑群的配线设备。

（3）紫色应使用于与信息通信设施（PBX、计算机网络、传输等设备）连接的配线设备。

（4）白色应使用于连接建筑物内主干缆线的配线设备（一级主干）。

（5）灰色应使用于连接建筑物内主干缆线的配线设备（二级主干）。

（6）棕色应使用于连接建筑群主干缆线的配线设备；

（7）蓝色应使用于连接水平缆线的配线设备。

（8）黄色应使用于报警、安全等其他线路。

（9）红色应预留备用。

4．数据中心布线系统设计规范（适用于高级）

（1）数据中心的布线系统设计应符合 GB 50311—2016《综合布线系统工程设计规范》的有关规定。

（2）数据中心布线系统应支持数据和语音信号的传输。

（3）数据中心布线系统应根据网络架构进行设计。设计范围应包括主机房、辅助区、支持区和行政管理区。主机房宜设置主配线区、中间配线区、水平配线区、设备配线区及区域配线区。主配线区可设置在主机房的一个专属区域，占据多个房间或多个楼层的数据中心可在每个房间或每个楼层设置中间配线区，水平配线区可设置在一列或几列机柜的端头或中间位置。

（4）承担数据业务的主干和水平子系统应采用 OM3/OM4 多模光缆、单模光缆或 6_A 类及以上对绞电缆，传输介质各组成部分的等级应保持一致，并应采用冗余配置。

（5）主机房布线系统中，所有屏蔽和非屏蔽对绞缆线宜两端各终接在一个信息模块上，并应固定至配线架。所有光缆应连接到光纤适配器上，并应固定至光纤配线箱。

（6）主机房布线系统中 12 芯及以上的光缆主干或水平布线系统宜采用多芯 MPO 预连接系统。

（7）A 级数据中心宜采用智能布线管理系统对布线系统进行实时智能管理。

（8）数据中心布线系统所有缆线的两端、配线架和信息插座应有清晰耐磨的标签。

（9）数据中心存在下列情况之一时，应采用屏蔽布线系统、光缆布线系统或采取其他相应的防护措施。

① 电磁环境要求未达到规定。

② 网络有安全保密要求。

③ 安装场地不能满足非屏蔽布线系统与其他系统管线或设备的间距要求。

（10）数据中心布线系统与公用电信业务网络互联时，接口配线设备的端口数量和缆线的敷设路由应根据数据中心的等级，并在保证网络出口安全的前提下确定。

（11）缆线采用线槽或桥架敷设时，线槽或桥架的高度不宜大于 150mm，线槽或桥架的安装位置应与建筑装饰、电气、空调、消防等协调一致。

5.5.3　工作任务实践

任务 1：整理管理间缆线

在建筑物综合布线系统工程中，管理间缆线以双绞线电缆居多，包括双绞线电缆、大对数电缆等，管理间缆线必须全部端接在配线架中，完成永久链路安装，端接前必须进行理线操作。整理管理间缆线步骤如下。

第一步：整理缆线。按照布线路由分类整理，预留合适长度，至少满足 1 次维护。

第二步：制作标记。缆线两端制作不易脱落和磨损的标签。

第三步：绑扎缆线。按照编号顺序绑扎和整理好缆线，必须保证电缆弯曲半径符合要求。通过理线环，布放到配线架，不允许出现大量多余缆线缠绕和绞结在一起。

第四步：配线端接。按照标记对应的端口，完成缆线端接。

如图 5-31 所示为管理间缆线整理典型案例。

请扫描"电缆整理案例"二维码，观看彩色高清图片。

电缆整理案例

任务 2：整理设备间缆线

在综合布线系统工程中，设备间以光缆居多，包括室外光缆、室内光缆等。光纤熔接后必须在光纤配线架内进行盘纤。整理光缆步骤如下。

第一步：整理光缆。按照光缆布线路由，分类整理，预留合适的长度。

第二步：制作标记。光缆两端制作不易脱落和磨损的标签。

第三步：光纤熔接。按照光纤标记，进行光纤熔接。

第四步：光纤盘纤。将熔接完成的光纤整齐地盘放在光纤配线架内，光纤盘纤必须是偶数圈，弯曲半径必须符合要求。

如图 5-32 所示为光纤光缆整理典型案例。

请扫描"光缆整理案例"二维码，观看彩色高清图片。

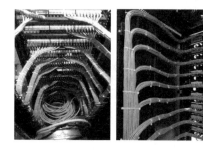

图 5-31　管理间缆线整理案例

图 5-32　光纤光缆整理案例

任务 3：整理数据中心缆线（适用于高级）

在数据中心布线系统中，往往安装有大量密集的网络机柜、桥架、电缆、光缆和供电系统等。本任务主要介绍数据中心电缆的整理等内容。

数据中心布线系统的管理和运维非常重要，特别是电缆的配线端接与理线比较多，也比较复杂。因此，应当首先进行规范设计，按照设计图纸布线、绑扎或束缆，其次把每根电缆规范端接到配线架模块，同时利用桥架、理线环等合理理线，做好标识标志，做到电缆分类分束清楚、横平竖直不交叉、弯角弯曲半径符合标准规定等。

数据中心电缆理线步骤和要求如下。

第一步：分类、分束整理和绑扎电缆。首先从数据中心进线口开始，在桥架上或地沟内把电缆分类、分束，然后逐类逐束整理和绑扎电缆，如图 5-33 所示为数据中心电缆理线典型案例，请扫描"数据中心理线"二维码，观看彩色高清图片。

数据中心理线

第二步：预留电缆。在机柜顶部或底部预留足够的电缆，并且分类分束盘绕整齐，方便后续维修使用。

第三步：机柜内理线。在机柜内按对应 24/48 口配线架端接需要，把电缆按束绑扎到配线架后的机柜侧面，或通过理线架等器材管理电缆，要求横平竖直，如图 5-34 所示。

第四步：标识标志。在理线的同时，按照端口对应表在电缆上做好标识标志。标识标志采用套管式、旗帜式等。

第五步：电缆配线架端接。按照端口对应表把电缆逐一端接到配线架模块中，要求端接线序正确，端接牢固，如图 5-35 所示。

第六步：测试。对完成安装和端接的电缆逐一进行测试，并且保存测试记录。要求测试合格。

图 5-33　分类分束绑扎电缆

图 5-34　机柜内理线

图 5-35　配线架端接

5.6 智能布线管理系统安装与调试（适用于高级）

5.6.1 工作任务描述

智能布线管理系统在综合布线系统工程中意义重大，尤其是在数据中心等场合。智能布线管理系统能够实时监控网络链路的连接状态和设备的具体物理位置，通过电子化的管理，实时更新布线数据，避免了传统布线管理中的人工延时、低效率，减少无计划、无授权的布线更改，降低整个网络系统的运维成本。同时，通过布线系统的智能化管理，更准确地判断布线网络的状态和需求，从而优化资源分配，提高资源利用效率。

本工作任务要求掌握智能布线管理系统相关知识，完成典型工作任务。

任务 1：完成智能布线管理系统的安装

任务 2：完成智能布线管理系统的调试

5.6.2 相关知识介绍

在日常网络管理中常常遇到一些问题，比如：

➢ 配线架上的标签标识丢失，怎么快速找到此数据点的另一端连接到哪？

➢ 维护日记不见了，怎么确认这条链路是否改动过？

➢ 当拔出几条跳线之后，是否还记得它们的对应关系？

➢ 能不能坐在办公室中，对每个机柜的情况一览无余？

下面我们以这些问题为切入点，介绍智能布线管理系统。

1. 智能配线架模式

1）单配线架模式。

单配线架模式又称为"直接连接方式"。

（1）设置一组智能配线架，当新的跳线插入该配线架时，配线架感应到连接，并报告配线架部分连接的更新。

（2）随后插入跳线的另一端到交换机端口，交换机感应到端口的连接后，向数据库报告连接的形成并储存。配线架模块正面的 RJ45 端口通过跳线连接交换机，背部通过水平线路（即双绞线电缆）连接工作区模块。

2）双配线架模式。

双配线架模式又称为"交叉连接方式"。

（1）在配线机柜中应用两组智能配线架，并设置智能布线管理单元（IMU），通过 IMU 的 I/O 传输电缆连接到智能配线架的方式，收集两组智能配线架上的连接信息。

（2）其中一组智能配线架作为交换机映射配线架（A），将交换机的端口延伸到 A 配线架的后端模块上。

（3）另外一组智能配线架作为水平映射配线架（B），将水平链路连接到 B 配线架的后端模块上。

（4）以上这两段线路是固定不动的，两端端口的连接也是一一对应的，两段链路通过 A、B 两个智能配线架正面端口插接的智能跳线来连接，后续网管人员所有的插接工作只发生在 A、B 配线架的正面端口。

（5）应用智能跳线连接两组智能配线架后，可通过 IMU 检测到智能配线架的连接信息，检测到整个链路的连接状态，以数据库方式保存所有链路信息。

2．智能配线架种类

1）基于端口探测法的智能配线架。

端口探测法的原理就是在 RJ45 口或光纤的端口上加装一个碰触开关，一旦有跳线插入就会触动这个碰触开关，碰触开关就会通知系统这个端口有跳线插进来了。反之也是一样，如果原来的端口里已经有个跳线插头，一旦这个端口里的跳线被拔出，系统也会马上通知系统，这个端口里已经没有插头了。

2）基于链路探测法的智能配线架。

链路探测法的原理是在普通的跳线里增加 2 根导线，这种跳线一般称为 10 芯智能电缆跳线（8+2，8 芯传输数据，2 芯检测及供电）。基于链路探测法的智能配线架就是利用这 2 根导线来确定端口的连接状态。当这种 10 芯智能电缆跳线连接到两个端口时，系统就会通过额外的 2 芯线探测到这两个端口的链接关系，并立即更新到链路数据库里。这种探测可以让跳线操作做到零误差。

3．系统构成

下面以西元智能布线管理系统（KYGLRJ-01）为例展开介绍智能布线管理系统。

1）智能管理单元（IMU）（图 5-36）。

① Logo
② 指示灯。红色为 IMU 电源，绿色为配线架电源
③ IMU 向上级联接口
④ IMU Console 接口
⑤ IMU 与智能配线架之间的连接接口
⑥ IMU 与智能配线架之间的连接接口

⑦ IMU 向下级联端口
　　IMU 与智能配线架之间的连接接口
　　IMU 与 IMU 之间级联的连接接口
⑧ IMU 的网络接口
⑨ OLED 显示屏
⑩ 旋转按钮

图 5-36　智能管理单元前面板

智能管理单元（IMU）为智能布线管理系统的唯一有源设备，完成配线架数据采集及上传功能，以数据打包形式，将此 IMU 下连接的全部配线架所采集的数据，上传到服务器端，供 DICS 管理软件处理。

2）智能配线架。

如图 5-37 所示为智能配线架，是具有智能管理功能的电子配线架。在 1U 的高度空间支持 24 个 RJ45 端口，每个端口的上方配有 LED 指示灯，用于跳线的引导指示。每个 RJ45 端口采用 10 针结构，其中第 9、10 两针用于传输管理信号。

配线架右侧配有一个 LED 指示灯，用于指示配线架的连接方向（显示为红色时，表明连接至交换机端；显示为绿色时，表明连接至水平区子系统端）。

配线架后部，采用模块架构，支持 T568A 和 T568B 标准，接线方式采用标准彩色编码序列。后面板中间提供一个 RJ45 标准 8 针接口，用于连接 IMU。

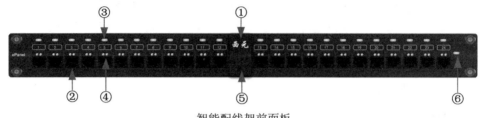

智能配线架前面板

智能配线架后面板

① Logo   ③ 端口指示灯   ⑤ 连接 IMU 接口（背面）
② 智能网络端口   ④ 端口金属触点   ⑥ 配线架指示灯

图 5-37   智能配线架

3）智能跳线。

如图 5-38 所示为智能跳线，采用 10 针型 RJ45 水晶头，9、10 两针传输管理信号。

图 5-38   智能跳线

4）管理软件（DICS（XY））。

DICS 智能布线管理软件采用全图形化操作界面，主要用于综合布线系统的实时状态反馈，引导跳线操作，并提供告警信息、链路状态、资产使用情况等查询功能。通过软件，可以全面、直观地掌握综合布线系统的信息。同时，DICS 软件提供的报表导出功能，可以快速完成综合布线系统的数据输出。

5.6.3 工作任务实践

任务 1：智能布线管理系统硬件安装

1）安装智能配线架。

（1）安装智能配线架，如图 5-39 所示。

（2）插接智能配线架跳线。需先安装好网络模块，再根据现场实训要求的对应关系插接端口，如图 5-40 所示。

图 5-39　在机架内安装智能配线架

图 5-40　插接智能配线架跳线

2）安装智能管理单元（IMU）。

（1）安装 IMU。使用 M6 螺丝将托架固定在机架内，如图 5-41 所示。

图 5-41　在机架内安装 IMU

（2）连接智能配线架与 IMU。将跳线一端连接到智能配线架中间的 RJ45 端口，另一端连接到 IMU 配线架插孔中，如图 5-42 所示。

（3）连接 IMU 与交换机。将普通 8 芯跳线的一端连接至 IMU 的网络接口上，另一端与交换机的网络接口相连接，如图 5-43 所示。

完整链路图

连接完成的系统完整链路如图 5-44 所示。图中，红色线为智能跳线，绿色线为普通双绞线。请扫描"完整链路图"二维码，观看彩色高清图片。

图 5-42　连接 IMU

图 5-43　连接交换机

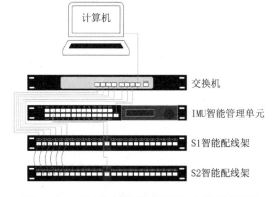

图 5-44　智能布线管理系统完整链路图

任务2：智能布线管理系统软件安装与调试

1）安装 JDK。

2）安装 MySQL。

3）配置 MySQL。

4）安装 DICS（XY）软件。

5）配置 DICS（XY）软件，具体操作步骤如下。

（1）弹出界面，点击"Next"按钮，如图5-45所示。

（2）默认端口号不做改变，点击"Next"按钮，如图5-46所示。

图5-45　进入配置 DICS 软件界面

图5-46　默认端口号不做改变

（3）数据库基本设置。最后一栏输入密码 xiyuan，点击"Next"按钮，如图5-47所示。

（4）设置相关参数。Rack High：38（机架高度38U）；Rack Direct：ASC（机架排序方式为正序）；其他参数保持不变。点击"Next"按钮，如图5-48所示。

（5）SMTP 设置，默认不改变，点击"Next"按钮，如图5-49所示。

（6）点击"Exeute"按钮进行数据库配置，如图5-50所示。

（7）点击"Finish"按钮完成数据库配置，如图5-51所示。智能布线管理系统软件安装完成。

图5-47　数据库基本设置

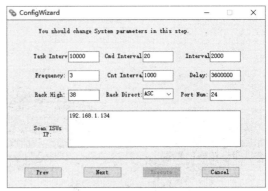

图5-48　设置相关参数

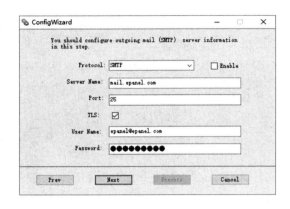

图 5-49　SMTP 设置　　　　　　　　图 5-50　数据库配置

智能布线管理

图 5-51　完成数据库配置

软件安装与配置的详细步骤，请扫描"智能布线管理"二维码，查看电子版。

5.7 习题和互动练习

请扫描"任务 5 习题"二维码，下载工作任务 5 习题电子版。

请扫描"互动练习 9""互动练习 10"二维码，下载工作任务 5 配套的互动练习。

任务 5 习题　　　任务 5 习题答案　　　互动练习 9　　　互动练习 10

5.8 课程思政

劳模故事

2022 年纪刚被陕西省委、省政府授予"陕西省劳动模范"称号。请扫描"劳模故事"二维码观看劳模故事视频，学习劳模精神。

大家好，我叫纪刚，来自西安开元电子实业有限公司，现在担任公司仪器生产部新产品试制组组长，在区委区政府的关心关爱和支持下，很荣幸被评为 2022 年陕西省劳动模范，我感到无比的激动和自豪。工作 16 年以来，我从一名技校毕业生成长为 16 项国家专利发明人，带领技工团队创新生产工艺，发明了"369 工作法"，先后改进和推广了 10 项操作方法和生产工艺，提高生产效率两倍。近三年作为首席宣讲员，在全国举行了 13 场"劳模进校园"活动，传播和推广技能，受众人数超过 6000 人。今后的工作中我将继续立足岗位，刻苦钻研，精益求精，不断提高技术技能水平，为奋战"一三五三"，建设美好雁塔贡献力量。

劳模故事

5.9 实训项目与技能鉴定指导

■ 5.9.1 光纤链路搭建与测试和技能鉴定要求

本实训任务使用多种光纤跳线进行光纤链路搭建与测试，训练读者识图、快速认识光纤跳线、按图施工和测试等专业技能，介绍多人多批次快速技能鉴定流程和成绩评判方法，具有实训或技能鉴定工作任务和难度相同、连续开展多人技能鉴定效率高、设备利用率高等特点。每个实训项目都可以直接选为技能鉴定项目。

每个实训项目主要内容如下，请扫描实训项目对应二维码观看彩色高清图片，正确选择光纤跳线和接头，按照具体要求完成实训任务，或者开展技能鉴定服务。

（1）实训任务来源。

（2）实训任务。

（3）技术知识点。

（4）关键技能与要求。

（5）实训课时。

（6）实训指导视频。

（7）实训设备。

（8）实训材料。

（9）光纤链路搭建与测试实训步骤。

（10）评判标准。

（11）实训报告。

请在实训或技能鉴定中，发扬工匠精神，认真阅读文件，看懂图纸、技术要求及操作步骤，按图施工，保质保量按时完成技能训练任务。

（1）认真阅读相关技术文件和图纸，对于实训任务、技能鉴定具体要求，以及图纸规定的操作步骤、路由等文字信息，建议至少认真看两遍，理解和读懂具体要求。

（2）首先阅读图纸内容，确认图纸与实训要求相符，切勿用错图纸。

（3）认真阅读图纸所示的光纤跳线类型，例如"SC-SC"为两端均为 SC 型插头的光纤跳线，"SC-ST"为一端为 SC 插头、另一端为 ST 插头的光纤跳线。

（4）认真阅读图纸中光纤跳线数量、接口位置、长度和顺序。

（5）要求在安装过程中，随时查看图纸，按图操作。

（6）常用的室内光缆或光纤跳线分为单模和多模，黄色护套为单模，橙色护套为多模。

（7）请扫描实训项目对应二维码，观看彩色高清图片，正确安装。

实训项目 14　光纤链路搭建与测试

1．实训任务来源

光缆普遍应用于综合布线垂直子系统、建筑群子系统和光纤入户等工程中，光纤跳线及光缆接头类型的合理选用、光纤链路的正确搭建与测试等，直接关系综合布线系统的性能和应用。

2．实训任务

使用西元光纤配线端接测试装置和组合式光纤配线架，进行多种光纤链路的搭建与测试实训。如图 5-52 所示为光纤链路测试示意图，图 5-53 为光纤链路测试原理图。请扫描"光纤链路测试示意图""光纤链路测试原理图"二维码，观看彩色高清图片。

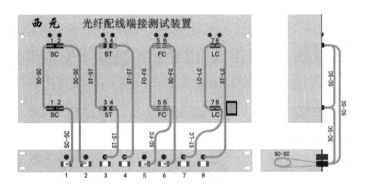

图 5-52　光纤链路测试示意图

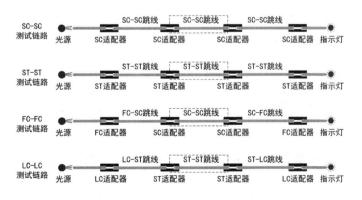

图 5-53　光纤链路测试原理图

3．技术知识点

（1）光纤通信原理，光纤结构和分类知识，影响光纤传输的主要因素等。

（2）光纤适配器、光纤跳线、光纤配线架等常用器材知识。

4．关键技能

（1）光纤跳线种类和使用方法。

（2）光纤配线端接测试装置和光纤配线架使用方法。

（3）光纤链路的搭建与测试技术。

5．实训课时

（1）该实训共计 2 课时完成，其中技术讲解 20 分钟，视频演示 10 分钟，学员实际操作 40 分钟，实训总结与测试评判 10 分钟，整理清洁现场 10 分钟。

（2）课后作业 2 课时，独立完成实训报告，提交合格实训报告。

6．实训指导视频

《光纤测试链路的搭建实训》

7．实训设备

西元综合布线系统安装与维护装置的产品型号是 KYPXZ-01-56。该装置依据《综合布线系统安装与维护职业技能等级标准》的技术技能训练与鉴定等需求专门研发，设计了 7 个独立单元，包括①屏蔽电缆永久链路，②网络数据永久链路，③综合布线永久链路（数据+语音），④光纤永久链路安装，⑤光纤永久链路熔接，⑥光纤永久链路冷接，⑦住宅布线系统。每个单元既可供 4 名学生同时进行不同项目的技能实战训练，也可供 4～8 人按照顺序进行技能鉴定，并且在 5 分钟内快速完成测试与评判，通过指示灯闪烁持续显示永久链路开路、跨接、反接等故障。如图 5-54 所示为西元综合布线系统安装与维护装置产品实物图。

图 5-54　西元综合布线系统安装与维护装置

8. 实训材料

本实训使用的材料详如表 5-3 所示。

表 5-3　光纤链路搭建与测试材料表

序	名称	规格说明	数量	器材照片
1	SC-SC 光纤跳线	SC-SC 成品跳线	5 根	
2	ST-ST 光纤跳线	ST-ST 成品跳线	5 根	
3	FC-FC 光纤跳线	FC-FC 成品跳线	1 根	
4	FC-SC 光纤跳线	FC-SC 成品跳线	2 根	
5	LC-LC 光纤跳线	LC-LC 成品跳线	1 根	
6	ST-LC 光纤跳线	ST-LC 成品跳线	2 根	

9. 实训步骤

1）SC-SC 光纤链路搭建与测试。

（1）SC 光纤跳线测试。

第一步：插跳线。选择 1 根 SC-SC 光纤跳线，取掉防尘帽，按照如图 5-55 所示位置，两端分别插接在西元光纤配线端接测试装置上下对应的 1 号 SC 口，形成如图 5-56 所示的光纤链路。插接时注意，SC 光纤跳线连接器的凸台对准 SC 光纤适配器的凹口，插到底。

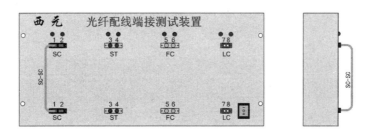

图 5-55　SC-SC 光纤跳线测试端口示意图

图 5-56　SC-SC 光纤跳线测试链路原理图

第二步：通断测试。观察西元光纤配线端接测试装置 1 号 SC 口对应的红色指示灯。常亮时说明跳线合格，不亮或较暗时说明跳线不合格。

第三步：光纤弯曲半径测试体验。把光纤跳线在手指上缠绕 2 圈，观察指示灯变暗，弯曲半径较小位置露出红光。

（2）SC-SC 光纤链路搭建与测试。

第一步：光纤链路搭建。选择 3 根 SC-SC 光纤跳线，插接前取掉防尘帽。插接时注意，光纤跳线连接器的凸台对准 SC 光纤适配器的凹口插到底。跳线拔出后请立即盖好防尘帽，保护光纤连接器不受灰尘污染。

第 1 根 SC-SC 光纤跳线一端插接在如图 5-57 所示的西元光纤配线端接测试装置上部的 2 号 SC 口，另一端插接在西元光纤配线架正面的 2 号 SC 口。

第 2 根 SC-SC 光纤跳线一端插接在如图 5-58 所示的西元光纤配线端接测试装置下部的 2 号 SC 口，另一端插接在西元光纤配线架正面的 1 号 SC 口。

第 3 根 SC-SC 光纤跳线两端分别插接在如图 5-59 所示的西元光纤配线架内部 1 号和 2 号 SC 口，形成如图 5-60 所示的光纤链路。该光纤链路由 3 根光纤跳线组成 3 次接续的光纤链路。

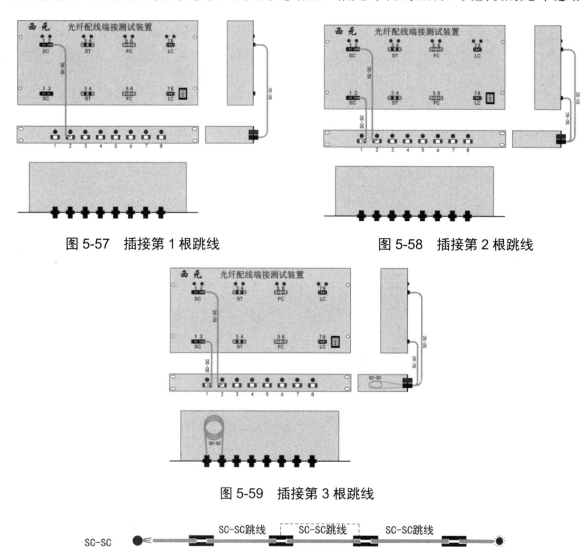

图 5-57　插接第 1 根跳线　　　　　　　　图 5-58　插接第 2 根跳线

图 5-59　插接第 3 根跳线

图 5-60　SC-SC 光纤链路测试原理图

第二步：通断测试。 观察西元光纤配线端接测试装置 2 号 SC 口对应的红色指示灯，常亮时说明链路通断测试合格，不亮或较暗时说明链路通断测试不合格。

2）请参考 SC-SC 光纤链路搭建与测试的实训步骤与方法，自行设计和完成 ST-ST、FC-FC、LC-LC 光纤链路搭建与测试。

3）SC-ST 光纤链路搭建与测试。

（1）SC-ST 光纤跳线测试。

第一步：插跳线。选择 1 根 SC-ST 光纤跳线，取掉防尘帽，按照如图 5-61 所示位置，两端分别插接在西元光纤配线端接测试装置上部 1 号 SC 口和下部 3 号 ST 口，形成如图 5-62 所示的光纤链路。插接时注意，SC 连接器凸台对准 SC 适配器的凹口插到底。

第二步：通断测试。观察西元光纤配线端接测试装置 1 号 SC 口对应的红色指示灯，常亮时说明跳线合格，不亮或较暗时说明跳线不合格。

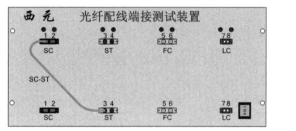

图 5-61　SC-ST 光纤跳线测试端口示意图

图 5-62　SC-ST 光纤跳线测试链路原理图

（2）SC-ST 光纤链路搭建与测试。

第一步：光纤链路搭建。选择 3 根 SC-ST 光纤跳线，插接前取掉防尘帽。

第 1 根 SC-ST 光纤跳线一端插接在如图 5-63 所示的西元光纤配线端接测试装置下部的 2 号 SC 口，另一端插接在西元光纤配线架正面的 1 号 ST 口。

第 2 根 SC-ST 光纤跳线一端插接在如图 5-64 所示的西元光纤配线端接测试装置上部的 3 号 ST 口，另一端插接在西元光纤配线架正面的 2 号 SC 口。

第 3 根 SC-ST 光纤跳线两端分别插接在如图 5-65 所示的西元光纤配线架内部 1 号 ST 口和 2 号 SC 口，形成如图 5-66 所示的光纤测试链路。该光纤链路由 3 根光纤跳线组成 3 次接续的光纤链路。

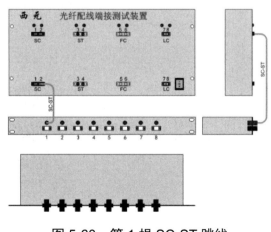

图 5-63　第 1 根 SC-ST 跳线

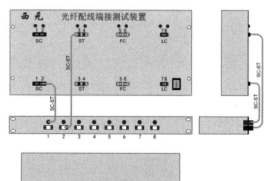

图 5-64　第 2 根 SC-ST 跳线

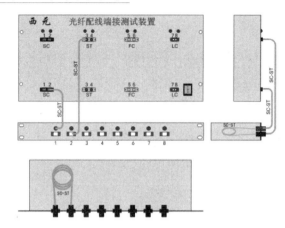

图 5-65　第 3 根 SC-ST 跳线

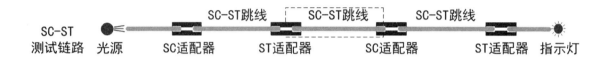

图 5-66　SC-ST 光纤链路测试原理图

第二步：通断测试。 观察西元光纤配线端接测试装置 2 号 SC 口对应的红色指示灯，常亮时说明链路通断测试合格，不亮或较暗时说明链路通断测试不合格。

4）请参考 SC-ST 光纤测试链路搭建与测试的实训步骤与方法，自行设计完成 SC-FC、SC-LC、ST-FC、ST-LC、FC-LC 等更多光纤链路搭建与测试。

10．评判标准

评判标准如表 5-4 所示，每个光纤测试链路搭建的满分为 100 分。

表 5-4　光纤测试链路搭建评分表

姓名或者链路编号	操作工艺评价（不合格扣分，减 5 分/处）					测试结果	实际得分
	跳线安装正确牢固 20 分	光纤链路路由正确 20 分	光纤理线规范 20 分	光纤弯曲半径正确 20 分	防尘措施正确 20 分	通过 100 分不合格 0 分	

11．实训报告

（1）总结光纤链路搭建与测试的要点和注意事项。

（2）总结不同类型光纤连接器的特点和安装方法。

（3）按时完成实训报告。

请扫描"实训 14 光纤链路搭建"二维码，观看或下载电子版，设计更多实训项目或开展技能鉴定。

实训 14
光纤链路搭建

工作任务 **6**

综合布线系统故障处理

工作任务 6 围绕综合布线系统故障处理，首先介绍了穿线管、线槽、桥架等常见故障处理方法；然后介绍了光纤熔接故障、电缆配线端接故障和防雷接地故障处理技术技能；其次安排了智能布线管理系统故障处理和实践内容；最后安排了通信跳线架等常见的跨接和反接故障维修实训项目和技能鉴定指导内容。

6.1 职业技能要求

（1）《综合布线系统安装与维护职业技能等级标准》（2.0 版）表 2 职业技能等级要求（中级）对建筑物综合布线系统故障处理工作任务提出了如下职业技能要求。

① 能处理穿线管、线槽及桥架安装质量问题。

② 能处理光纤熔接和盘纤的故障。

③ 能处理设备间子系统端接故障。

④ 能处理防雷接地系统故障。

（2）《综合布线系统安装与维护职业技能等级标准》（2.0 版）表 3 职业技能等级要求（高级）对建筑群综合布线系统故障处理工作任务提出了如下职业技能要求。

① 能处理建筑群综合布线系统故障。

② 能处理数据中心等机房的布线及防雷接地系统故障。

③ 能处理屏蔽综合布线系统故障。

④ 能处理电信间、设备间布线系统故障。

⑤ 能处理智能布线管理系统、光缆在线监测系统故障。

6.2 处理安装质量问题

6.2.1 工作任务描述

在建筑物综合布线系统工程施工中，缆线必须使用穿线管、线槽、桥架进行保护，因此管槽和桥架的安装质量必须保证。安装质量出现问题往往是由于在施工过程中，施工人员没有认真阅读施工图纸，也没有严格按照规范施工与安装。本任务要求掌握处理管槽和桥架安装质量问题的相关知识，完成典型工作任务。

任务 1：处理线槽安装质量问题

任务 2：处理桥架安装质量问题

▓ 6.2.2 相关知识介绍

1. 穿线管安装常见质量问题

下面以表 6-1 穿线管堵塞故障处理表、表 6-2 管接头故障处理表为例，简要介绍穿线管安装常见故障及其处理方法。更多内容请初学者提前补习或预习《综合布线系统安装与维护（初级）》教材工作任务 6 相关内容。

（1）穿线管堵塞故障处理。土建阶段预埋的穿线管可能发生堵塞或不规范的情况，经常在拐弯处或被压变形处发生堵塞故障，一般按照表 6-1 中的方法处理。

表 6-1　穿线管堵塞故障处理表

序	故障类型	处理方法
1	拐弯半径太小	拐弯半径太小、穿线困难时，采取"钓鱼"方式穿线。 第一步：取两根钢丝，分别将一端折成弯钩，确认两头的弯钩可以互相勾挂。 第二步：将两根钢丝的弯钩一端，从穿线管两端穿入，让它们在拐弯处相遇。 第三步：保持一根钢丝不动，旋转另一根钢丝，使两个弯钩绞绕勾挂在一起。 第四步：抽出一根钢丝，并通过勾连结构，带出另一根钢丝。 第五步：把钢丝更换为铁丝作为牵引线，完成缆线的穿线
2	90°成品弯头	注塑的成品弯头为90°，很容易卡穿线器和缆线。 开洞更换大拐弯的弯头
3	拐弯太多	重新设计穿线管路由，另外敷设穿线管
4	穿线管内灌入小石子、碎块等杂物	使用吸尘器或吹风机等辅助工具，完成管路疏通。 第一步：将管路的一端连接吸尘器，另一端穿入棉线。 第二步：用吸尘器将管路内的杂物吸出来，同时将棉线吸到这一端。 第三步：使用棉线带入铁丝，使用铁丝带入缆线，完成穿线
5	穿线管破裂	找到位置，开槽更换破裂的穿线管，或者重新敷设穿线管
6	混凝土堵塞	找到位置，开槽更换穿线管，或者重新敷设穿线管
7	穿线管变形严重	找到位置，开槽更换穿线管，或者重新敷设穿线管

（2）管接头故障处理。在穿线管安装中，经常在管接头位置发生故障，包括管接头安装不到位、脱落、进水等故障。一般首先检查管接头安装情况，分析原因和故障现象，然后制定故障处理方案和方法，最后完成故障维修，一般按照表 6-2 中的方法处理。

表6-2 管接头故障处理表

序	故障类型	处理方案与方法
1	管接头不配套	在安装前，认真选择配套的管接头，建议选择同一厂商的产品
2	穿线管没有插到位	清理干净管接头内腔，以及穿线管插入部分。 测量管接头深度，并在穿线管做好标记，用力插到卡台位置
3	管接头脱落	管接头内腔和穿线管连接处均匀涂抹粘贴胶，重新插接牢固
4	管接头破损	重新更换新的管接头
5	墙体位移损坏管接头	在墙体开槽，增加过线盒
6	管接头进水	在管接头内腔和穿线管连接处，均匀涂抹粘贴胶，重新安装好管接头

2. 线槽安装常见质量问题

（1）自制接头缝隙过大。如图 6-1 所示，自制 PVC 线槽直角拐弯，拼接处缝隙过大，出现明显的漏洞，严重时可能会导致缆线外护套破损，产生短路。

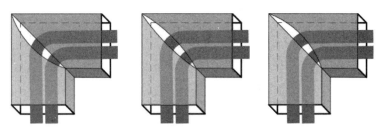

图 6-1 线槽直角拐弯缝隙过大

（2）连接件安装不到位。如图 6-2 所示，线槽连接处直通接头安装不到位，容易造成接头脱落故障，导致缆线裸露在外，在后期使用过程中裸露的缆线和线槽盖板容易被破坏，最终导致重新敷设缆线与线槽。

（3）线槽安装不规范。在综合布线系统中，PVC 线槽通常采用明装方式安装在楼道和墙面，安装时不仅要保证线槽的横平竖直，更重要的是安装规范、牢固、不松动。

如图 6-3 所示为线槽安装时比较常见的几种故障，例如膨胀螺丝埋入墙壁的长度太短，容易造成线槽脱落；螺丝太长凸出在线槽内，容易损伤缆线；线槽与墙壁之间卡入杂物，导致线槽损坏、不美观等。这些故障需要在安装时仔细检查，减少后期返工。

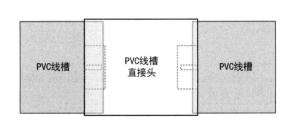

图 6-2 线槽直通安装不到位

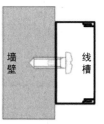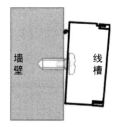

图 6-3 线槽安装不规范

（4）线槽盖板安装不到位。在建筑物综合布线系统施工时，如果线槽盖板安装不到位，在后续使用过程中盖板随时会脱落，不能起到收纳盒保护缆线的作用。主要原因如下：

① 没有将盖板压紧，盖板与线槽盒没有扣在一起，施工完成后也没有进行复查。

② 没有将内部缆线梳理平顺，出现交叉或重叠缠绕，导致线槽盖板无法扣紧。

③ 内部敷设缆线过多，线槽截面利用率过大，不符合标准要求。

3．桥架安装常见质量问题

（1）桥架安装不规范。常见桥架安装不规范的质量问题主要如下。

① 桥架没有保证横平竖直。例如左右偏差超过 50mm，水平每米偏差超过 2mm，垂直偏差超过 3mm。

② 桥架拼接处没有使用连接件固定，且缝隙较大、不平滑、有毛刺。

③ 桥架吊杆和支架安装不牢固，有倾斜现象。

④ 桥架与导管之间连接不牢固，金属导管没有固定在桥架上，容易脱落。

⑤ 桥架跨越建筑物变形缝时，没有设置伸缩补偿装置。

⑥ 桥架穿过防火墙体或楼板时，缆线布放完成后，没有采取防火封堵措施。

（2）桥架未接地。如图 6-4 所示，桥架连接处的接地铜扁线一端没有固定，造成桥架之间没有保持良好的电气连接，不能做到有效的防雷接地。

图 6-4　桥架未接地

▓ 6.2.3　工作任务实践

任务 1：处理线槽安装质量问题

在线槽安装与布线施工中，经常发生线槽安装质量问题，包括自制接头缝隙过大、连接件安装不到位、线槽安装不规范等。一般首先检查线槽安装情况，分析原因和故障现象，然后制定故障处理方案和方法，最后完成故障维修，一般按照表 6-3 中的方法处理。

表 6-3　线槽安装质量问题处理表

序	故障类型	处理方案与方法
1	自制接头缝隙过大	重新制作接头，正确使用锯弓、弯头模具或多功能角度剪等工具。接缝小于 1mm
2	连接件安装不到位	测量线槽连接件卡扣深度，并在线槽做好标记，用力插接牢固
3	线槽安装不规范	拆除线槽，清理墙面，重新安装线槽
4	线槽盖板安装不到位	将线槽内部缆线理顺，保持平直无缠绕和交叉，或重新安装盖板且扣紧 线槽横截面利用率控制在 30%～50%，不要安装太多缆线

任务 2：处理桥架连接不规范故障

在实际工程施工中，经常遇到桥架安装不规范、桥架未接地等质量问题，往往需要花费较多的时间和人力进行处理，因此保证工程质量、减少故障出现非常重要。建议采取如下措施。

（1）提前研读图纸和技术文件，按图规范施工。

（2）培训操作人员熟练掌握专业技能，正确合理使用工具。

（3）加强工程现场管理和质量监督，加强随工检查。

（4）遇到故障时，请按照表 6-4 中的方法处理桥架安装质量问题。

表 6-4　桥架安装质量问题处理表

序	故障类型	处理方案与方法
1	桥架不横平竖直	调整桥架吊杆、支架螺母，并使用水平尺测量
2	连接处缝隙大、有毛刺	重新安装，去毛刺，并使用成品连接件
3	桥架与导管连接不牢固	桥架与导管连接处使用配套的合格成品接头安装，并拧紧螺母
4	没有采取防火封堵措施	桥架与楼板等的缝隙处使用阻燃物填充
5	桥架未接地	安装接地线，保证桥架之间电气连通，并与建筑物接地连接在一起

6.3　处理光纤熔接故障

6.3.1　工作任务描述

在综合布线系统工程施工安装过程中，光纤熔接是最常见的光纤接续手段。光纤熔接出现故障，会造成光纤链路断开、损耗过大、使用寿命短等诸多问题，导致整个光纤系统无法正常工作。因此正确进行光纤熔接、合理处理光纤熔接故障，不仅能够提高工作效率，也能够有效保证工程质量。

本任务要求掌握处理光纤熔接故障的相关知识，完成典型工作任务。

任务 1：处理光纤熔接损耗过大故障

任务 2：处理光纤盘纤故障

6.3.2　相关知识介绍

光纤熔接时产生故障的因素较多，大体可分为光纤本征因素和光纤非本征因素两类。

1．光纤本征因素

产生光纤接续故障的光纤本征因素是指光纤自身因素，主要有光纤模场直径不一致、两根光纤芯径失配、纤芯截面不圆、纤芯与包层同心度不佳等。

2．光纤非本征因素

产生光纤接续故障的非本征因素即接续技术，包括。

（1）轴心错位。单模光纤纤芯很细，两根对接光纤轴心错位会增加接续损耗。

（2）轴心倾斜。当光纤断面倾斜1°时，产生约0.6dB的接续损耗，如果要求接续损耗≤0.1dB，则单模光纤的倾角应为≤0.3°。

（3）端面分离。活动连接器的连接不好，很容易产生端面分离，造成连接损耗较大。

（4）端面质量。如图6-5所示，光纤端面的平整度差时也会产生损耗，甚至出现气泡、分离、过粗等故障。

（a）气泡　　　　　　　（b）分离　　　　　　　（c）过粗

图6-5　熔接点故障

如图6-6所示为光纤端面示意图，合格端面可以熔接。图6-6（b）～（f）为常见不合格端面，不能熔接，必须重新切割光纤，直至断面合格才能熔接。

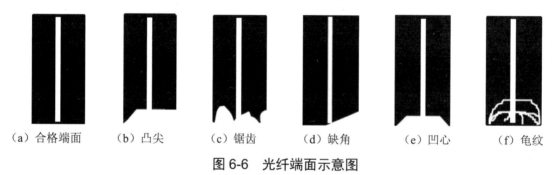

（a）合格端面　　（b）凸尖　　（c）锯齿　　（d）缺角　　（e）凹心　　（f）龟纹

图6-6　光纤端面示意图

（5）接续点附近光纤物理变形。光缆在架设过程中的拉伸变形、接续盒中夹固光缆压力太大等，都会对接续损耗有影响，甚至熔接几次都不能改善。

（6）热缩套管使用不规范。如图6-7所示，光纤熔接点没有位于热缩套管的中心位置，容易产生熔接点断开故障。

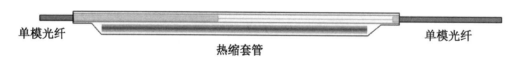

单模光纤　　　　　　　　　　　　　　　　　　　　　单模光纤

热缩套管

图6-7　热缩套管位置偏心

3．其他因素的影响

接续人员操作水平、操作步骤、盘纤工艺水平、熔接机中电极清洁程度、熔接参数设置、工作环境清洁程度等均会影响到熔接的结果。

6.3.3　工作任务实践

任务 1：处理光纤熔接损耗过大故障

处理光纤熔接损耗过大故障，主要措施如下。

（1）一条线路上尽量采用同一批次的优质合格光缆。同一批次的光纤或光缆，其模场直径基本相同，光纤在某点断开后，两端间的模场直径可视为一致，再次熔接可使模场直径对光纤熔接损耗的影响降到最低程度。

（2）光缆敷设规范施工和安装。在光缆敷设施工中，严格按照规范施工和安装，例如牵引力不超过光缆允许的 80%，瞬间最大牵引力不超过 100%，牵引力应加在光缆的加强件上，努力避免光缆受损导致的损耗增大。

（3）安装专业人员进行光纤熔接等关键工序。现在，光纤熔接基本都是熔接机自动熔接，操作人员应严格按照光纤熔接工艺规范进行接续，并且熔接过程中仔细观察熔接机屏幕显示的光纤端面和熔接损耗数值，同时一边熔接一边用 OTDR 测试熔接点的接续损耗。应对熔接损耗值较大的点，再次熔接。如果出现多根光纤熔接损耗都较大时，可剪除一段光缆重新开缆熔接。

（4）光纤熔接应在干燥整洁的环境中进行。严禁在多尘及潮湿的环境中露天操作，光纤接续部位及工具、材料应保持清洁，不得让光纤接头受潮。准备切割的光纤必须清洁，不得有污物，切割后的光纤不得在空气中暴露时间过长，更不能再碰触任何物品。

（5）选用精度高的光纤端面切割器来制备光纤端面。光纤端面的好坏直接影响到熔接损耗大小，切割的光纤应为平整的镜面，无毛刺、无缺损、无凸尖、无锯齿、无缺角、无凹心、无龟纹。

（6）熔接机的正确使用。熔接机的功能就是把两根光纤熔接到一起，所以正确使用熔接机也是降低光纤接续损耗的重要措施。根据光纤类型正确合理地设置熔接参数、预放电电流、时间及主放电电流、主放电时间等，并且在使用中和使用后，及时去除熔接机中的灰尘，特别是夹具、各镜面和 V 型槽内的粉尘和光纤碎末等。

每次使用前应使熔接机在熔接环境中放置至少 15min，特别是在放置与使用环境差别较大的地方（如冬天的室内与室外），根据当时的气压、温度、湿度等环境情况，重新设置熔接机的放电电压及放电位置，以及进行 V 型槽驱动器复位等调整。

任务 2：处理光纤盘纤故障

盘纤是一门技术，也是一门艺术。科学的盘纤方法，可使光纤布局合理、附加损耗小、经得住时间和恶劣环境的考验，可避免因挤压造成的断纤现象。

1）盘纤规则。

（1）沿松套管或以光缆分支方向为单元进行盘纤，前者适用于所有的接续工程，后者仅适用于主干光缆末端且为一进多出。分支多为小对数光缆。该规则是每熔接和热缩完一个或几个松套管内的光纤，或者一个分支方向光缆内的光纤后，盘纤一次。优点是避免了光纤松套管间或不同分支光缆间光纤的混乱，使之布局合理、易盘、易拆，更便于日后维护。如图6-8所示。

（2）以预留盘中热缩套管安放单元为单位盘纤，此规则是根据接续盒内预留盘中某一小安放区域内能够安放的热缩套管数目进行盘纤，避免了由于安放位置不同而造成的同一束光纤参差不齐、难以盘纤和固定、急弯、小圈等现象。

（3）特殊情况，如在接续中出现光分路器、上/下路尾纤、尾缆等特殊器件时，要先熔接、热缩、盘绕普通光纤，依次处理上述情况。为了安全常另盘操作，以防止挤压引起附加损耗的增加。

2）盘纤方法。

（1）先中间后两边，即先将热缩后的套管逐个放置于固定槽中，然后再处理两侧余纤。具有保护光纤熔接点、避免盘纤可能造成的损害的特点，适合光纤预留盘空间小、光纤不易盘绕和固定的场景。

（2）从一端开始盘纤，固定热缩套管，然后再处理另一侧余纤。根据一侧余纤长度灵活选择安放位置，方便、快捷，可避免出现急弯、小圈现象，如图6-9所示。

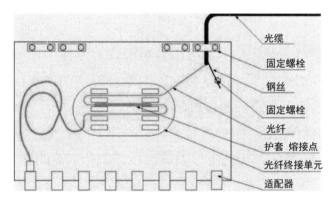

图 6-8　光缆盘纤示意图

图 6-9　光缆盘纤固定

（3）特殊情况的处理。如个别光纤过长或过短时，可将其放在最后，单独盘绕；带有特殊光器件时，可将其另一盘处理，若与普通光纤共盘，应将其轻置于普通光纤之上，两者之间加缓冲衬垫，以防止挤压造成断纤，且特殊光器件尾纤不可太长。

（4）根据实际情况采用多种图形盘纤。按余纤的长度和预留空间大小，顺势自然盘绕，勿生拉硬拽，应灵活地采用圆、椭圆、"CC"或"～"多种图形盘纤（注意 $R \geqslant 4cm$），尽可能最大限度利用预留空间和有效降低因盘纤带来的附加损耗。

6.4　处理配线端接故障

6.4.1　工作任务描述

网络系统的故障70%发生在综合布线系统中，综合布线系统中90%的故障发生在配线端接。综合布线配线端接技术是连接网络设备和工程施工关键技术，端接质量直接反映整个系统的施工质量。在施工过程中，必须做好电缆端接的测试，及时处理端接故障。

本任务要求掌握端接故障的相关知识，完成典型工作任务。

任务 1：处理电缆断路故障

任务 2：处理电缆短路故障

任务 3：处理电缆跨接、反接故障

任务 4：处理屏蔽布线系统故障

6.4.2 相关知识介绍

1. 配线端接的重要性

通常每个网络系统管理间有数百甚至数千根网络缆线，如图 6-10 所示，一般每个信息点的网络信道从终端/PC→设备跳线→墙面信息插座→楼层管理间机柜内 110 型通信跳线架→网络配线架→接入层交换机→汇聚层交换机→核心层交换机等，需要平均端接 12 次，每次端接 8 个线芯，每个信息点至少需要端接 96 芯，因此配线端接对综合布线系统至关重要，端接合格率必须达到 1000‰。

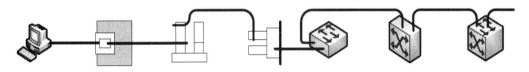

终端/PC　　墙面信息插座　　110型跳线架　　网络配线架　　接入层交换机　　汇聚层交换机　　核心层交换机

图 6-10　网络配线端接信道示意图

2. 配线端接正确率必须达到 1000‰

例如，1000 个信息点的综合布线系统工程施工，按照每个信息点平均端接 12 次计算，该工程总共需要端接 12000 次，共需要端接线芯 96000 次，如果操作人员端接线芯的线序和接触不良的错误率按照 1% 计算，将会有 960 个线芯出现端接错误。

假如这些错误平均出现在不同的信息点或信道中，可能有 960 个信息点出现信道不通，导致 1000 个信息点的综合布线工程竣工后，仅仅信道不通这一项的错误率将高达 96%，信道故障率将达到 96% 以上。

如果端接错误率达到 1‰，也可能出现 96 处端接错误，造成 96 个信息点或者信道不通，信道故障率达到 9.6%，这也是用户无法接受的。

更为重要的是综合布线系统工程往往无法随工测试每个信道或者永久链路，只能等信息插座和管理间设备全部竣工后，才能进行全面测试，即使在测试中发现故障，也很难正确定位故障位置，耗时费力把故障定位了，才发现维修非常困难，例如开路、跨接、反接等故障位于 110 型通信跳线架的下层，需要拆除上层全部电缆才能维修。

综上所述，综合布线系统工程中出现的开路、跨接、反接等故障定位困难、维修困难，严重时甚至无法维修。因此综合布线系统工程的配线端接技术与技能非常重要，必须保证现场配线端接质量达到1000‰。

3．配线端接原理

目前网络系统使用的电缆都是4对网络双绞线，由8根直径0.5～0.6mm的铜电线绞绕组成，每根铜电线都有独立的外绝缘层。如果像电气工程那样将每根线芯剥开外绝缘层直接拧接或者焊接在一起，不仅工程量大，而且将严重破坏双绞节距，因此在网络施工中坚决不能采取电工式接线方法。

如图6-11所示，综合布线系统配线端接的基本原理是将铜线芯用机械力量压入两个刀片中，在压入过程中刀片将绝缘护套划破与铜线芯紧密接触，同时金属的弹性使刀片将铜线芯夹紧，从而实现长期稳定的电气连接。

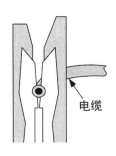

图6-11　配线端接原理图

在屏蔽布线系统中，必须满足"全程屏蔽"和"屏蔽层正确可靠接地"两个条件，才能发挥屏蔽布线系统的电磁兼容优势。"全程屏蔽"需要做到所有连接硬件都使用屏蔽产品，包括传输电缆、配线架、模块和跳线。"接地"时将全程屏蔽连接到等电位联结中。屏蔽布线系统必须有正确和良好接地，如果各连接元件的屏蔽层不连续或接地不良，可能会比非屏蔽系统提供的传输性能更差。

4．常见端接故障

常见的电缆端接故障有断路、短路、跨接、反接等。

（1）断路故障。 断路故障是指双绞线中有一芯或多芯导线没有实现电气连接，中间断开了，也称为开路故障，如图6-12中第8芯铜导线。断路故障产生的原因如下。

原因1：铜导线压接不到位，没有实现电气连接。断路故障多发生在模块端接、配线架端接、水晶头压接等工序或部位。

原因2：铜导线断开或被拉断了。断路故障偶尔出现在永久链路中，例如拉线时拉力过大，或在墙面开孔、安装钉子时造成铜导线的线芯断裂。

（2）短路故障。 短路故障是指电缆中某两芯或多芯铜导线电气接通，如图6-13中第3、6铜线芯右端。短路故障产生的原因如下。

图 6-12　断路故障示意图

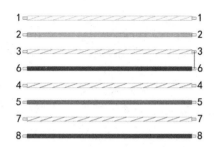

图 6-13　短路故障示意图

原因 1：线端接触在一起。短路故障多发生在模块端接、配线架端接等工序或部位，主要是由于端接时，多余线头未剪掉，铜导线的线端直接接触造成短路。

原因 2：铜导线被金属导体连接在一起。短路故障偶尔出现在永久链路中，例如固定缆线时钉子或自攻丝损坏缆线线芯绝缘层，把 2 根铜导线连接在一起了。

（3）跨接故障。 跨接故障是指双绞线跨过 2 芯以上的线序端接。如图 6-14 所示，1、2 线对与 3、6 线对跨接了。

跨接故障一般多发生在模块端接、配线架端接、水晶头制作等工序或部位，主要是端接线序错误所致。

（4）反接故障。 反接故障是指双绞线中某 2 芯交叉连接。如图 6-15 所示，第 1、2 线芯接反了。

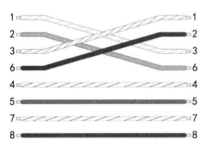

图 6-14　跨接故障示意图

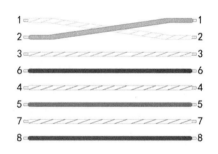

图 6-15　反接故障示意图

反接故障一般多发生在模块端接、配线架端接、水晶头制作等工序或者部位，主要是端接线序错误所致。

（5）屏蔽层不连续故障（适用于高级）。屏蔽布线系统一般在线芯、线对外面增加金属屏蔽层，利用金属屏蔽层的隔离、反射、吸收等效应，防止电磁干扰及电磁辐射。屏蔽布线系统中所使用的配线架、电缆、接插件、网络设备、网卡均应采用屏蔽产品。

在实际工程中，屏蔽布线系统经常发生屏蔽层不连续的情况。故障现象表现为在测试仪器中接地线指示灯不亮。如图 6-16 所示，以西元综合布线测试装置为例，测试装置的指示灯 G 不亮，说明屏蔽层电气未连通；指示灯 G 亮，说明屏蔽层电气连通。

屏蔽层不连续的主要原因包括屏蔽链路中未全部使用屏蔽部件，或者屏蔽水晶头或屏蔽模块的屏蔽导线（屏蔽线）与屏蔽外护套没有紧密连接等，未实现电气连接。

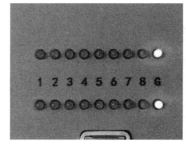
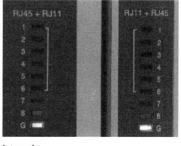

屏蔽指示灯 G 不亮　　　　　　　　　　屏蔽层指示灯 G 亮

图 6-16　屏蔽层测试指示灯现象

6.4.3　工作任务实践

本任务实践主要介绍 110 型通信跳线架、语音配线架的配线端接故障处理方法。水晶头、网络模块、网络配线架故障处理方法等更多知识详见王公儒主编的《综合布线系统安装与维护（初级）》教材，该教材由电子工业出版社出版（2022 年 5 月第 1 版，ISBN 978-7-121-43309-2）。

任务 1：处理电缆断路故障

第一步：确定断路故障位置。

在端接过程中，断路故障往往是铜导线没有压接到位产生的，随时认真检查端接线序和端接部位，确认铜导线压接到位，特别仔细检查 110 型通信跳线架、语音配线架等端接部位，及时发现和确认铜导线没有压接到位的情况，随时重新压接维修好。

第二步：随时检查发现故障，及时维修故障。

1）110 型通信跳线架卡接模块下层断路故障维修。

如图 6-17 所示为 110 型通信跳线架五对卡接模块没有压接到位，弹簧刀片没有与铜导线接触，没有实现可靠的电气连接，在模块下层产生断路故障。

维修方法：如图 6-18 所示，拔掉五对卡接模块，使用五对打线刀重新进行压接，保证压接到位，压接过程中弹簧刀片划破导线绝缘层，实现电气连接。

请扫描"模块下层断路故障"二维码，观看彩色高清照片。

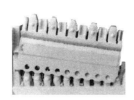

模块下层
断路故障

图 6-17　模块下层断路故障　　　图 6-18　模块下层压接到位

2）110 型通信跳线架卡接模块上层断路故障维修。

如图 6-19 所示为 110 型通信跳线架五对卡接模块上层第 2、5 芯铜导线没有压接到位，产生断路故障。

维修方法：如图 6-20 所示，用五对打线刀，重新把铜导线压入弹簧插针之间，保证线芯压接到位。压紧过程中弹簧插针刀片划破外线芯绝缘层，夹紧铜导线，实现电气连接。

请扫描"模块上层断路故障"二维码，观看彩色高清照片。

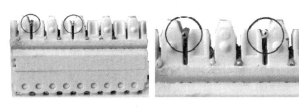
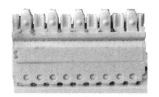

图 6-19　模块上层第 2、5 线芯断路故障　　图 6-20　第 2、5 线芯压接到位

模块上层
断路故障

3）语音配线架模块断路故障维修。

如图 6-21 所示为语音配线架模块第 3 口没有压接到位，铜导线没有压入弹簧插针中间，没有实现可靠接触和电气连接，造成短路故障。

维修方法：如图 6-22 所示，用多功能打线刀，重新把铜导线压入弹簧插针中间，将线芯压接到位。压紧过程中弹簧插针的刀片划破外绝缘层，夹紧铜导线，实现电气连接。

请扫描"语音配线架断路故障"二维码，观看彩色高清照片。

图 6-21　语音配线架第 3 口断路故障　　图 6-22　第 3 口线芯压接到位

语音配线架
断路故障

任务 2：处理电缆短路故障

第一步：确定短路故障位置。

双绞线电缆的短路故障往往发生在端接位置，如果没有剪掉铜导线多余线头，两个铜导线相互接触在一起，就会发生短路故障。因此在端接过程中，必须随时认真检查端接线序和端接部位，及时剪掉铜导线多余线头，特别仔细检查 110 型通信跳线架、语音配线架等端接部位，及时发现和确认铜导线没有多余线头的情况。

第二步：随时检查发现故障，及时维修故障。

1）110 型通信跳线架卡接模块下层短路故障维修。

如图 6-23 所示为 110 跳线架五对卡接模块下层端接部位线头过长,铜导线之间直接接触,在卡接模块下层产生短路故障。

维修方法：如图 6-24 所示，使用水口钳剪掉多余线头，线头长度小于 1mm，铜导线被物理相互隔开，解决卡接模块下层产生短路故障。

请扫描"模块下层短路故障"二维码，观看彩色高清照片。

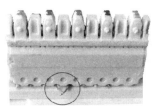
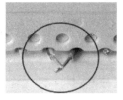
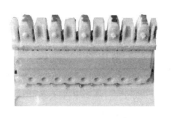

图 6-23　模块下层线头短路　　图 6-24　剪掉多余线头

模块下层
短路故障

2）110 型通信跳线架卡接模块上层短路故障维修。

如图 6-25 所示为 110 型通信跳线架五对卡接模块上层端接部位线头过长，铜导线之间直接接触，产生短路故障。

维修方法：如图 6-26 所示，使用五对打线刀重新端接，五对打线刀刀口朝向线头，端接同时剪掉多余线头，或用水口钳剪掉多余线头，解决卡接模块上层短路故障。

请扫描"模块上层短路故障"二维码，观看彩色高清照片。

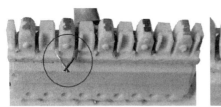 

图 6-25　模块上层线头过长短路　　　　图 6-26　剪掉多余线头

3）语音配线架模块短路故障维修。

如图 6-27 所示为语音配线架模块中第 3、6 芯铜导线端接部位线头过长，铜导线之间直接接触，产生短路故障。

维修方法：如图 6-28 所示，使用多功能打线刀重新端接，多功能打线刀刀口朝向线头，端接的同时剪掉多余线头，或用水口钳剪掉多余线头，解决语音配线架模块短路故障。

请扫描"语音配线架短路故障"二维码，观看彩色高清照片。

图 6-27　第 3、6 芯短路　　　　图 6-28　剪掉多余线头

6.5　处理防雷接地系统故障（适用于高级）

6.5.1　工作任务描述

在建筑群和建筑物综合布线系统工程中，为了防止雷击瞬间产生的电流与电压通过电缆引入建筑物综合布线系统，对配线设备和通信设施产生损害，甚至造成火灾或人员伤亡的事件，应采取相应的安全保护措施，例如 GB 50311—2016《综合布线系统工程设计规范》规定当电缆从外面进入建筑物时，应选用适配的信号线路浪涌保护器。

本任务要求掌握防雷接地相关知识，并完成典型工作任务。

任务 1：处理防雷接地系统常见故障

任务 2：处理浪涌保护器损坏故障

▦ 6.5.2　相关知识介绍

1. 综合布线系统接地相关规定

GB 50311—2016《综合布线系统工程设计规范》对综合布线系统接地规定如下。

（1）在建筑物电信间、设备间、进线间及各楼层信息通信竖井内均应设置局部等电位联结端子板。

（2）综合布线系统应采用建筑物共用接地的接地系统。当必须单独设置系统接地体时，其接地电阻不应大于 4Ω。当布线系统的接地系统中存在两个不同的接地体时，其接地电位差不应大于 1 Vr. m.s（是电压的均方根，表示交流信号的有效值或有效直流值）。

（3）配线柜接地端子板应采用两根不等长度且截面积不小于 6mm^2 的绝缘铜导线接至就近的等电位联结端子板。

（4）综合布线系统的电缆采用金属管槽敷设时，管槽应保持连续的电气连接，并应有不少于两点的良好接地。

（5）当缆线从建筑物外引入建筑物时，电缆、光缆的金属护套或金属构件应在入口处就近与等电位联结端子板连接。

（6）综合布线系统接地导线选择如表 6-5 所示。

表 6-5　接地导线选择表

名称	楼层配线设备至建筑等电位接地装置的距离	
	≤30m	≤100m
信息点的数量（个）	≤75	>75，≤450
选用绝缘铜导线的截面积（mm^2）	6～16	16～50

2. 防雷浪涌保护器（适用于高级）

浪涌保护器是用于限制瞬态过电压和分流浪涌电流的装置，由于雷击的浪涌电压和能量要远远高于其他种类的浪涌电压，通常又称为防雷器，因此，防雷事实上是浪涌保护器的一种功能。作为保障网络物理安全的网络浪涌保护器并不能完全等同于防雷器。如图 6-29 所示为网络浪涌保护器，图 6-30 所示为网络电源 2 合 1 浪涌保护器。

图 6-29　网络浪涌保护器

图 6-30　网络电源 2 合 1 浪涌保护器

如图 6-31 所示为网络电源 2 合 1 浪涌保护器的连接示意图。2 合 1 浪涌保护器双功能可以同时使用，网络和电源起单独保护作用，也可以只使用网络防雷保护或电源防雷保护。

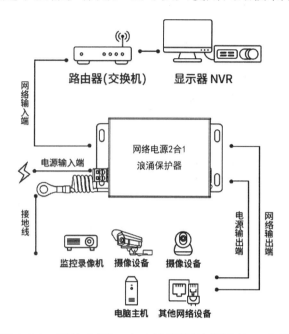

图 6-31　网络电源 1 合 1 浪涌保护器连接示意图

6.5.3　工作任务实践

任务 1：处理防雷接地系统常见故障

在综合布线系统防雷接地中，经常发生各种各样的质量问题，包括接地未连通、防雷设备损坏等故障。一般首先检查线路连接情况，分析原因和故障现象，然后制定故障处理方案和方法，最后完成故障维修。一般按照表 6-6 中的方法处理。

表 6-6　防雷接地问题处理表

序	故障类型	处理方案与方法
1	未设置局部等电位联结端子板	在电信间、进线间等地增加局部等电位联结子板，并与接地线固定牢固
3	接地线截面积过小	更换接地线，且接地线截面积不小于 $6mm^2$
4	金属管槽接地点过少	增加接地点，至少有 2 处良好接地
5	浪涌保护器指示灯熄灭	指示灯熄灭表示已失去防雷保护功能，更换浪涌保护器

任务 2：处理防雷浪涌保护器损坏故障

处理防雷浪涌保护器损坏故障的步骤如下。

第一步：拆除已损坏的防雷浪涌保护器，拆除过程中，不能损坏接地线、电缆等。

第二步：连接电源防雷链路。将电源接入线路连接至浪涌保护器"IN"标识端口，被保护设备连接至浪涌保护器"OUT"标识端口。

注意：连接电源防雷部分时，交流电源不区分零火线，直流电源需要区分正负极，防止损坏浪涌保护器。

第三步：连接网络防雷链路。网络防雷链路为串联安装，将网络接入线路和应用端跳线的 RJ45 水晶头直接插入 RJ45 插口即可。

第四步：连接接地线。将浪涌保护器接地线连接至等电位联结端子板或附近接电线。

6.6 智能布线管理系统故障处理（适用于高级）

6.6.1 工作任务描述

智能布线管理系统能够实时监测布线网络的运行状态，包括网络连接状态、传输速率、信号质量等参数。一旦出现异常情况，系统能够实时报警并进行故障定位。这种实时故障处理机制有助于减少网络故障对业务运行的影响，避免可能的经济损失。其次，故障处理对于提升网络运维效率具有重要意义。

本任务要求复习并熟悉智能布线管理系统相关知识，并完成典型工作任务。

任务一：智能布线管理系统指令操作

任务二：清空配置，重复训练

6.6.2 相关知识介绍

在本教材第 5.6.2 节中，对智能布线管理系统有详细的介绍。智能配线架分为单配线架直接连接方式和双配线架交叉连接方式。智能布线管理系统包括智能管理单元（IMU）、智能配线架、智能跳线、智能模块和管理软件（DICS），请提前复习相关知识。

6.6.3 工作任务实践

不同厂家的智能布线管理系统的结构和操作指令也不同，本教材以 2018 年全国职业院校技能大赛文件指定使用的西元智能配线管理系统为例简单介绍，详细内容请扫描"智能布线管理系统"二维码浏览和学习。在实际工程中，请严格按照产品说明书的规定进行操作和使用。

智能布线管理系统

任务一：智能布线管理系统指令操作

1）端口连接。

运行软件，选择"指令模式→导航→大厦 1→楼层 1→配线间 1"，根据表 6-7 端口对应表，点击配线架 1 指定端口拖向配线架 2 指定端口，点击"确定"按钮，创建连接指令后，相应的两个端口颜色会从灰色变为黄色，如图 6-32 所示。

表 6-7　端口对应表

配线架 S1 端口	1	2	3	4	5	6
配线架 S2 端口	1	2	3	4	5	6

根据机架上智能配线架的引导提示，正确插接智能跳线。相应的两个端口颜色会从黄色变为绿色，如图 6-33 所示。

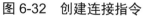

图 6-32　创建连接指令

图 6-33　连接跳线完成

2）端口断开。

选择"指令模式→导航→大厦 1→楼层 1→配线间 1"，根据端口对应表，点击配线架上任意一个已连接的端口，点击"确定"按钮，创建断开指令后，相应的两个端口颜色会从绿变为蓝，如图 6-34 所示。根据机架上智能配线架的引导提示，拔掉智能跳线。相应的两个端口颜色会从蓝色变为灰色。如图 6-35 所示。

图 6-34　创建断开指令

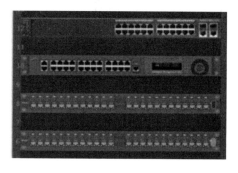

图 6-35　拔掉智能跳线

3）设备告警。

（1）端口告警。如果不通过软件发送指令，而直接连接或断开跳线。软件界面和 IMU 都会有告警提示及告警音，如图 6-36 所示，同时智能配线架也会有 LED 灯闪烁。

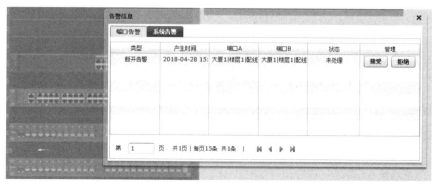

图 6-36　端口告警信息

（2）系统告警。当配线架脱机时，系统会产生配线架脱机告警，如图 6-37 所示。当 IMU 脱机时，系统会产生 IMU 扫描告警，如图 6-38 所示。同时软件上智能配线架的红/绿色指示图标会变为灰色。

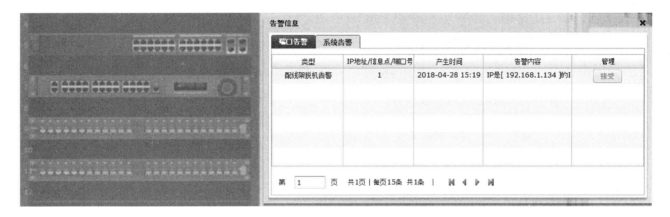

图 6-37　配线架告警信息

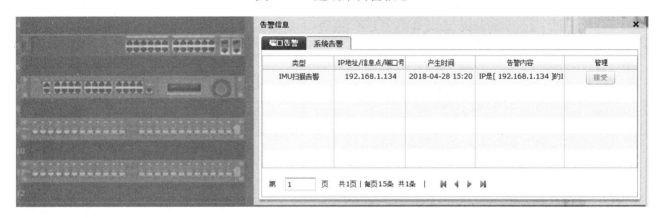

图 6-38　IMU 告警信息

任务二：清空配置，重复训练

如果对系统软件的基本配置进行多次操作练习，需清空相关配置信息，具体操作如下：

（1）进入"C:\Program Files (x86)\XY\XY"文件夹，如图 6-39 所示。

图 6-39　进入文件夹

（2）双击"ConfigWizard"应用程序，弹出如图 6-40 所示对话框，点击"NEXT"按钮。

（3）端口信息不改变，点击"Next"按钮，如图 6-41 所示。

（4）选中"Reset"，点击"Next"按钮，如图 6-42 所示。

（5）保持系统参数不改变，点击"Next"按钮，如图 6-43 所示。

（6）保持"SMTP"参数不改变，点击"Next"按钮，如图 6-44 所示。

（7）点击"Exeute"按钮进行数据库配置，如图 6-45 所示。

（8）点击"Finish"按钮完成配置，如图 6-46 所示，即完成了基本配置信息的清空。

图 6-40　打开 ConfigWizard 应用程序

图 6-41　端口信息不改变

图 6-42　选中"Reset"

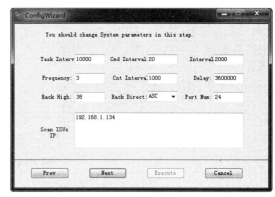

图 6-43　保持系统参数不改变

图 6-44　保持"SMTP"参数不改变

图 6-45　进行数据库配置

图 6-46　完成配置

6.7　习题和互动练习

请扫描"任务 6 习题"二维码，下载工作任务 6 习题电子版。

请扫描"互动练习 11""互动练习 12"二维码，下载工作任务 6 配套的互动练习。

任务 6 习题　　任务 6 习题答案　　互动练习 11　　互动练习 12

6.8　课程思政

全国高等院校计算机基础教育研究会"计算机基础教育教学研究项目"
《劳模进校园与职业素养教育的理论与实践研究》

2023 年 5 月《劳模进校园与职业素养教育的理论与实践研究》课题列入全国高等院校计算机基础教育研究会（AFCEC）"计算机基础教育教学研究项目"立项名单，立项编号为 2023-AFCEC-438，项目负责人为西安开元电子实业有限公司纪刚劳模。

立项课题

请扫描"立项课题"二维码，欢迎参加、关注和应用课题成果。

6.9　实训项目和技能鉴定指导

本工作任务专门介绍了在综合布线系统工程安装测试、运维管理中常见的各种故障，包括穿线管、线槽、桥架等安装常见质量问题和维修方法，光纤熔接和冷接、光纤盘纤和安装，以及各种配线端接安装常见故障和处理方法，并且给出了多个故障处理工作实践任务，请认真完成常见故障处理工作任务实践项目。

本节重点介绍常见的电缆跨接和反接故障维修方法。在电缆端接中经常出现跨接或反接故障，这是线序错误造成的故障。在电缆端接过程中，必须随时认真检查端接线序和端接部位，确认铜导线的线序正确。请提前阅读产品说明书，按照产品上标记的色谱线序进行正确端接，及时发现线序错误的情况，并且随时维修故障。

下面以通信跳线架卡接模块和语音配线架模块端接常见故障为例安排实训项目。

实训项目 15　通信跳线架卡接模块下层跨接故障维修

1．跨接故障

如图 6-47 所示为 110 型通信跳线架卡接模块下层，第 1、5 线芯端接位置不正确，出现跨接故障。该项目要求按照 568B 线序端接。

该照片实际的端接线序为白蓝、橙、白绿、蓝、白橙、绿、白棕、棕；

卡接模块正确端接线序为白橙、橙、白绿、蓝、白蓝、绿、白棕、棕。

请扫描"跨接故障与维修"二维码，观看或下载彩色高清照片。

跨接故障
与维修

2．维修方法

第一步：使用钢丝钳拔掉卡接模块。注意用力夹紧卡接模块，突然拔出。禁止上下或左右晃动卡接模块，如图 6-48 所示。

第二步：调整线序正确，使用五对打线刀将铜导线和卡接模块重新压接到位，解决跨接故障，如图 6-49 所示。

图 6-47　第 1、5 两芯跨接　　　图 6-48　拔掉模块　　　图 6-49　调整线序正确压接

请扫描"跨接故障维修视频"二维码，观看维修过程与方法。

跨接故障
维修视频

实训项目 16　通信跳线架卡接模块反接故障维修

1．通信跳线架卡接模块反接故障

如图 6-50 所示为 110 型通信跳线架卡接模块上层，第 1、2 线芯端接位置不正确，出现反接故障。该项目要求按照 568B 线序端接。

该照片实际的端接线序为橙、白橙、白绿、蓝、白蓝、绿、白棕、棕；

卡接模块正确端接线序为白橙、橙、白绿、蓝、白蓝、绿、白棕、棕。

请扫描"模块上层反接故障"二维码，观看或下载彩色高清照片。

模块上层
反接故障

2. 通信跳线架卡接模块反接故障维修方法

第一步：把卡接模块上层铜导线全部拔掉，剪掉已受损线端。

第二步：调整线序正确，使用五对打线刀将铜导线全部压接到位，剪掉多余线端，解决跨接故障，如图 6-51 所示。

图 6-50　第 1、2 线芯反接　　　　图 6-51　调整线序正确

3. 语音配线架模块反接故障

如图 6-52 所示为语音配线架模块中第 3、6 芯端接位置不正确，出现反接故障。

该照片中实际的端接线序为白色（主色）在 3 芯位置，橙色（副色）在 6 芯位置。语音配线架正确端接线序为白色（主色）在 6 芯位置，橙色（副色）在 3 芯位置。

请扫描"语音配线架反接故障"二维码，观看彩色高清照片。

语音配线架
反接故障

4. 语音配线架模块反接故障维修方法

第一步：把模块的两根铜导线全部拔掉，剪掉已受损线端。

第二步：正确调整线序，使用专用打线刀将铜导线全部压接到位，同时剪掉多余线端，解决反接故障，如图 6-53 所示。

请扫描"反接故障维修视频"二维码，观看维修过程与方法。

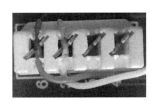

图 6-52　第 3、6 芯反接　　　　图 6-53　线序正确

反接故障
维修视频

综合布线系统测试验收

工作任务 7 围绕综合布线系统测试验收，首先介绍了光缆系统、永久链路与信道测试专业技术和要求；然后安排了防雷接地和屏蔽布线系统接地等；其次重点介绍了综合布线系统测试与验收，包括人员组成、验收分类、验收内容、质量检查和实践内容；最后安排了实训项目与技能鉴定指导内容，包括语音配线架和屏蔽配线架端接与测试。

7.1 职业技能要求

（1）《综合布线系统安装与维护职业技能等级标准》（2.0 版）表 2 职业技能等级要求（中级）对建筑物综合布线系统测试验收工作任务提出了如下职业技能要求。

① 能测试光缆系统和填写测试报告。

② 能测试信道和填写测试报告。

③ 能测试和验收防雷接地系统。

④ 能测试和验收建筑物综合布线系统，进行工程质量检查、随工检验和竣工验收。

（2）《综合布线系统安装与维护职业技能等级标准》（2.0 版）表 3 职业技能等级要求（高级）对建筑群综合布线系统测试验收工作任务提出了如下职业技能要求。

① 能测试和验收建筑群综合布线系统。

② 能测试和验收数据中心等机房的布线及防雷接地系统。

③ 能测试和验收屏蔽布线系统。

④ 能测试和验收智能布线管理系统、光缆在线监测系统。

7.2 光缆系统测试

7.2.1 工作任务描述

在综合布线系统工程中，光缆的测试应该从开工之日就开始，光缆到货后首先应该检查型号、规格等是否符合设计文件要求，完成光缆布线后，应该对每条光纤链路都进行测试。

本任务要求掌握综合布线系统测试验收的相关知识，完成典型工作任务。

任务1：完成光缆系统测试

任务2：填写测试报告

任务3：计算光纤信道和链路的衰减

7.2.2 相关知识介绍

1. 光缆检验应符合GB/T 50312—2016《综合布线系统工程验收规范》的规定

（1）工程使用的光缆型式、规格及缆线的阻燃等级应符合设计文件要求。

（2）缆线的出厂质量检验报告、合格证、出厂测试记录等各种随盘资料应齐全，所附标志、标签内容应齐全、清晰，外包装应注明型号和规格。

（3）光缆开盘后应先检查光缆端头封装是否良好。当光缆外包装或光缆护套有损伤时，应对该盘光缆进行光纤性能指标测试，并应符合下列规定。

① 当有断纤时，应进行处理，检查合格后才能使用。

② 光缆A、B端标识应正确、明显。

③ 光纤测试完毕后，端头应密封固定，并恢复外包装。

（4）单盘光缆应对每根光纤进行长度测试。

（5）光纤接插软线或光跳线检验应符合下列规定。

① 两端的光纤连接器件端面应装配合适的保护盖帽。

② 光纤应有明显的类型标记，并应符合设计文件要求。

③ 应使用光纤端面测试仪对光连接器件端面进行抽验，比例不宜大于5%～10%。

（6）光纤连接器件及适配器的型式、数量、端口位置应与设计相符。光纤连接器件应外观平滑、洁净，并不应有油污、毛刺、伤痕及裂纹等缺陷，各零部件组合应严密、平整。

（7）光缆配线设备的型式、规格应符合设计文件要求。

（8）光缆配线设备的编排及标志名称与设计相符。标志名称应统一、清晰，位置正确。

（9）光缆布放路由宜盘留，并应预留长度：配线柜处为3～5m，楼层配线箱处为1～1.5m，配线箱终接时≥0.5m。配线模块处不做终接时，应保留光缆施工预留长度。

2. 光缆链路测试内容与规定

GB/T 50312—2016《综合布线系统工程验收规范》对光纤信道和链路测试要求如下。

1）光纤链路测试模型与方法。

测试前应对综合布线系统工程所有的光连接器件进行清洁，并应将测试接收器校准至零位。应根据工程设计的应用情况，按等级1或等级2测试模型与方法完成测试。

等级1测试内容应包括光纤信道或链路的衰减、长度与极性，以及使用光损耗测试仪OLTS测量每条光纤链路的衰减，并计算光纤长度。

等级 2 测试应包括等级 1 测试要求的内容，还应包括利用 OTDR 曲线获得信道或链路中各点的衰减、回波损耗值。

2）光纤链路测试规定。

（1）在施工前进行光纤器材检验时，应检查光纤的连通性。也可采用光纤测试仪对光纤信道或链路的衰减和光纤长度进行认证测试。

（2）当对光纤信道或链路的衰减进行测试时，可测试光跳线的衰减值，将其作为设备光缆的衰减参考值，整个光纤信道或链路的衰减值应符合设计要求。

3．光纤布线系统性能测试的规定

（1）光纤布线系统每条光纤链路均应测试，信道或链路的衰减应符合相关规定，并应记录测试所得的光纤长度。

（2）当 OM3、OM4 光纤应用于 10Gbit/s 及以上链路时，应使用发射和接收补偿光纤进行双向 OTDR 测试。

（3）当光纤布线系统性能指标的测试结果不能满足设计要求时，应通过 OTDR 测试曲线进行故障定位测试。

（4）光纤到用户单元系统工程中，应检测用户接入点至用户单元信息配线箱之间的每一条光纤链路，衰减指标宜采用插入损耗法进行测试。

4．光缆链路测试设备

综合布线系统工程中，用于光缆的测试设备有很多种，其中 FLUKE 系列测试仪可通过增加光纤模块实现。这里主要介绍 OptiFiber 多功能光缆测试仪。

（1）功能。可以实现专业测试光纤链路的链路 OTDR 状态。

（2）界面介绍。多功能光缆测试仪如图 7-1 所示。

（3）光缆端截面检查器。光缆端截面检查器如图 7-2 所示，可直接检查配线架或设备光口的端截面，比传统的放大镜快 10 倍，同时也可避免眼睛直视激光所造成的伤害。

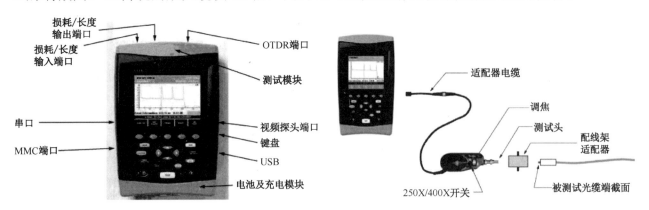

图 7-1　多功能光缆测试仪　　　　图 7-2　光缆端截面检查器

5．光纤测试标准

（1）通用标准。一般为光缆长度、适配器及接合等标准。

（2）LAN 应用标准。

（3）特定应用标准。每种应用测试标准是固定的，如 10BASE-FL、Token Ring、ATM。

① TIA/EIA-568-B.3 标准。该标准主要定义了光缆、连接器和链路长度的标准。光缆每千米最大衰减为（850nm）3.75dB、（1300nm）1.5dB、（1310nm、1550nm）1.0dB。双工 SC 或 ST 连接器中，适配器最大衰减为 0.75dB，熔接最大衰减为 0.3dB。

主干链路长度标准如表 7-1 所示。

表 7-1　链路长度标准

分　段	HC-IC	IC-MC
62.5/125 多模	300m	1700m
50/125 多模	300m	1700m
8/125 单模	300m	2700m

② TIA TSB140 标准。2004 年 2 月被批准，主要对光缆定义了两个级别的测试。

级别 1：测试长度与衰减，使用光损耗测试仪或 VFL 验证极性。

级别 2：级别 1 加上 OTDR 曲线，证明光缆的安装没有造成性能下降。

6．光缆测试技术参数

1）衰减。

（1）衰减是指光沿光纤传输过程中光功率的减少。

（2）对光纤网络总衰减的计算。光纤损耗是指光纤输出端的功率与发射到光纤时的功率的比值。

（3）损耗是与光纤的长度成正比的。

（4）光纤损耗因子。用于反映光纤衰减的特性。

2）回波损耗。

又称为反射损耗，它是指在光纤连接处，后向反射光相对输入光的比率的分贝数。改进回波损耗的有效方法是，尽量将光纤端面加工成球面或斜球面。

3）插入损耗。

插入损耗是指光纤中的光信号通过活动连接器之后，其输出光功率相对输入光功率的比率的分贝数，插入损耗越小越好。插入损耗的测试结果如图 7-3 所示。

4）OTDR 参数。

OTDR 测量的是反射的能量而不是传输信号的强弱，如图 7-4 所示。

（1）Channel Map。如图 7-5 所示为图形显示链路中所有连接和各连接间的光缆长度。

（2）OTDR 曲线。曲线自动测量和显示事件，光标自动处于第一个事件处，可移动到下一个事件，如图 7-6 所示。

（3）OTDR 事件表。可以显示所有事件的位置和状态，以及各种不同的事件特征，如末端、反射、损耗、幻象等，如图 7-7 所示。

（4）光功率。验证光源和光缆链路的性能，如图 7-8 所示。

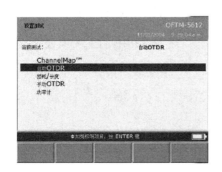

图 7-3　光缆测试结果

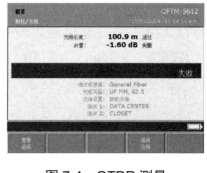

图 7-4　OTDR 测量

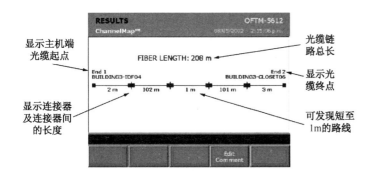

图 7-5　Channel Map 结果

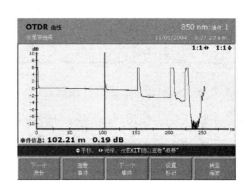

图 7-6　OTDR 曲线图

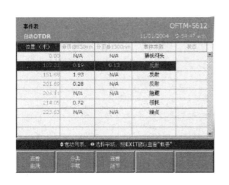

图 7-7　OTDR 事件表

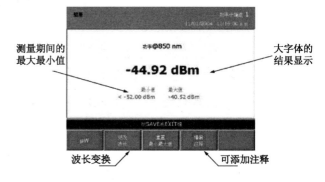

图 7-8　光功率测试结果

7.2.3　工作任务实践

任务 1：完成光缆系统测试

（1）确定测试标准。使用 TIA TSB140 标准测试。

（2）确定测试设备。选择 DTX-FTM 的光纤模块进行测试。

（3）测试信息点。

① 将 DTX 设备的主机和远端机都接好 FTM 测试模块。

② 设备主机接在控制室光纤配线架，远端机接入到大楼光纤配线架信息点进行测试。

③ 设置 DTX 主机的测试标准，旋钮调至"SET UP"，先选择测试缆线类型为"Fiber"，

再选择测试标准为"Tier2",如图 7-9 所示。

④ 接入测试缆线接口,如图 7-10 所示。

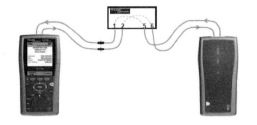

图 7-9　选择测试标准　　　　　　　　　图 7-10　接入测试缆线接口

⑤ 缆线测试。如图 7-11 所示,旋钮调至"AUTO TEST",按下"TEST"按钮,设备将自动测试缆线。

⑥ 保存测试结果。直接按"SAVE"按钮即可对结果进行保存。

(4)分析测试数据。

通过专用线将结果导入到计算机中,通过"LinkWare"软件即可查看相关结果。

① 所有信息点测试结果如图 7-12 所示。

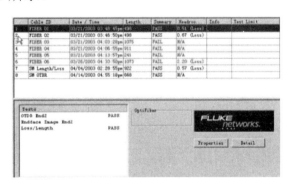

图 7-11　缆线测试　　　　　　　　　　图 7-12　查看所有信息点结果

② 单个信息点测试结果如图 7-13 所示。

③ 通过预览方式查看测试结果如图 7-14 所示。

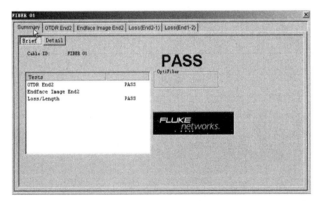

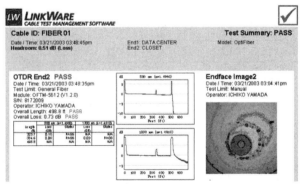

图 7-13　查看单个信息点结果　　　　　　图 7-14　预览方式查看结果

任务 2：填写测试报告

根据测试内容和测试结果，填写综合布线系统工程光缆性能指标测试报告，如表 7-2 所示为常见的测试报告模板。

表 7-2　综合布线系统工程光纤性能指标测试报告

工程项目名称			备注
工程编号			
测试模型	链路（布线系统级别）		
	信道（布线系统级别）		
信息点位置	地址码		
	缆线标识编号		
	配线端口标识码		
测试指标项目	光纤类型	测试方法	是否通过测试	处理情况
测试记录	测试日期及工程实施阶段：		
	测试单位及人员：		
	测试仪表型号、编号、精度校准情况和制造商；测试连接图、采用软件版本、测试光缆及适配器的详细信息（类型和制造商，相关性能指标）：		

任务 3：计算光纤信道和链路的衰减

（1）光缆布线信道在规定的传输窗口测量出的最大光衰减不应大于表 7-3 规定的数值，该指标已包括光纤接续点与连接器件的衰减在内。

表 7-3　光缆信道衰减范围

级别	最大信道衰减（dB）			
	单模		多模	
	1310nm	1550nm	850nm	1300nm
OF-300	1.80	1.80	2.55	1.95
OF-500	2.00	2.00	3.25	2.25
OF-2000	3.50	3.50	8.50	4.50

（2）光纤信道和链路的衰减也可按下列公式计算，光纤接续及连接器件损耗值的取定应符合表 7-4 的规定。

① 光纤信道和链路损耗=光纤损耗+连接器件损耗+光纤接续点损耗。

② 光纤损耗=光纤损耗系数（dB/km）×光纤长度（km）。

③ 连接器件损耗=连接器件损耗/个×连接器件个数。

④ 光纤接续点损耗＝光纤接续点损耗/个×光纤连接点个数。

表 7-4　光纤接续及连接器件损耗值

单位：dB

类别	多模		单模	
	平均值	最大值	平均值	最大值
光纤熔接	0.15	0.3	0.15	0.3
光纤机械连接	—	0.3	—	0.3
光纤连接器件	0.65/0.5[②]		—	
	最大值 0.75[①]			

注：① 为采用预端接时含 MPO-LC 转接器件。

② 针对高要求工程可选 0.5dB。

7.3　永久链路与信道测试

7.3.1　工作任务描述

永久链路作为综合布线系统的基础构成单元，其稳定性对整个系统的稳定运行具有决定性的影响。永久链路的设计和安装都要符合标准和经过严格的测试验证，确保其符合相关标准和规范。通过永久链路测试，可以验证链路的可靠性、结构稳定性和性能稳定性，确保在实际使用中能够长时间稳定运行，减少故障发生的可能性。

本任务要求掌握永久链路测试的相关知识，完成测试报告填写的典型工作任务。

7.3.2　相关知识介绍

1．电缆布线系统永久链路与信道的组成

图 7-15 为电缆布线系统永久链路与信道组成示意图，永久链路长度不大于 90m，信道由长度不大于 90m 的水平缆线、10m 的跳线、设备缆线及最多 4 个连接器件组成。

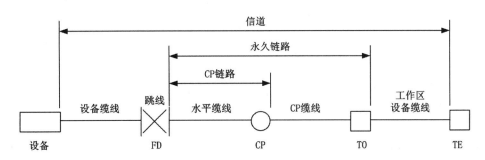

图 7-15　电缆布线系统信道组成

2．电缆链路测试模型

电缆链路测试模型如下，详见王公儒主编《综合布线系统安装与维护（初级）》教材 7.3.2 节。

（1）基本链路模型。

（2）信道模型。

（3）永久链路模型。

3．综合布线系统永久链路和信道的测试指标

GB/T 50312—2016《综合布线系统工程验收规范》中，明确规定了永久链路和信道的测试指标，摘录主要内容如下，更多内容请参看标准规定。

（1）综合布线系统永久链路的指标参数值，12 项。

① 最小回波损耗（RL）。

② 插入损耗（IL，旧称衰减值）。

③ 线对间的近端串扰（NEXT，又称近端串音）。

④ 近端串音功率和（PS NEXT）。

⑤ 线对间的衰减串音比（ACR-N，属于信噪比参数，串音来源为 NEXT）。

⑥ 衰减串扰比功率和（PS ACR-N）。

⑦ 线对间衰减串扰比（ACR-F，串音来源 FEXT，旧称等电平远端串扰 ELFEXT）。

⑧ 衰减远端串扰比功率和（PS ACR-F，旧称等电平远端串音功率和 PS ELFEXT）。

⑨ 永久链路的直流电阻（直流环路电阻、不平衡电阻 UBL）。

⑩ 最大传播时延。

⑪ 最大传播时延偏差。

⑫ 信道非平衡衰减（TCL/ELTCTL，抗干扰指标）。

（2）综合布线系统信道的指标参数值，12 项。

① 回波损耗（RL）。

② 插入损耗（IL，旧称衰减值）。

③ 线对间的近端串扰（NEXT，又称近端串音）。

④ 近端串音功率和（PS NEXT）。

⑤ 线对间的衰减串音比（ACR-N，属于信噪比参数，串音来源为 NEXT）。

⑥ 衰减串扰比功率和（PS ACR-N）。

⑦ 线对间衰减串扰比（ACR-F，串音来源 FEXT，旧称等电平远端串扰 ELFEXT）。

⑧ 衰减远端串扰比功率和（PS ACR-F，旧称等电平远端串音功率和 PS ELFEXT）。

⑨ 信道的直流电阻（直流环路电阻、不平衡电阻 UBL）。

⑩ 信道传播时延。

⑪ 信道传播时延偏差。

⑫ 信道非平衡衰减。

7.3.3　工作任务实践

任务 1：填写电缆信道测试报告

根据电缆信道测试内容和测试结果，填写综合布线系统工程电缆信道测试报告，如表 7-5 所示为常见的测试报告模板。

表 7-5　综合布线系统工程电缆信道测试报告

工程项目名称			备注
工程编号			
测试模型	链路（布线系统级别）		
	信道（布线系统级别）		
信息点位置	地址码		
	缆线标识编号		
	配线端口标识码		
测试指标项目	是否通过测试		处理情况
测试记录	测试日期及工程实施阶段：		
	测试单位及人员：		
	测试仪表型号、编号、精度校准情况和制造商；测试连接图、采用软件版本、测试光缆及适配器的详细信息（类型和制造商，相关性能指标）：		

任务 2：综合布线系统工程测试

综合布线系统工程的测试主要针对各个子系统，如水平布线子系统、垂直布线子系统等的物理链路进行质量检测。测试的对象有电缆和光缆。系统设备开通时，部分用户会选择进行"信道测试"或"跳线测试"。

1）电缆跳线测试。

电缆跳线是信道的重要组成部分，为了保证信道测试合格，首先每根跳线都必须合格，因此需要对准备使用的跳线进行质量检测，保证合格。跳线测试通常以批量方式进行。

2）整箱或整卷电缆测试。

整箱或整卷电缆入库或使用前都需要进行测试和验收。详见王公儒主编《综合布线系统安装与维护（初级）》教材 7.2.3 节任务 1。

3）永久链路测试。

详见王公儒主编《综合布线系统安装与维护（初级）》教材 7.3.4 节任务 1。

7.4 防雷接地系统测试

7.4.1 工作任务描述

在综合布线系统工程中，防雷接地装置的施工与测试工作至关重要，防雷接地装置的安装施工质量直接关系到综合布线系统和网络终端设备的使用寿命、使用功能。

本任务要求掌握建筑物防雷接地的相关知识，完成防雷接地系统测试典型工作任务。

7.4.2 相关知识介绍

建筑物防雷装置检测分为首次检测和定期检测。首次检测分为新建、改建、扩建建筑物防雷装置施工过程中的检测，以及投入使用后建筑物防雷装置的第一次检测。定期检测是按规定周期进行的检测。

1. 建筑物防雷装置主要检测项目与要求

建筑物防雷装置主要检测项目与要求的更多内容详见 GB/T 21431—2023《建筑物雷电防护装置检测技术规范》。

（1）建筑物的防雷等级分类。建筑物根据其重要性、使用性质、发生雷电事故的可能性和后果，按照防雷要求分为一级防雷建筑、二级防雷建筑、三级防雷建筑。

① 一级防雷建筑：特别重要的建筑、高度超过 100m 的超高层建筑。

② 二级防雷建筑：大型建筑、19 层以上住宅楼、高度超过 50m 的其他民用建筑等。

③ 三级防雷建筑：20m 以上的民用建筑、雷电活跃地区 15m 以上的建筑等。

防雷可分为：防直击雷、防侧击雷、防雷电波侵入等。

（2）接闪器。接闪器由拦截闪击的接闪杆、接闪带、接闪线、接闪网以及金属屋面、金属构件等组成。其主要作用是把雷电引向自身，承接直击雷放电。

接闪器应检查其安装位置是否正确，焊接固定的焊缝是否饱满，螺栓固定的应备帽等防松零件是否齐全，焊接部分补刷的防腐油漆是否完整，接闪器截面是否锈蚀 1/3 以上等。检查接闪带是否平正顺直，固定支架间距是否均匀、可靠，接闪带固定支架间距和高度是否符合要求。检查每个支持件能否承受 49 N 的垂直拉力。

（3）引下线。用于将雷电流从接闪器传导至接地装置的导体，在建筑物四周及部分中间的柱子内布置引下线。引下线应检查其隐蔽工程记录，安装位置是否准确，焊接固定焊缝是否饱满，焊接部分补刷防锈漆是否完整，专设引下线截面是否腐蚀 1/3 以上。检查明敷引下线是否平正顺直、无急弯，卡钉分段固定。引下线固定支架间距均匀，是否符合水平或垂直直线部分 0.5～1.0 m、弯曲部分 0.3～0.5 m 的要求，每个固定支架应能承受 49N 的垂直拉力。检查专设引下线焊接处是否锈蚀，油漆是否有遗漏及近地面保护设施。

（4）**接地装置**。接地体和接地线总合，传导引下线雷电流，并将其流散入大地。

接地装置应检测隐蔽工程记录，检查接地装置的结构型式和安装位置，校核每根专设引下线接地体的接地有效面积，检查接地体的埋设间距、深度、安装方法；检查接地装置的材质、连接方法、防腐处理；检查接地装置的填土有无沉陷情况；检查有无因挖土方，敷设管线或种植树木而挖断接地装置。

（5）**防雷区的划分**。划分雷击电磁环境的区，一个防雷区的区界面不一定要有实物界面，如不一定要有墙壁、地板或天花板作为区界面。

（6）**雷击电磁脉冲屏蔽**。雷电流经电阻、电感、电容耦合产生的电磁效应，包含闪电电涌和辐射电磁场。雷击电磁脉冲应用毫欧表检查屏蔽网格、金属管（槽）防静电地板支撑金属网格、大尺寸金属件、房间屋顶金属龙骨、屋顶金属表面、立面金属表面、金属门窗、金属格栅和电缆屏蔽层的电气连接，过渡电阻值不宜大于 0.2Ω。

（7）**等电位连接**。将分开的金属物体直接用连接导体或经浪涌保护器连接到防雷装置上，减小雷电流引发的电位差。等电位连接应检测设备、管道、构架、均压环、钢骨架、钢窗、放散管、吊车、金属地板、电梯轨道、栏杆等大尺寸金属物与共用接地装置的连接情况，如已实现连接应进一步检查连接质量、连接导体的材料和尺寸。

（8）**浪涌保护器（SPD）**。浪涌保护器是用于限制瞬态过电压和分泄电涌电流的器件。它至少含有一个非线性元件。浪涌保护器（SPD）运行期间，需定期进行检查。如测试结果表明 SPD 劣化，或状态指示指出 SPD 失效，应及时更换、及时处理和维修。因长时间工作或因处在恶劣环境中老化，可能因受雷击电涌而引起性能下降、失效等故障。

（9）**接地与安全**。"接地"指的是建筑物内部的电气系统、设备的接地要求。

① **接地分类**。工作接地是为保证电气系统正常运行而进行的接地，如通信设备的接地、电子设备的逻辑地等。保护接地是为保证设备的安全、人身的安全而进行的接地。

② **TN 接地系统**。民用建筑中，都采用"TN"接地系统。

"T"—表示电源（变压器）中性点直接接地。

"N"—表示设备外壳与电源系统接地点或与该点引出的导体相连接。

③ **重复接地**。室外引入的导线，在建筑物入口处（通常在总配电房内）需要将 PEN 线或 N、PE 线再次接地。

④ **金属护套接地**。电缆、光缆的金属护套或构件接地导线应接至等电位联结端子板。

2. 屏蔽布线系统的接地（适用于高级）

一个完整的屏蔽布线系统要求处处屏蔽。屏蔽布线系统的电缆、模块、配线架等连接件都需要使用屏蔽产品，同时再辅以金属桥架和管道接地。

静电屏蔽的原理是使干扰电流经屏蔽外层流入大地，因此屏蔽层的可靠接地十分重要，否则不但不能减少干扰，反而会使干扰增大。因为当接地点安装不正确、接地电阻过大、接地电位不均衡时，会引起接地噪声，即在传输通道的某两点产生电位差，从而使金属屏蔽层上产生干扰电流，这时屏蔽层本身就成为了一个最大的干扰源，导致其性能远不如非屏蔽传输通道。因此，为保证屏蔽效果，必须对屏蔽层正确可靠接地。

屏蔽配线架中的接地配件是接地用的汇流排，它可以将屏蔽模块全部连接到统一的接地体上，形成配线架中的接地通道。屏蔽配线架用的接地配件主要有如下两类。

（1）安装在配线架内的接地配件。 如图 7-16 所示，接地配件安装在配线架内。当屏蔽模块插入配线架后，其金属壳体自动与接地配件形成良好连接，完成屏蔽模块的工作接地。

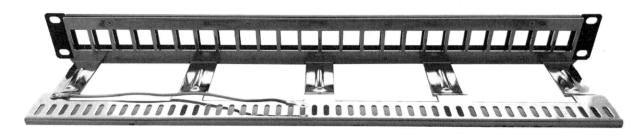

图 7-16　屏蔽配线架背面

（2）独立的接地配件。 独立的接地配件可将专用的非屏蔽配线架转变为屏蔽配线架，这类屏蔽模块中一般含有可插搭接线用的接地接口。当屏蔽模块插入配线架后，将接地配件中的搭接线插在屏蔽模块的接地接口上，形成屏蔽模块的接地连接。配线架上应装有接地桩，使机柜的接地导线可以与之搭接。配线架的屏蔽接地可以采用以下方式。

① 屏蔽配线架通过各自接地导线连接到机柜的汇流铜排上，形成星型接地结构。

② 机柜底部安装接地铜排，并使用独立的接地导线将接地铜排连接到配线间（电信间）的接地铜排桩（接地桩）上，使各个机柜之间的接地形成星型接地结构。

③ 接地导线的截面积应大于 $6mm^2$。

④ 接地导线两端应使用电工常用的冷轧焊片，以免线头散开组成短路。

⑤ 为了提高高频干扰信号的泄放能力，建议接地导线使用编织导线，以更大的表面积满足高频电流的趋肤效应需求。

（3）屏蔽布线系统的接地做法。 一般在配线设备（FD、BD、CD）的机柜（架）内设有接地端子板，接地端子板与屏蔽模块的屏蔽罩相连通，机柜（架）接地端子板则经过接地导体连至楼层局部等电位联结端子板或大楼总等电位联结端子板。为了保证全程屏蔽效果，工作区屏蔽信息插座的金属罩可通过相应的方式与 TN-S 系统给的 PE 线接地。

▦ 7.4.3　工作任务实践

任务 1：综合布线系统防雷接地测试

综合布线系统防雷接地测试的主要目的是确保布线系统的防雷接地设施能够有效地保护系统，免受雷电等自然灾害的影响。基本的实训流程和要点如下。

第一步：实训准备。 了解综合布线系统的基本结构和防雷接地原理，掌握相关的技术标准和规范。准备必要的测试工具和设备，如接地电阻测试仪、电流表、电压表等。确定测试的范围和对象，包括防雷装置、接地系统、电源防雷系统等。

第二步：**防雷装置测试**。检测防雷装置的有效性，包括接闪器、引下线、接地装置等的连通性。检查避雷针、避雷线及其接地线是否无机械损伤和锈蚀现象。

第三步：**接地系统测试**。使用接地电阻测试仪测量接地系统的有效接地电阻，确保其符合规定要求（一般要求≤10Ω）。检查接地引下线和接地体之间的连接是否良好。

第四步：**电源防雷系统测试**。检测电源防雷系统的对地绝缘阻抗是否在允许值范围内，检查接地系统是否牢靠，瞬时电压数值是否有变化。

第五步：**信息系统信号防雷系统测试**。对于连接的电阻是否属于参数允许值进行测试，检查瞬时电压数值是否有变化、对地绝缘电阻的正常值等。

第六步：**数据分析与报告**。根据测试结果进行数据分析，判断防雷接地设施的性能是否符合要求。编写实训报告，记录测试过程、结果和结论，提出改进意见和建议。

7.5　综合布线系统测试与验收

7.5.1　工作任务描述

综合布线系统的测试与验收是整个工程的最后部分，验收通过标志着整个工程的全面完工。建筑物综合布线系统工程验收主要包括施工质量检查、随工检验和竣工验收。

本任务要求掌握综合布线系统测试与验收的相关知识，完成典型工作任务。

任务 1：填写工程质量检查报告

任务 2：填写工程验收申请

7.5.2　相关知识介绍

1．工程验收人员组成

验收是整个工程中最后的部分，同时标志着工程的全面完工。为了保证整个工程的质量，需要聘请相关行业的专家参与验收。对于防雷及地线工程等关系到计算机信息系统安全相关的工程部分，甚至还可以申请有关主管部门协助验收（例如气象局、公安局、纪检部门等）。所以，综合布线系统工程验收领导小组可以考虑聘请以下人员参与工程的验收。

（1）工程双方单位的行政负责人。

（2）有关直管人员和项目主管。

（3）主要工程项目监理人员。

（4）建筑物设计施工单位的相关技术人员。

（5）第三方验收机构或相关技术人员组成的专家组。

2．工程验收分类

根据项目内容，项目验收过程主要分为"施工前检查""随工验收""初步验收""竣工验收"四种验收过程。

（1）施工前检查。根据工程设计方案要求，进行"施工前检查"，确保工程器材和设备符合设计要求。

工程验收应从工程开工之日起就开始。从工程材料的验收开始，严把产品质量关，保证工程质量。施工前的检查包括设备材料检验和环境检查。设备材料检验包括查验产品的规格、数量、型号是否符合设计要求，检查缆线的外护套有无破损，抽查缆线的电气性能指标是否符合技术规范。环境检查包括检查土建施工情况，包括地面、墙面、电源插座、接地装置、机房面积和预留孔洞等。

（2）随工验收。

在工程施工中，重点检查隐蔽工程，可使用"随工验收"。

在工程中随时考核施工单位的施工水平和施工质量，对产品的整体技术指标和质量有一个了解，部分验收工作应随工进行，如布线系统的电气性能测试工作、隐蔽工程等。

随工验收应对工程的隐蔽部分边施工边验收，在竣工验收时，一般不再对隐蔽工程进行复查，由建筑工地代表和质量监督员负责。综合布线系统工程随工验收项目主要如下。

① 设备安装。

a．电信间、设备间、设备机柜、机架等设备的规格、外观、安装垂直、水平度、油漆不得脱落、标志完整齐全、各种螺钉必须紧固、抗震加固措施。

b．配线模块及8位模块式通用插座等设备的规格、位置、质量、各种螺钉必须拧紧、标志齐全、安装符合工艺要求、屏蔽层可靠连接。

② 电缆、光缆布放（楼内）。

a．电缆桥架及线槽布放的安装位置正确、安装符合工艺要求、符合布放缆线工艺要求、接地合格。

b．缆线暗敷（包括暗管、线槽、地板下等方式）的缆线规格、路由、位置正确，符合布放缆线工艺要求，接地合格。

③ 缆线终接。缆线终接使用的8位模块式通用插座、光纤连接器件、各类跳线、配线模块等设备的终接应符合工艺要求。

（3）初步验收。对所有的新建、扩建和改建项目，都应在完成施工调测之后进行初步验收。初步验收的时间应在原计划的建设工期内进行，由建设方组织设计、施工、监理和使用等单位人员参加。初步验收工作包括检查工程质量、审查竣工资料、对发现的问题提出处理的意见，并组织相关责任单位落实解决。

（4）竣工验收。综合布线系统接入电话交换系统、计算机局域网或其他弱电系统，工程竣工后，在试运行后的半个月内，施工单位应在工程验收前由建设方向上级主管部门报送竣工报告，将工程竣工技术资料交给建设单位，并请示主管部门组织对工程进行验收。

综合布线系统工程的竣工技术资料应包括下列内容。

① **竣工图纸**。综合布线系统工程竣工图纸应包括说明、设计系统图及反映各部分设备安装情况的施工图。竣工图纸应表示以下内容。

a．安装场地和布线管道的位置、尺寸、标识符等。

b．设备间、电信间、进线间等安装场地的平面图或剖面图及信息插座模块安装位置。

c．缆线布放路径、弯曲半径、孔洞、连接方法及尺寸等。

② 设备材料进场检验记录及开箱检验记录。

③ 系统中文检测报告及中文测试记录。

④ 工程变更记录及工程洽商记录。

⑤ 随工验收记录，分项工程质量验收记录。

⑥ 隐蔽工程验收记录及签证。

⑦ 培训记录及培训资料。

竣工技术文件应保证质量，做到外观整洁，内容齐全，数据准确。竣工验收时检查随工测试记录报告，如被测试项目指标参数合格率达不到100%，可由验收小组提出抽测，抽测也可以由第三方认证机构实施。

3．验收内容（适用于高级）

综合布线系统工程验收的主要内容为：环境检查、器材及测试仪表工具检查、设备安装检验、缆线敷设和保护方式检验、缆线终接和工程电气测试等。

综合布线系统工程应按表 7-6 所列项目、内容进行检验。检测结论作为工程竣工资料的组成部分及工程验收的依据之一。

表 7-6　检验项目及内容

阶段	验收项目	验收内容	验收方式
施工前检查	环境要求	（1）土建施工情况：地面、墙面、门、电源插座及接地装置；（2）土建工艺：机房面积、预留孔洞；（3）施工电源；（4）地板铺设；（5）建筑物入口设施检查	施工前检查
	器材检验	（1）外观检查；（2）型式、规格、数量；（3）电缆及连接器件电气性能测试；（4）光纤及连接器件特性测试；（5）测试仪表和工具的检验	
	安全、防火要求	（1）消防器材；（2）危险物的堆放；（3）预留孔洞防火措施	
设备安装	电信间、设备间、设备机柜、机架	（1）规格、外观；（2）安装垂直、水平度；（3）油漆不得脱落标志完整齐全；（4）各种螺钉必须紧固；（5）抗震加固措施；（6）接地措施	随工检验
	配线模块及8位模块式通用插座	（1）规格、位置、质量；（2）各种螺钉必须拧紧；（3）标志齐全；（4）安装符合工艺要求；（5）屏蔽层可靠连接	
电、光缆布放（楼内）	电缆桥架及线槽布放	（1）安装位置正确；（2）安装符合工艺要求；（3）符合布放缆线工艺要求；（4）接地	随工检验
	缆线暗敷（包括暗管、线槽、地板下等方式）	（1）缆线规格、路由、位置；（2）符合布放缆线工艺要求；（3）接地	隐蔽工程签证

续表

阶段	验收项目	验收内容	验收方式
电、光缆布放（楼间）	架空缆线	（1）吊线规格、架设位置、装设规格；（2）吊线垂度；（3）缆线规格；（4）卡、挂间隔；（5）缆线的引入符合工艺要求	随工检验
	管道缆线	（1）使用管孔孔位；（2）缆线规格；（3）缆线走向；（4）缆线的防护设施的设置质量	隐蔽工程签证
	埋式缆线	（1）缆线规格；（2）敷设位置、深度；（3）缆线的防护设施的设置质量；（4）回土夯实质量	
	通道缆线	（1）缆线规格；（2）安装位置，路由；（3）土建符合工艺要求	
	其他	（1）通信线路与其他设施的间距；（2）进线室设施安装、施工质量	随工检验隐蔽工程签证
缆线终接	8位模块式通用插座	符合工艺要求	随工检验
	光纤连接器件	符合工艺要求	
	各类跳线	符合工艺要求	
	配线模块	符合工艺要求	
系统测试	工程电气性能测试	（1）连接图；（2）长度；（3）衰减；（4）近端串音；（5）近端串音功率和；（6）衰减串音比；（7）衰减串音比功率和；（8）等电平远端串音；（9）等电平远端串音功率和；（10）回波损耗；（11）传播时延；（12）传播时延偏差；（13）插入损耗；（14）直流环路电阻；（15）设计中特殊规定的测试内容；（16）屏蔽层的导通	竣工检验
	光纤特性测试	（1）衰减；（2）长度	
管理系统	管理系统级别	符合设计要求	竣工检验
	标识符与标签设置	（1）专用标识符类型及组成；（2）标签设置；（3）标签材质及色标	
	记录和报告	（1）记录信息；（2）报告；（3）工程图纸	
工程总验收	竣工技术文件	清点、交接技术文件	
	工程验收评价	考核工程质量，确认验收结果	

注：系统测试内容的验收亦可在随工中进行检验。

4．工程施工质量检查

综合布线系统工程施工质量检查应作为工程竣工资料的组成部分及工程验收的依据之一，并应符合下列规定。

（1）系统工程安装质量检查，各项指标应符合设计要求，被检项检查结果应为合格；被检项合格率应为100%，工程安装质量应为合格。

（2）需要抽验系统性能时，抽样比例不应低于10%，抽样点应包括最远布线点。

（3）综合布线系统质量检查单项合格判定应符合下列规定。

① 一个被测项目的技术参数测试结果不合格，则该项目应为不合格。当某一被测项目的检测结果与相应规定的差值在仪表准确度范围内，则该被测项目应为合格。

② 采用4对对绞电缆作为水平电缆或主干电缆，所组成的链路或信道有一项指标测试结果不合格，则该水平链路、信道或主干链路、信道应为不合格。

③ 主干大对数电缆中按4对对绞线对测试，有一项指标不合格，则该线对为不合格。

④ 当光纤链路、信道测试结果不满足 GB/T 50312—2016 规定的指标要求时，则该光纤链路、信道应为不合格。

⑤ 未通过检测的链路、信道的电缆线对或光纤可在修复后复检。

（4）综合布线系统质量检查综合合格判定应符合下列规定。

① 对绞电缆布线全部检测时，无法修复的链路、信道或不合格线对数量有一项超过被测总数的 1%，应为不合格。光缆布线系统检测时，当系统中有一条光纤链路、信道无法修复，则为不合格。

② 对绞电缆布线抽样检测时，被抽样检测点（线对）不合格比例不大于被测总数的 1%，应为抽样检测通过，不合格点（线对）应予以修复并复检。被抽样检测点（线对）不合格比例如果大于 1%，应为一次抽样检测未通过，应进行加倍抽样，加倍抽样不合格比例不大于 1%，应为抽样检测通过。当不合格比例仍大于 1%时，应为抽样检测不通过，应进行全部检测，并按全部检测要求进行判定。

③ 当全部检测或抽样检测的结论为合格时，则竣工检测的最后结论应为合格；当全部检测的结论为不合格时，则竣工检测的最后结论应为不合格。

（5）综合布线管理系统的质量检查应符合下列规定。

① 标签和标识应按 10%抽检，系统软件功能应全部检测。符合设计要求为合格。

② 智能配线系统应检测智能配线架链路、信道的物理连接，以及与管理软件中显示的链路、信道连接关系的一致性，按 10%抽检；连接关系全部一致应为合格，有一条及以上链路、信道不一致时，应整改后重新抽测。

（6）光纤到用户单元系统工程中用户光缆的光纤链路应 100%测试并合格，工程质量判定应为合格。

7.5.3 工作任务实践

任务 1：填写工程质量检查报告

工程质量检查报告如表 7-7 所示。

表 7-7　工程质量检查报告

工程名称：		工程地点：	
建设单位：		施工单位：	
检验项目	检验内容	检验方式	是否合格
检验结果说明和分析：			
检验人：		检验日期：	

任务 2：填写工程验收申请

施工单位按照施工合同完成了施工任务后，会向用户单位申请工程验收，待用户主管部门答复后组织安排验收。具体申请表格式如表 7-8 所示。

表 7-8　工程验收申请

工程名称：		工程地点：	
建设单位：		施工单位：	
计划开工：	年　月　日	实际开工：	年　月　日
计划竣工：	年　月　日	实际竣工：	年　月　日
工程完成情况：			
提前和推迟竣工的原因：			
工程中出现和遗留的问题：			
主抄： 抄送： 报告日期：	施工单位意见： 签名： 日期：		建设单位意见： 签名： 日期：

7.6　习题和互动练习

请扫描"任务 7 习题"二维码，下载工作任务 7 习题电子版。

请扫描"互动练习 13""互动练习 14"二维码，下载工作任务 7 配套的互动练习。

任务 7 习题

任务 7 习题答案

互动练习 13

互动练习 14

7.7　实训项目与技能鉴定指导

实训项目 17　语音配线架端接与测试

下面以西元综合布线系统安装与维护装置（KYPXZ-01-56）为例，进行语音配线架端接与测试技能训练，掌握大对数电缆开缆方法、大对数电缆色谱、语音配线架端接步骤及方法，重点掌握语音配线架测试等。

1．实训任务

独立完成一组语音配线架链路搭建，包括 1 根 25 对大对数电缆的 100 次端接，具体路由如图 7-17 所示，要求端接路由正确，剪掉撕拉线和塑料包带，剥开线对长度合适，理线美观，链路通断测试通过并记录测试结果。

请扫描"语音配线架端接路由"二维码，查看彩色高清图片。

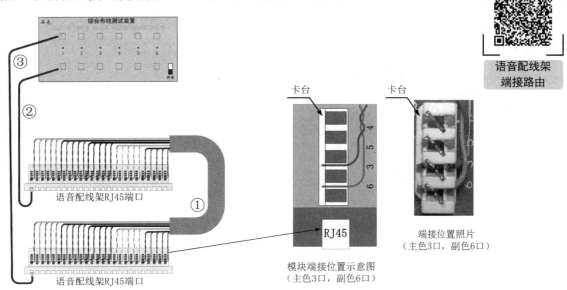

图 7-17　语音配线架端接路由与端接位置（3、6 口）图

2．实训设备

（1）西元综合布线系统安装与维护装置，型号 KYPXZ-01-56。

（2）西元综合布线工具箱，型号 KYGJX-13。

3．实训内容

语音配线架端接技能训练的相关知识详见《综合布线系统安装与维护（初级）》教材 6.6 节，请初学者提前补习或预习，主要包括技术知识点、关键技能、实训课时、实训指导视频、实训材料、实训工具、实训步骤等。

语音配线架
端接训练

请扫描"语音配线架端接训练"二维码，观看实操指导视频，9 分 04 秒。

4．语音配线架端接注意事项

（1）进线方向正确。如图 7-18 所示，将线对压入线柱内时注意线对的进线方向，线端应朝向有台阶的一面，禁止反方向进线。

（2）打线刀刀口方向正确。如图 7-19 所示，使用专用打线刀进行端接时，特别注意打线刀刀口方向，朝向有台阶的一面，也就是线端方向。如果刀口方向错误，将会把线芯切断，而且严重损坏塑料模块。

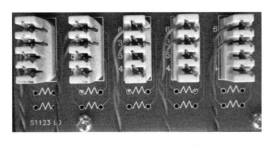

图 7-18　语音配线架进线方向

图 7-19　打线刀刀口方向

5．语音配线架测试

在实际工程中，语音配线架一般安装在建筑物设备间和楼层管理间，由于设备间和管理间位于不同楼层，所以语音配线架测试时需要至少两个人配合测试，使用测线仪、对讲机等设备进行语音链路通断测试，如图 7-20 所示为西元培训班模拟语音配线架工程测试照片。语音配线架测试方法示例如下。

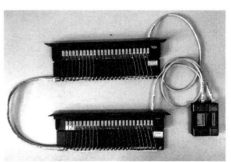

图 7-20　语音配线架测试照片

测试场景设置为测试人员 A 在建筑物设备间，测试人员 B 在建筑物管理间，对已经完成端接的语音配线架进行通断测试。测试时应使用简洁的专业术语，例如"1 口""OVER""通过""失败"等术语，禁止使用"可以""好了"等口语化词语。

第一步：测试人员 A 将测试跳线一端插入测线仪接收端，另一端插入设备间语音配线架 1 口，并使用对讲机通知测试人员 B "1 口"，表示设备间语音配线架 1 口已经插好。

第二步：测试人员 B 听到"1 口"信息后，将测试跳线一端插入测线仪发射端，另一端插入管理间语音配线架 1 口，并回复"OVER"，表示管理间语音配线架已经插好。

第三步：测试人员 A 观察测线仪接收端指示灯闪烁，如果 3 和 6 两个指示灯闪烁，说明测试通过，立即回复"通过"。如果有 1 个指示灯不亮或交叉闪烁，说明出现故障，测试不通过，回复"失败"。

第四步：重复第一步至第三步，连续完成 25 口语音配线架每个端口的测试。

第五步：复测。如果个别端口测试失败或线序错误时，不要在此端口纠结浪费时间，继续进行下一个端口的测试。第一次测试结束后，对失败的端口再复测 1～2 次，确认故障。

第六步：故障维修。找出故障点，进行维修，直到最终测试通过。

6．语音配线架测试记录

语音配线架测试记录表如表 7-9 所示，请按照测试结果认真及时填写。并对测试结果进行记录和存档。测试通过时画"√"，测试失败时画"×"，结果栏填写合格端口数量，备注栏填写失败原因。请扫描"语音配线架测试记录表"二维码，下载电子版。

语音配线架
测试记录表

表 7-9　25 口语音配线架端接测试记录表

序	配线架编号或安装人员姓名	班组名或学生学号	语音配线架端口（测试通过时画"√"，测试失败时画"×"）																								结果	备注
			1	2	3	4	5	6	7	8	9	10	11	12	13	14	15	16	17	18	19	20	21	22	23	24	25		
1																													
2																													
3																													
4																													
5																													
...																													
39																													
40																													

测试者签字：　　　　　复测者签字：　　　　　西安开元电子实业有限公司　　　　　年　月　日

实训项目 18　屏蔽配线架端接与测试

1．实训任务

完成屏蔽配线架端接与测试实训任务，要求每人首先完成其中 1 根六类电缆两端屏蔽模块端接，然后分别安装到 2 台屏蔽配线架的指定端口，最后进行测试。使用六类卡装免打式屏蔽网络模块和六类屏蔽电缆。要求电气通断测试合格，屏蔽层连续可靠。

2．实训设备

（1）西元综合布线系统安装与维护装置，型号 KYPXZ-01-56。

（2）西元综合布线工具箱，型号 KYGJX-13。

3．实训内容

（1）原理认知。六类卡装免打式屏蔽网络模块的机械结构与电气工作原理详见本教材第 2.3.5 节双绞线电缆连接器件。

（2）实训步骤。屏蔽配线架安装步骤主要包括剥除电缆外护套、处理屏蔽层、理线、压接、通断测试、模块安装、配线架安装等。请扫描"屏蔽模块端接方法"二维码，观看实操指导视频。

屏蔽模块端接方法

4．屏蔽模块端接注意事项

（1）线序正确。如图 7-21 所示，本实训按照 T568B 线序进行端接。一般在模块压盖侧面设计有 T568A 和 T568B 线序色标。

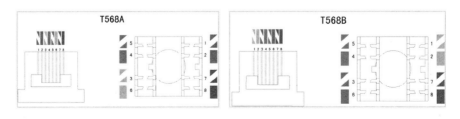

图 7-21　模块端接线序

（2）剪掉多余线端。如图 7-22 所示，将线芯卡入压盖后，剪掉多余线端，保证线端小于 1mm，防止与金属外壳接触，发生短路故障。

（3）屏蔽连续可靠。屏蔽模块端接时，屏蔽层必须与模块金属外壳可靠接触。

（4）模块安装方向正确。如图 7-23 所示，第一步，确定模块安装端口；第二步，把模块凸台向下，卡在配线架对应端口的金属板上；第三步，向上抬模块，把塑料手柄也卡入配线架对应端口的金属板中；第四步，检查模块与配线架前面板是否平齐，RJ45 口方向是否正确。

图 7-22　剪掉多余线端　　　　　　　　图 7-23　模块卡装方向正确

5．屏蔽链路测试

在实际工程中，屏蔽布线系统需要专业团队安装和运维管理。一般在完成屏蔽配线架端接后，集中进行测试。下面介绍教学实训或技能鉴定中如何测试屏蔽链路的方法。

在实际工程中，屏蔽配线架一般安装在建筑物设备间和楼层管理间，由于设备间和管理间位于不同楼层，所以屏蔽配线架测试时需要至少两个人配合测试，使用测线仪、对讲机等设备进行链路通断测试，如图 7-24 所示为西元培训班模拟屏蔽链路工程测试照片。

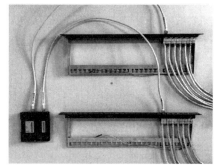

图 7-24　屏蔽配线架测试照片

测试场景设置为测试人员 A 在建筑物设备间，测试人员 B 在建筑物管理间，对已经完成端接的屏蔽配线架进行通断测试。测试时应使用简洁的专业术语，例如"1 口""OVER""通过""失败"等术语，禁止使用"可以""好了"等口语化词语。

第一步：测试人员 A 将屏蔽测试跳线一端插入测线仪接收端，另一端插入设备间屏蔽配线架 1 口，并用对讲机通知测试人员 B "1 口"，表示设备间屏蔽配线架 1 口已经插好。

第二步：测试人员 B 听到"1 口"信息后，将屏蔽测试跳线一端插入测线仪发射端，另一端插入管理间屏蔽配线架 1 口，并回复"OVER"，表示管理间屏蔽配线架 1 口已经插好。

第三步：测试人员 A 观察测线仪接收端指示灯闪烁，如果 12345678G 这 9 个指示灯顺序闪烁，说明测试通过，立即回复"通过"，如果其中 1 个指示灯不亮或交叉闪烁，或 G 不亮，说明出现故障，测试不通过，回复"失败"。重点观察代表屏蔽层的 G 指示灯。

第四步：重复第一步至第三步，连续完成屏蔽配线架每个端口的测试。

第五步：复测。如果个别端口测试失败或线序错误时，不要在此端口纠结浪费时间，继续进行下一个端口的测试。第一次测试结束后，对失败的端口再复测 1～2 次，确认故障。

第六步：故障维修。找出故障点，进行维修，直到最终测试通过。

6. 屏蔽配线架测试记录

屏蔽配线架测试记录表如表 7-10 所示，请按照测试结果认真及时填写。并对测试结果进行记录和存档。测试通过时画"√"，测试失败时画"×"，结果栏填写测试结果，备注栏填写失败原因。请扫描"屏蔽配线架测试记录表"二维码，下载电子版。

屏蔽配线架
测试记录表

表 7-10　屏蔽配线架测试记录表

序	配线架编号或安装人员姓名	班组名或学生学号	屏蔽配线架端口（测试通过时画"√"，测试失败时画"×"）																						结果	备注
			1	2	3	4	5	6	7	8	9	10	11	12	13	14	15	16	17	18	19	20	21	22	23	24		
1																												
2																												
3																												
4																												
5																												
…																												
39																												
40																												

测试者签字：　　　　　　复测者签字：　　　　　　　　　西安开元电子实业有限公司　　　　　　年　月　日

综合布线系统项目管理

工作任务8首先安排了编制开工报告和工程概预算内容；然后重点介绍了工程项目管理内容，包括现场技术和人员、材料和工具、质量和成本、安全与进度等管理内容和管理方法等；最后专门安排了实训项目与技能鉴定指导内容，包括工程管理中常用的条码标签打印机、线缆标签打印机、线号打印机的使用和维护方法。

8.1　职业技能要求

（1）《综合布线系统安装与维护职业技能等级标准》（2.0版）表2职业技能等级要求（中级）对建筑物综合布线系统项目管理工作任务提出了如下职业技能要求。

① 能编制开工报告，进行现场实际勘查和编写勘查报告。

② 能与客户沟通，合理调整施工方案。

③ 能进行现场管理和填写现场工作日志，组织质量讨论会，进行现场质量管理。

④ 能编写项目总结报告。

⑤ 能进行综合布线系统工程的售后服务。

（2）《综合布线系统安装与维护职业技能等级标准》（2.0版）表3职业技能等级要求（高级）对建筑群综合布线系统项目管理工作任务提出了如下职业技能要求。

① 能绘制竣工图纸，编制项目概预算、竣工报告、工程质量管理文件、安全施工管理文件。

② 能及时发现和纠正施工安全隐患，处理施工突发事件。

③ 能主持项目竣工验收与移交。

④ 能进行建筑群综合布线系统项目的管理。

8.2　编制开工报告

8.2.1　工作任务描述

开工报告是综合布线系统工程施工准备的重要内容，是工程控制质量的一种管理措施，直接影响工程的工期、质量等关键问题。开工报告必须在工程开工前，由项目工程师负责填写，待有关部门正式批准后方可开工。

本任务要求掌握编制开工报告的相关知识，完成开工报告的编制。

8.2.2 相关知识介绍

综合布线系统工程项目施工前必须完成开工报告的填写与审批，没有开工报告，项目不能开始施工，在开工前要完成工程施工图纸的审核与技术交底，制定施工人员管理、材料管理等规定，确保项目顺利进行。

1．图纸审核

在工程开工前，工程管理及技术人员应该充分地了解设计意图、工程特点和技术要求。

（1）施工图的自审。施工单位收到有关技术文件后，应尽快熟悉施工图，编写自审记录。施工图自审记录应包括对设计图纸的疑问和对设计图纸的有关建议等。

（2）施工图设计会审。一般由业主主持，由设计单位、施工单位和监理单位参加，四方共同进行施工图设计会审。由设计单位的工程主设计人向与会者说明拟建工程的设计依据、意图和功能要求，并对特殊结构、新材料、新工艺和新技术做出设计说明。施工单位根据自审记录及对设计意图的了解，提出对施工图设计的疑问和建议。在统一认识的基础上，对所探讨的问题逐一地做好记录，形成"施工图设计会审纪要"，由业主正式行文，作为与设计文件同时使用的技术文件和指导施工的依据，以及业主与施工单位进行工程结算的依据。

审定后的施工图设计与施工图设计会审纪要，都是指导施工的法定性文件。在施工中既要满足规范、规程，又要满足施工图设计和会审纪要的要求。

图纸会审记录是施工文件的组成部分，与施工图具有同等效力，所以图纸会审记录的管理办法和发放范围与施工图相同，应认真实施。

2．技术交底

为确保所承担的工程项目满足合同规定的质量要求，保证项目的顺利实施，应使所有参与施工的人员熟悉并了解项目的概况、设计要求、技术要求、工艺要求。技术交底是确保工程项目质量的关键环节，是质量要求、技术标准得以全面认真执行的保证。

技术交底的内容：工程概况、施工方案、质量策划、安全措施、"三新"技术、关键工序、特殊工序和质量控制点、施工工艺、法律、法规、成品和半成品保护等。制定保护措施、质量通病预防及注意事项。如果有特殊工艺要求时应统一标准。

8.2.3 工作任务实践

完成工作任务 1 所述西元研发楼综合布线系统工程开工报告的编制。

第一步：创建表格。如表 8-1 所示创建表格，设置表格基本信息，调整表格行、列数量与宽度等。

表 8-1 综合布线系统工程开工报告

工程名称		工程地点	
用户单位		施工单位	
计划开工	年 月 日	计划竣工	年 月 日
工程主要内容			
工程主要情况			
主抄： 抄送： 报告日期：	施工单位意见： 签名： 日期：		建设单位意见： 签名： 日期：

第二步：填写项目信息。如表 8-2 所示，正确填写开工报告表格中项目基本信息。

表 8-2 综合布线系统工程开工报告

工程名称	西元研发楼综合布线系统工程	工程地点	西元科技园
用户单位	西安开元电子实业有限公司	施工单位	西安开元电子实业有限公司
计划开工	××××年××月××日	计划竣工	××××年××月××日
工程主要内容	西元研发楼 4 层综合布线系统工程施工		
工程主要情况	（1）设计图纸和图纸会审已完成。 （2）施工组织设计已由总工程师签认。 （3）施工现场人员管理、材料管理等均已落实。		
主抄： 抄送： 报告日期：	施工单位意见： 签名： 日期：		建设单位意见： 签名： 日期：

第三步：完成审批。如表 8-3 所示，提交相关部门审批，并签字确认。

请扫描"工程开工报告"二维码，浏览和下载 word 版。

工程开工报告

表 8-3 综合布线系统工程开工报告

工程名称	西元研发楼综合布线系统工程	工程地点	西元科技园
用户单位	西安开元电子实业有限公司	施工单位	西安开元电子实业有限公司
计划开工	××××年××月××日	计划竣工	××××年××月××日
工程主要内容	西元研发楼 4 层综合布线系统工程施工		
工程主要情况	（1）设计图纸和图纸会审已完成。 （2）施工组织设计已由总工程师签认。 （3）施工现场人员管理、材料管理等均已落实。		
主抄：××× 抄送：××× 报告日期：××××年××月××日	施工单位意见：同意 签名：××× 日期：××××年××月××日		建设单位意见：同意 签名：××× 日期：××××年××月××日

8.3　综合布线系统工程概预算（适用于高级）

▚▚ 8.3.1　工作任务描述

综合布线系统工程项目的概预算对造价估算和投标估价及后期的工程决算都有很大影响。根据工程技术要求及规模容量，按设计施工图纸统计工程量并乘以相应的定额即可概预算出工程的总体造价。在统计工程量时，尽量与概预算定额的分部、分项工程定额子目划分一致，按标准化要求进行统计，以便采用计算机和相关专业软件编制概预算。

本任务要求了解综合布线系统工程项目概预算的相关知识，完成典型工作任务。

▚▚ 8.3.2　相关知识介绍

1．综合布线系统工程项目概预算概述

设计概算是设计文件的重要组成部分，应严格按照批准的可行性研究报告和其他有关文件进行编制。施工图预算则是施工图设计文件的重要组成部分，应在批准的初步设计概算范围内进行编制。综合布线系统工程项目的概预算编制办法，原则上按照通信建设工程概算、预算编制办法，并应根据工程的特点和其他要求，结合工程所在地区，按地区主管部门颁发的有关工程概算、预算定额和费用定额编制工程概预算文件。

1）概算的作用。

（1）确定和控制固定资产投资、编制投资计划、控制预算的主要依据。

（2）签订建设项目总承包合同、实行投资包干及核定贷款额度的主要依据。

（3）考核工程设计技术经济合理性和工程造价的主要依据之一。

（4）筹备设备、材料和签订订货合同的主要依据。

（5）概算在工程招标承包中是确定标底的主要依据等。

2）概算的编制依据。

（1）批准的可行性研究报告。

（2）初步建设或扩大初步设计图纸、设备材料表和有关技术文件。

（3）建筑物与建筑群综合布线系统工程费用有关文件。

（4）通信建设工程概算定额及编制说明等。

3）概算文件的内容。

（1）工程概况、规模及概算总价值。

（2）编制依据。设计文件、定额、价格及政府有关规定费用计算依据。

（3）投资分析。主要分析各项投资的比例和费用构成，分析投资情况，说明建设的经济合理性及编制中存在的问题。

（4）其他需要说明的问题。

4）预算的作用。

（1）考核工程成本、确定工程造价的主要依据。

（2）开工前确定工程承、发包合同的依据。

（3）工程价款结算的主要依据。

（4）考核施工图设计技术经济合理性的主要依据之一等。

5）预算的编制依据。

（1）批准初步设计或扩大初步设计概算及有关文件。

（2）施工图、通用图、标准图及说明。

（3）《建筑物与建筑群综合布线》预算定额。

（4）通信工程预算定额及编制说明。

（5）通信建设工程费用定额及有关文件等。

6）预算文件的内容。

（1）工程概况，预算总价值。

（2）编制依据及对采用的收费标准和计算方法的说明。

（3）工程技术经济指标分析。

（4）其他需要说明的问题。

2．综合布线系统工程项目的工程量计算原则

1）工程量计算要求。

工程量计算是确定安装工程直接费用的主要内容，也是编制单位、单项工程造价的依据。工程量计算是否准确，将直接关系到预算的准确性。运用概预算的编制方法，以设计图纸为依据，并对设计图纸的工程量按一定的规范标准进行汇总，就是工程量计算。工程量计算是编制施工图预算的一项复杂而又十分重要的步骤，其具体要求如下。

（1）工程量的计算应按规则进行，即工程量项目的划分、计量单位的取定、有关系数的调整换算等。工程量是以物理计量单位和自然计算单位所表示的各分项工程的数量。

（2）工程量的计算无论是初步设计，还是施工图设计，都要依据设计图纸计算。

2）计算工程量应注意的问题。

（1）熟悉图纸。要及时地计算出工程量，首先要熟悉图纸，看懂有关技术要求与文字说明，掌握施工现场有关的问题。

（2）要正确划分项目和选用计量单位。所划分的项目、项目排列的顺序及选用的计量单位应与定额的规定完全一致。

（3）计算中采用的尺寸要符合图纸中的尺寸要求。

（4）工程量应以安装就位的净值为准，用料数量不能作为工程量。

（5）对于小型建筑物和构筑物可另行单独规定计算规则或估算工程量和费用。

3）工程量计算的顺序。

（1）顺时针计算法，即从施工图纸右上角开始，按顺时针方向逐步计算，一般不采用。

（2）横竖计算法（坐标法），即以图纸的轴线或坐标为工具分别从左到右或从上到下逐步计算。

（3）编号计算方法，即按图纸上注明的编号分类进行计算，然后汇总同类工程量。

3．综合布线系统工程概预算的步骤程序

1）概预算的编制程序。

（1）收集资料，熟悉图纸。在编制概预算前，应收集有关资料，如工程概况、材料和设备的价格、所用定额、有关文件等，并熟悉图纸，为准确编制概预算做好准备。

（2）计算工程量。根据设计图纸，计算出全部工程量，并填入相应表格中。

（3）套用定额，选用价格。根据汇总的工程量，套用《综合布线系统工程预算定额项目》，并分别套用相应的价格。

（4）计算各项费用。根据费用定额的有关规定，计算各项费用并填入相应的表格中。

（5）复核。认真检查、核对。

（6）拟写编制说明。按编制说明内容的要求，拟写说明编制中的有关问题。

（7）审核打印，填写封皮，装订成册。

2）概预算的审批。

（1）设计概算的审批。设计概算由建设单位主管部门审批，必要时由委托部门审批；设计概算必须经过批准，才能作为控制建设项目投资及编制修正概算的依据。

（2）施工图预算的审批。施工图预算应由建设单位审批；施工图预算需要由设计单位修改，由建设单位报主管部门审批。

3）综合布线系统工程概预算编制软件。

综合布线系统工程概预算软件既有 Windows 单用户版，又有网络版，可供综合布线行业的建设单位、设计单位、施工企业和监理企业进行综合布线系统工程专业的概预算、结算的编制和审核，同时具有审计功能。

4．综合布线系统工程项目的预算设计方式

1）IT 行业的预算设计方式。

IT 行业的预算设计方式取费主要内容一般由材料费、施工费、设计费、测试费、税金等组成。表 8-4 是一种典型的 IT 行业的综合布线系统工程预算表。

请扫描"IT 行业预算表"二维码，浏览或下载 Word 版。

IT 行业预算表

表 8-4 IT 行业的综合布线系统工程预算表

序号	名称	单价	数量	金额（元）
1	信息插座（含模块）	100 元/套	130 套	13 000
2	五类 UTP	1000 元/箱	12 箱	12 000

序号	名称	单价	数量	金额（元）
3	线槽	6.8 元/m	600 m	4080
4	48 口配线架	1350 元/个	2 个	2700
5	配线架管理环	120 元/个	2 个	240
6	标签等零星材料	/	/	1500
7	设备总价（不含测试费）			33 520
8	设计费（5%）			1676
9	测试费（5%）			1676
10	督导费（5%）			1676
11	施工费（15%）			5028
12	税金（3.41%）			1140
13	总计			44 716

2）建筑行业的预算设计方式。

建筑行业流行的设计方案取费是按国家的建筑预算定额标准来核算的，一般由材料费、人工费（包括临时设施费、现场经费）、直接费、企业管理费、利润税金、工程造价和设计费等组成。

（1）核算材料费与人工费。

由分项工程明细项的定额进行累加求得材料费与人工费。

（2）核算其他直接费。

① 其他直接费=人工费×费率，如费率取 28.9%；

② 临时设施费=(人工费+人工其他直接费)×费率，如费率取 14.7%；

③ 现场经费=(人工费+人工其他直接费)×费率，如费率取 18.8%；

④其他直接费合计=其他直接费+临时设施费+现场经费。

（3）核算各项规定取费。

① 直接费=材料费+工程费+其他直接费合计；

② 企业管理费=人工费×费率，如费率取 103%；

③ 利润=人工费×费率，如费率取 46%；

④ 税金=(直接费+企业管理费+利润)×费率，如费率取 3.4%；

⑤ 小计=①+②+③+④；

⑥ 建筑行业劳保统筹基金=⑤×费率，如费率取 1%；

⑦ 建材发展补充基金=⑤×费率，如费率取 2%；

⑧ 工程造价=⑤+⑥+⑦；

⑨ 设计费=工程造价×费率，如费率取 10%；

⑩ 合计=⑧+⑨。

5．建筑物与建筑群综合布线系统预算定额参考

以综合布线系统工程测试项目为例，学习预算定额表的制作。

工作内容为测试、记录、编制测试报告等。综合布线系统工程测试项目定额如表 8-5 所示。

表 8-5 综合布线系统工程项目测试定额表

单位：链路

定额编号		TX8-065	TX8-066	TX8-067
项 目		电缆链路测试	光纤链路测试	
			单光纤	双光纤
名 称	单位	数 量		
人工	技工 工日			
	普工 工日			
主要材料				
机械				

8.3.3 工作任务实践

任务：按建筑行业的预算方式做工程预算

通过按照建筑行业预算方式做工程预算项目实训，掌握各项目定额标准。熟练综合布线预算表的编制。掌握建筑行业综合布线系统工程项目预算方法。

第一步：明确任务要求。

（1）使用综合布线系统工程概预算编制软件。

（2）根据对综合布线系统工程的了解，查找相关的资料和预算定额，完成本校或教师指定项目综合布线系统工程预算。

第二步：分析项目使用材料种类。

第三步：软件编制综合布线系统工程预算表。

第四步：套用综合布线系统工程定额。

第五步：完成工程预算。

第六步：完成报告。

（1）掌握综合布线系统工程预算定额的套用。

（2）基本掌握综合布线系统工程概预算编制软件的应用。

（3）完成工程预算。

（4）总结实训经验和方法。

8.4 综合布线系统工程项目管理

8.4.1 工作任务描述

工程管理能力和方法直接决定项目质量、成本、工期和安全，分为现场管理和项目管理等。现场管理包括隐蔽工程管理、施工现场材料和工具管理等。项目管理包括技术管理、人员管理、质量管理、进度管理、成本管理、安全管理等。工程项目管理涉及大量的工作表格，详见王公儒主编《综合布线系统安装与维护（初级）》教材 8.5.3 任务实践内容。

本任务要求掌握综合布线系统工程项目管理的相关知识，完成典型工作任务。

8.4.2 相关知识介绍

1. 现场管理

施工现场是指施工活动所涉及到的施工场地及项目各部门和施工人员可能涉及的一切活动范围。现场管理工作应着重考虑对施工现场工作环境、居住环境、自然环境、现场物资及所有参与项目施工的人员行为进行管理，应按照事前、事中、事后的时间段，采用制定计划、实施计划、过程检查、发现问题后对问题进行分析、制定预防和纠正措施的程序进行现场管理。施工现场管理的基本要求主要包括隐蔽工程管理、施工现场材料和工具管理等。更多内容详见王公儒主编《综合布线系统安装与维护（初级）》教材 8.4 节。

2. 技术管理

综合布线系统工程项目技术管理主要包括图纸审核、施工图审核、施工图设计会审、技术交底、图纸和资料保管与存档等内容，更多内容详见王公儒主编《综合布线系统安装与维护（初级）》教材 8.3.2 节、8.5.2 节相关知识内容。

3. 人员管理

综合布线系统工程项目对现场施工人员的行为进行管理非常重要，项目经理部应组织制定施工人员行为规范和奖惩制度，教育员工遵守当地的法律法规、风俗习惯、施工现场的规章制度，保证施工现场的秩序。同时项目经理部应明确由施工现场负责人对此进行检查监督，对于违规者应及时予以处罚。主要包括下列内容。

（1）编制施工人员档案。

（2）佩带有效工作证件。

（3）所有进入场地的员工均给予一份安全守则。

（4）加强离职或被解雇人员的管理。

（5）项目经理要编制施工人员分配表。

（6）项目经理每天向施工人员发出工作责任表。

（7）编制定期会议制度。

（8）每天均巡查施工场地。

（9）按工程进度规定施工人员每天的上班时间。

4．材料和工具管理

综合布线系统工程项目施工现场材料和工具管理包括施工前材料、工具的准备和运输，施工过程中到货验收、现场堆放与消耗监督，竣工后组织清理、回收、盘点、核算等内容。做好施工现场材料和工具管理，能够提高工程质量，能有效预防由于材料或工具不合格而引发的各种事故，确保工具正确使用、维护及保养，杜绝人为损坏和流失，降低成本，提高效率，确保正常作业。

（1）做好材料采购前的基础工作。工程开工前，项目经理、施工员必须反复认真熟悉和分析工程设计图纸和技术文件，根据工程测定材料实际数量，提出材料申请计划，申请计划应做到准确无误。

（2）各分项工程都要控制材料的规范使用。

（3）在材料领取、入库出库、投料、用料、补料、退料和废料回收等环节中尤其引起重视，严格管理。

（4）项目经理直接负责材料消耗特别大的工序。具体施工过程按照不同工序划分为几个阶段，在工序开始前分配大型材料数量。工序施工过程中如发现材料数量不够，由施工员报请项目经理领料，并说明材料数量不够的原因。每一阶段工程完工后，由施工员清点、汇报材料使用和剩余情况，材料消耗或超耗分析原因并与奖惩挂钩。

（5）对部分材料实行包干使用、节约有奖、超耗则罚的制度。

（6）及时发现和解决材料使用不节约、出入库不计量、生产中超额用料等问题。

（7）实行特殊材料以旧换新，领取新料由材料使用人或负责人提交领料原因。材料报废须及时提交报废原因，以便有据可循，作为以后奖惩的依据。

更多内容详见王公儒主编《综合布线系统安装与维护（初级）》教材 8.4.2 节。

5．质量管理

质量管理主要包括施工组织和施工现场的质量控制，控制内容包括工艺质量控制和产品质量控制。影响质量管理的因素主要有人、机械、材料、方法和环境等五大方面，加强质量管理是保证工程质量的关键。具体措施如下。

（1）现场成立以项目经理为首，由各分组负责人参加的质量管理领导小组。

（2）承包方在工程中应安排受过专业训练及经验丰富的人员来施工及督导。

（3）施工应严格按照施工图纸、操作规程及现阶段规范要求进行。

（4）认真做好施工记录。

（5）加强材料的质量控制和工具管理，是提高工程质量的重要保证。

（6）认真做好技术资料和文档工作，对于各类设计图纸资料认真保存，对各道工序的工作认真做好记录，完工后整理出整个系统的文档资料，为今后的应用和维护工作打下良好的基础。

6．成本管理

1）成本管理的内容。

（1）施工前计划。做好项目成本控制计划，组织签订合理的工程与材料供应合同，制订合理可行的施工方案等。

（2）施工过程中的控制。包括降低材料成本，实行三级收料及限额领料，节约现场管理费，工程总结分析，根据项目部制定的考核制度奖优罚劣，竣工验收阶段要着重做好工程的扫尾工作。

2）工程成本控制基本原则。

（1）加强现场管理，合理安排材料进场和堆放，减少二次搬运和损耗。

（2）加强材料的管理工作，做到不错发、错领材料，不丢窃遗失材料，合理使用材料，做到材料精用。在敷设缆线时，既要留有适当的余量，还应力求节约，不浪费。

（3）材料管理人员要及时组织材料的发放、施工现场多余材料的收集入库。

（4）加强技术交流，推广先进的施工方法，积极采用科学的施工方案，提高施工技术。

（5）积极鼓励员工"合理化建议"活动的开展，提高人员的技术技能水平，尽可能地节约材料和人工，降低工程成本。

（6）加强质量控制、加强技术指导和管理，做好现场施工工艺的衔接，杜绝返工，做到一次施工、一次验收合格。

（7）合理组织工序穿插，缩短工期，减少人工、机械及有关费用的支出。

（8）科学合理安排施工程序，安排好人力、机具、材料的综合平衡，向管理要效益。加强计划性和预见性；具备预埋条件时，应见缝插针，集中预埋，节省人力物力。

7. 安全管理

安全管理应采取安全控制和预防措施，主要包括施工现场防火、用电安全，低温雨季防潮，机房内通信设备安全，施工过程中水、电、煤气、通信电（光）缆穿线管等市政或电信设施的安全，高处作业时人员和仪表的安全，正确规范使用安全帽、安全带等。

8. 施工进度管理

施工进度管理的关键就是编制施工进度计划，合理安排好作业工序。综合布线系统工程具体的作业安排如下。

（1）在土建工程的同时完成穿线管暗埋任务，按设计图纸仔细检查竖井、预留孔洞、水平桥架、信息插座底盒是否安装到位，布线路由应全线贯通，设备间、配线间应符合要求等。

（2）敷设主干布线主要是敷设光缆或大对数电缆。

（3）敷设水平布线主要是敷设双绞线电缆。

（4）敷设缆线的同时，开始准备设备间机柜、配线架、跳线架、光纤盒的安装等。

（5）当水平布线完成后，为设备间的光纤及电缆安装配线架，完成设备端接。

（6）及时做全面性测试，包括光纤及电缆，并提供报告交给用户。

■ 8.4.3 工作任务实践

综合布线系统工程必须有严格可控的施工质量、施工工艺和施工过程管理制度，并建立完善的质量监督和各类施工记录、报表。工程开工之前做好准备工作，严格执行各项制度，针对施工过程和工艺处理必须预先提出方案，并及时与其他施工单位协调，保证施工质量。

根据相关知识，完成典型工作任务。

任务 1：填写工作日志

综合布线现场管理人员必须每日如实填写工作日志，记录工程当日的具体情况，现场工作日志如表 8-6 所示。

表 8-6 综合布线系统工程工作日志

工程名称		施工单位		日期	
工程地点		用户单位		记录人	
监理人员主要工作记录					
施工人员状况					
施工设备状况					
材料进场检验与使用控制					
质量控制					
进度控制					
投资控制					
安全、协调方面存在的问题					
有关问题的处理措施及结果					
其他					

任务 2：填写工程设计变更单

工程设计经建设单位认可后，施工单位无权单方面改变。工程施工过程中如确实需要对原设计进行修改，必须由施工单位和建设单位协商解决，对局部改动必须填报"工程设计变更单"，经审批后方可施工，具体格式如表 8-7 所示。

表 8-7 工程设计变更单

工程名称		原图名称	
设计单位		原图编号	
原设计规定的内容：		变更后的工作内容：	
变更原因说明：		批准单位及文号：	
原工程量		现工程量	
原材料数		现材料数	
补充图纸编号		日 期	年 月 日

任务 3：填写工程协调会议纪要

具体格式如表 8-8 所示。

表8-8　工程协调会议纪要

日期：			
工程名称		建设地点	
主持单位		施工单位	
参加协调单位			
工程主要协调内容：			
工程协调会议决定：			
仍需协调的遗留问题：			
参加会议代表签字：			

8.5 习题和互动练习

请扫描"任务8习题"二维码，下载工作任务8习题电子版。

请扫描"互动练习15""互动练习16"二维码，下载工作任务8配套的互动练习。

任务8习题

任务8习题答案

互动练习15

互动练习16

8.6 实训项目和技能鉴定指导

GB 50311—2016《综合布线系统工程设计规范》中规定综合布线的电缆、光缆、配线设备等组成部分均应给定唯一的标识符，并应设置标签。综合布线系统工程使用的标签可采用粘贴型、插入型、旗帜型等，缆线的两端应采用不易脱落和磨损的标签，并且两端编号相同。本节重点介绍综合布线系统工程标签标识的制作方法，在综合布线系统施工过程中，必须按照标准规定严格制作缆线、配线设备的标签标识。下面我们以使用条码标签打印机、线缆标签打印机、线号打印机为例，介绍综合布线系统工程不同类型标签的制作方法。

实训项目19　条码标签打印机使用与维护方法

1. 实训任务

如图8-1所示为常见的条码标签打印机，条码标签打印机主要用于打印配线设备标签、品牌标签、序列号标签、包装标签、条形码标签等。如图8-2所示为标签成品照片。

在使用条码标签打印机前，请按照产品说明书连接计算机或手机，安装专用编辑软件。

本实训任务主要掌握条码标签打印机的使用方法，包括安装碳带卷、标签纸卷、标签打印等，并设计一组标签，进行打印粘贴。

图 8-1　条码标签打印机

图 8-2　标签成品照片

2．实训视频

请扫描"条码标签打印机"二维码，观看实操指导视频。

条码标签
打印机

3．实训步骤

请观看条码标签打印机操作步骤视频，学习和开展该实训，主要实训步骤如下。

1）安装打印机碳带卷。

第一步：抬起打印机上盖，将右侧绿色的锁紧杆压下，抬起打印头模组。

第二步：如图 8-3 所示，拿起碳带卷，将碳带适配管小的一端，从左向右套入碳带卷。

第三步：如图 8-4 所示，向外拉动右侧碳带释放钮，将小的一端安装在右侧碳带压盘上，大的一端安装在左侧碳带压盘处。

第四步：将碳带端头拉出，并放下打印模组。

第五步：如图 8-5 所示，安装碳带回收端，向外拉动右侧碳带释放钮，将空卷芯安装到位。将碳带用不干胶标签粘贴在空卷芯上。

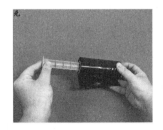

图 8-3　安装碳带适配管　　　图 8-4　安装碳带　　　图 8-5　拉动右侧碳带释放钮

2）安装打印机标签纸卷。

第一步：如图 8-6 所示，将标签纸卷放在纸卷轴的中间位置，将两个纸卷轴挡板从两端套入纸卷轴。

第二步：如图 8-7 所示，将纸卷轴连同标签纸卷一起放入纸卷仓，纸面朝上。

第三步：如图 8-8 所示，抬起打印模组，将标签纸一端从纸张导向杆下方穿过，根据标签纸大小，移动纸张导向片压住标签。

图 8-6　安装纸卷轴　　　　图 8-7　安装标签纸　　　　图 8-8　调整标签纸

第四步：将打印头模组，双手同时按下，这时可听见"咔嚓"声，说明打印头模组已经按压到位。

第五步：调整碳带回收端，使碳带卷紧绷。

第六步：盖上上盖，完成耗材的安装。

3）打印测试。

第一步：连接打印机。连接打印机电源线，并将打印机的 USB 连接线接到计算机的 USB 接口上，打开打印机开关。

第二步：安装驱动。打开打印机所携带的驱动软件，根据软件提示进行安装。安装完成后，打印机即可正常使用。

第三步：测试打印机。打开文件，点击"打印"选项，查看打印的文件。

实训项目 20　线缆标签打印机使用与维护方法

1. 实训任务

如图 8-9 所示为常见线缆标签打印机，主要用于打印各种线缆标签等，一般为手持式，自带输入键盘，内置标签带，可快速打印线缆标签，如图 8-10 所示为成品照片。

本实训任务主要掌握线缆标签打印机的安装和使用方法，包括安装电池、色带盒，打印设置、标签打印等，并设计一组标签，进行打印粘贴。

  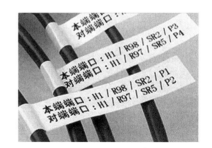

图 8-9　常见线缆标签打印机　　　　　　　　图 8-10　线缆标签成品照片

2．实训视频

请扫描"线缆标签打印机"二维码，观看实操指导视频。

3．实训步骤

请观看线缆标签打印机操作步骤视频，学习和开展该实训，主要实训步骤如下。

1）安装打印机。

第一步：如图 8-11 所示，按照顶部的箭头标识方向，打开色带舱盖。

第二步：如图 8-12 所示，将色带盒按照图示方向放入打印机内，盖好色带舱盖。

第三步：如图 8-13 所示，装入 6 节 7 号电池，并确保电池的正负极方向正确。

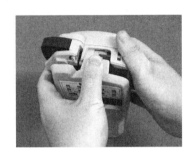

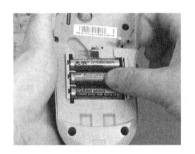

图 8-11　打开色带舱盖　　　图 8-12　安装色带　　　图 8-13　安装电池

2）设置打印机。

第一步：如图 8-14 所示，按"开/关"键开启打印机，设置打印格式。按"设定"键，再通过左右键选择文件，然后按"执行"键，选择设置打印文字的尺寸等。

第二步：如图 8-15 所示，设置修饰、字宽、下划线/边框、长度、模板等格式内容。

第三步：如图 8-16 所示，输入打印内容，按"打印"键进行打印，按下切刀杆，将标签裁断。

图 8-14　设置文字尺寸　　　图 8-15　设置文字修饰　　　图 8-16　输入文字

实训项目 21　线号打印机使用与维护方法

1．实训任务

如图 8-17 所示为常见线号打印机，主要用于打印电缆套管式标签等，可在 PVC 套管、热缩管等介质上打印字符，属于热转印打印机，自带键盘和 LED 显示屏，操作简单、使用方便。如图 8-18 所示为打印的 PVC 套管标签照片。请严格按照产品说明书相关规定使用。

本实训任务为掌握线号打印机的使用方法，包括安装色带盒、贴纸盒、套管卷、打印设置、标签打印等，并设计一组标签，进行打印粘贴。

图 8-17　线号打印机　　　　　　　　　　　　图 8-18　PVC 套管标签照片

2．实训视频

请扫描"线号打印机"二维码，观看实操指导视频。

3．实训步骤

请观看线号打印机操作步骤视频，学习和开展该实训，主要实训步骤如下。

1）打印机安装。

（1）色带盒的安装及取出。

第一步：如图 8-19 所示，按照色带盒上的箭头方向卷紧色带，使色带平展。

第二步：如图 8-20 所示，将色带放在线号打印机标明的地方，此时色带盒安装完成。

第三步：如图 8-21 所示，色带安装完成后，关闭保护盖。

第四步：在打印机处于非打印状态下，压住卡舌，向上提起保护盖，便可取出色带盒。

图 8-19　卷紧色带　　　　图 8-20　装入色带　　　　图 8-21　关闭保护盖

（2）贴纸盒的安装及取出。

第一步：如图 8-22 所示，打开保护盖，轻轻地将贴纸盒右侧的卡舌，插入线号打印机上打印材料固定卡槽中。

第二步：如图 8-23 所示，压下贴纸盒，直到左侧的卡舌发出"咔"的一声，并检查确保贴纸前段超过压紧轮，关闭上盖，此时贴纸盒安装完成。

第三步：如图 8-24 所示，打开上盖，在打印机处于非打印状态下，压住卡舌的同时向上抬起贴纸盒。

第四步：将贴纸盒右侧的卡舌从线号打印机打印材料固定卡槽中拉出，关闭上盖，此时套管取出完成。

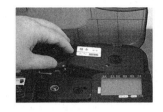

图 8-22　贴纸盒右侧卡入　　　图 8-23　将贴纸盒压到位　　　图 8-24　取出贴纸盒

（3）套管调整器及套管的安装和取出。

第一步：将套管卷放在套管支架上。

第二步：如图 8-25 所示，将套管装入套管调整器。

第三步：如图 8-26 所示，打开上盖，将套管调整器右侧的卡舌插入线号打印机上的材料固定卡槽中。

第四步：如图 8-27 所示，压下套管调整器，直到左侧的卡舌发出"咔"的一声，关闭上盖，此时套管安装完成。

第五步：打开上盖，压下套管调整器左侧的卡舌，同时将其向上抬起。

第六步：将套管调整器右侧的卡舌，从线号打印机材料固定卡槽中拉出，关闭上盖，此时套管取出完成。

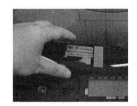

图 8-25　套管装入套管调整器　　　图 8-26　安装套管调整器　　　图 8-27　套管调整器压到位

2）打印测试。

线号打印机机身自带键盘和显示屏，可直接输入文字内容进行打印。此处我们以打印贴纸为例进行演示。

第一步：如图 8-28 所示，根据安装的耗材，在系统耗材设置中选择对应的种类及规格。

第二步：如图 8-29 所示，设置文字格式，包括字号、字距、段长等。

第三步：如图 8-30 所示，输入需打印的内容，按"打印"键进行打印。

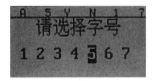
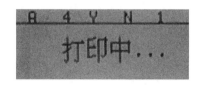

图 8-28　选择耗材规格　　　图 8-29　设置文字格式　　　图 8-30　打印标签

当需要批量作业时，还可以使用 PC 端软件进行打印。此处我们以套管打印为例进行演示。

第一步：连接打印机。如图 8-31 所示，连接打印机的 USB 连接线和电源线，并将 USB 连接线接入计算机 USB 接口。

第二步：安装驱动。如图 8-32 所示，打开驱动程序，根据系统提示完成驱动程序的安装。

第三步：打印套管。如图 8-33 所示，在计算机中打开专用编辑软件，设置打印材料、文字格式等信息，输入打印的内容，完成打印。

图 8-31　连接打印机

图 8-32　安装打印机驱动

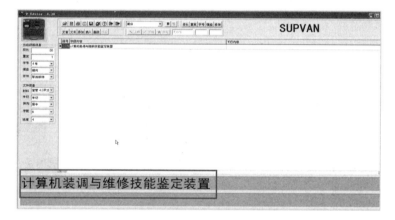

图 8-33　输入打印内容

综合布线系统项目培训和指导

工作任务 9 首先安排了培训理论和专业技能内容与要求，包括如何编写培训计划、技术文件和培训课件等；其次介绍了如何指导故障原因分析和维修，以及安装测试；然后安排了新技术、新标准、新技能、新产品培训内容；最后安排了以太网供电技术技能实训项目和技能鉴定指导内容。

9.1 职业技能要求

（1）《综合布线系统安装与维护职业技能等级标准》（2.0 版）表 2 职业技能等级要求（中级）对建筑物综合布线系统项目培训与指导工作任务提出了如下职业技能要求。

① 能培训初级人员理论知识和操作技能。

② 能编写工程项目培训计划。

③ 能指导初级人员进行故障原因分析和故障维修。

④ 能指导初级人员进行安装测试。

（2）《综合布线系统安装与维护职业技能等级标准》（2.0 版）表 3 职业技能等级要求（高级）对建筑群综合布线系统项目培训与指导工作任务提出了如下职业技能要求。

① 能培训初级、中级人员理论知识和操作技能。

② 能编写工程项目培训计划、技术文件和培训课件。

③ 能指导初级、中级人员进行故障原因分析和故障维修。

④ 能指导初级、中级人员进行安装测试。

9.2 培训理论知识和专业技能

9.2.1 培训面向职业岗位（群）

在《综合布线系统安装与维护职业技能等级标准》中培训主要职业岗位为信息通信网络

线务员，包括计算机网络工程技术人员、通信工程技术人员、信息传输和信息技术服务业等职业岗位。主要从事综合布线系统工程规划设计、安装调试、故障处理、测试验收、维护与管理、监理和服务等工作任务。就业单位包括网络工程公司、系统集成公司、电信运营商、政府部门、企事业单位网络中心、建筑企业等的网络安装施工和运维服务部门。

9.2.2 工作任务描述

1．初级培训工作任务与目标

掌握住宅建筑等小型综合布线系统工程的工作准备、项目安装调试与故障处理、项目测试验收与管理等相关理论知识和专业技能，能够完成住宅、教室、宿舍、阅览室、办公室、会议室、车间等小型建筑综合布线系统的安装与维护工作。

2．中级培训工作任务与目标（适用于高级）

掌握建筑物等中型综合布线系统工程的工作准备、项目安装调试与故障处理、项目测试验收与管理等相关理论知识和专业技能，能够完成教学楼、宿舍楼、图书馆、办公楼、商场、厂房、酒店大楼建筑物等中型综合布线系统安装与维护工作。

本任务要求掌握理论知识和专业操作技能，完成典型工作任务。

9.2.3 相关理论知识和职业技能要求

1．初级培训教材

初级培训教材推荐使用 1+X 职业技能等级证书配套用书《综合布线系统安装与维护（初级）》（ISBN 978-7-121-43309-2），王公儒主编，电子工业出版社出版。

2．初级培训内容

按照表 9-1 规定的工作领域、工作任务和职业技能要求，并且结合专业人才培养方案、当地产业和学生就业需求等安排培训内容。

表 9-1　综合布线系统安装与维护职业技能等级要求（初级）

工作领域	工作任务	职业技能要求
1．住宅综合布线系统工作准备	1.1 技术准备	1.1.1 能编制住宅综合布线系统材料表、端口对应表、系统图、施工图
		1.1.2 能编制综合布线系统信息点数量统计表
	1.2 材料准备	1.2.1 能填写材料领料单，并能从库房领取材料
		1.2.2 能检查材料的规格和质量
		1.2.3 能正确选择安全防护用品、能正确使用安全防护用品
	1.3 工具准备	1.3.1 能根据安装工序准备工具
		1.3.2 能检查和调整工具，例如选择和更换电钻与冲击钻钻头
		1.3.3 能检查和清洁光纤熔接机
		1.3.4 能设置光纤熔接机熔接程序、加热时间

工作领域	工作任务	职业技能要求
2. 住宅综合布线系统安装调试与故障处理	2.1 系统安装	2.1.1 能根据施工图铺设暗埋穿线管，使用穿线器在管道内穿线和标记，并安装信息插座底盒 2.1.2 能制作网络跳线，端接和卡装网络模块，安装信息插座面板 2.1.3 能根据施工图安装机柜、配线架、跳线架、理线环 2.1.4 能进行配线子系统、垂直子系统的端接和理线 2.1.5 能进行光缆开缆，使用光纤熔接机，在盘纤盒内盘纤
	2.2 系统调试	2.2.1 能安装网络跳线连接计算机上网 2.2.2 能调整配线子系统网络跳线插接端口 2.2.3 能调整机柜，保持水平度和垂直度 2.2.4 能搭建和调试住宅综合布线系统
	2.3 故障处理	2.3.1 能处理穿线管堵塞故障，处理管接头安装故障 2.3.2 能处理插座底盒螺纹损坏故障 2.3.3 能处理配线子系统的端接故障
3. 住宅综合布线系统测试验收与项目管理	3.1 测试验收	3.1.1 能测试整箱电缆和永久链路，填写测试报告 3.1.2 能测试电缆、光缆的通断 3.1.3 能检验机柜、配线架等常用设备的安装质量等
	3.2 项目管理	3.2.1 能编制施工进度表，进行图纸和资料的保管与存档 3.2.2 能进行隐蔽工程、现场材料和工具的管理 3.2.3 能进行住宅综合布线项目的管理
	3.3 培训和指导	3.3.1 能对用户进行项目移交，对用户进行设备使用培训 3.3.2 能指导用户安全使用工具、进行简单故障维修

3. 中级培训教材

中级培训教材推荐使用 1+X 职业技能等级证书配套用书《综合布线系统安装与维护（中高级）》，王公儒主编，电子工业出版社出版。

4. 中级培训内容

按照表 9-2 规定的工作领域、工作任务和职业技能要求，并结合专业人才培养方案、当地产业和学生就业需求等安排培训内容。

表 9-2　综合布线系统安装与维护职业技能等级要求（中级）

工作领域	工作任务	职业技能要求
1. 建筑物综合布线系统工作准备	1.1 技术准备	1.1.1 能编制建筑物综合布线系统材料表、端口对应表、系统图 1.1.2 能设计建筑物综合布线系统施工图
	1.2 材料准备	1.2.1 能准备建筑物综合布线系统工程用特殊器材，检查材料的规格和质量 1.2.2 能按照施工工艺准备光纤冷接器材，准备电气作业的安全防护用品
	1.3 工具准备	1.3.1 能准备建筑物综合布线工程用特殊工具 1.3.2 能升级光纤熔接机程序；能更换光纤熔接机电极，调整光纤切割刀刀片高度、切割点，更换光纤切割刀刀片；能准备光纤冷接的设备和工具

工作领域	工作任务	职业技能要求
2. 建筑物综合布线系统安装调试与故障处理	2.1 系统安装	2.1.1 能根据施工图安装穿线管、线槽和桥架，使用弯管器对穿线管折弯
		2.1.2 能在桥架内布线和理线，捆扎和固定缆线
		2.1.3 能根据系统图和端口对应表进行设备间子系统设备安装、端接和理线
		2.1.4 能使用冷接器材安装光纤连接器，进行光纤接续
		2.1.5 能制作同轴电缆 F 头
		2.1.6 能根据施工图现场布置竖井和管理间的缆线敷设与设备安装位置
	2.2 系统调试	2.2.1 能调整桥架安装高度和位置、布线方式
		2.2.2 能处理明装线管和线槽的各种接头
		2.2.3 能调整设备间子系统的设备安装位置和连接端口，整理预留缆线
	2.3 故障处理	2.3.1 能处理线管、线槽及桥架安装质量问题，处理光纤熔接和盘纤故障
		2.3.2 能处理设备间子系统端接故障，处理防雷接地系统故障
3. 建筑物综合布线系统测试验收与项目管理	3.1 测试验收	3.1.1 能测试光缆和电缆系统永久链路、信道和填写测试报告
		3.1.2 能测试和验收防雷接地系统、建筑物综合布线系统
	3.2 项目管理	3.2.1 能编制开工报告，进行现场实际勘查和编写勘查报告
		3.2.2 能与客户沟通，合理调整施工方案
		3.2.3 能进行现场管理和填写工作日志，组织质量讨论会，进行质量管理
		3.2.4 能编写项目总结报告，进行综合布线工程的售后服务
	3.3 培训和指导	3.3.1 能培训初级人员理论知识和操作技能，编写工程项目培训计划
		3.3.2 能指导初级人员进行故障原因分析和故障维修
		3.3.3 能指导初级人员进行安装测试

9.3 编写工程项目培训计划、技术文件和培训课件

9.3.1 工作任务描述

1. 培训初级工作任务与目标

初级能够培训和指导用户，包括能对用户进行项目移交，对用户进行设备使用培训，指导用户安全使用工具，指导用户进行简单故障维修。

中级培训初级的工作任务为能够培训初级，包括理论知识和操作技能。

中级培训初级的目标为能编写初级和住宅等小型综合布线系统工程项目培训计划，指导初级人员进行故障原因分析和故障维修，指导初级人员进行安装测试。

2. 培训中级工作任务与目标（适用于高级）

高级培训中级的工作任务为能够培训初级和中级，包括理论知识和操作技能。

高级培训中级的目标为能编写中级和建筑物等中型综合布线系统工程项目培训计划、技术文件和培训课件，指导初级、中级人员进行故障原因分析和故障维修，指导初级、中级人员进行安装测试。

■ 9.3.2　相关理论知识和职业技能要求

1．初级理论知识和职业技能要求

详见 9.2.3 第 1 条、第 2 条初级培训内容，以及表 9-1 综合布线系统安装与维护职业技能等级要求（初级）。

2．中级理论知识和职业技能要求

详见 9.2.3 第 3 条、4 条中级培训内容，以及表 9-2 综合布线系统安装与维护职业技能等级要求（中级）。

■ 9.3.3　编写工程项目培训计划

1．编制工程项目培训计划

工程项目培训计划包括培训人员基本信息、培训内容和日程安排表、培训目标、考核办法等。实际工程项目培训时，需要增加项目概况、地点、施工进度等内容。

表 9-3 为培训班教学内容安排表。该培训班由中国电子学会主办，西安开元电子实业有限公司和西安市西元职业技能培训学校承办。参加培训并在线理论考试合格后，颁发证书。培训班使用王公儒主编《综合布线系统安装与维护（初级）》教材与配套互动练习。

培训内容
安排表 1

请扫描"培训内容安排表 1"二维码，下载电子版，编写类似培训教学内容安排表。

表 9-3　1+X 证书（初级）师资及考评员培训班教学内容安排表

课时安排	教学培训内容与实训项目安排计划（第 1 天）
开班仪式	08:30 开始，开班仪式和日程安排介绍，15 分钟
第一二节课	新基建背景下综合布线行业发展和人才需求 综合布线系统安装与维护职业技能等级证书介绍
第三四节课	《综合布线系统安装与维护职业技能等级标准》解读 《综合布线系统安装与维护职业技能等级证书》考核方案
第五六节课	工作任务 1：住宅综合布线系统技术准备 互动练习 1：认识综合布线系统 互动练习 2：信息点点数统计表编制
第七八节课	互动练习 3：网络布线系统图设计 互动练习 4：信息点端口对应表编制 互动练习 5：网络布线系统施工图设计 互动练习 6：材料统计表编制
课时安排	教学培训内容与实训项目安排计划（第 2 天）
第一二节课	工作任务 2：住宅综合布线系统材料准备 工作任务 3：住宅综合布线系统工具准备

续表

课时安排	教学培训内容与实训项目安排计划（第2天）
第三四节课	实训项目1：网络跳线制作训练 实训项目2：网络模块端接训练 网络跳线制作与模块端接考评要点解读
第五六节课	工作任务4：住宅综合布线系统安装 工作任务5：住宅综合布线系统调试 工作任务6：住宅综合布线系统故障处理
第七八节课	实训项目3：网络综合布线系统永久链路搭建 网络综合布线系统永久链路搭建考评要点解读
课时安排	教学培训内容与实训项目安排计划（第3天）
第一二节课	工作任务7：住宅综合布线系统测试验收 工作任务8：住宅综合布线系统项目管理 工作任务9：住宅综合布线系统项目培训和指导
第三四节课	实训项目4：综合布线系统永久链路搭建 综合布线系统永久链路搭建考评要点解读
第五六节课	实训项目5：住宅布线系统永久链路搭建 住宅布线系统永久链路搭建考评要点解读
第七八节课	理论考试、答疑与交流，培训班总结

表9-4为师资培训班计划表，该培训班由西元集团主办，西安开元电子实业有限公司和西安市西元职业技能培训学校承办。从2008年开始已经在全国举办了230多期，培训教师超过1.3万人次。

培训内容安排表2

请扫描"培训内容安排表2"二维码，下载电子版，编写类似培训教学内容安排表。

表9-4　西元综合布线技能实战师资培训班计划表

课时	教学培训内容与实训项目安排计划（第1天）
开班仪式	08:30开始，开班仪式和日程安排介绍，15分钟
第一二节课	单元1：认识综合布线系统工程 互动练习11：标示综合布线7个子系统 实训1：铜缆理线基本技能实训
第三四节课	单元2：综合布线系统工程常用工业标准宣贯+互动练习 宣贯GB 50311—2016《综合布线系统工程设计规范》 互动练习21：绘制综合布线系统基本构成图和子系统构成图 互动练习22：绘制综合布线系统信道、永久链路、CP链路构成图 互动练习23：填写综合布线电缆布线系统分级与类别划分表 互动练习24：填写综合布线系统等级与类别选用表 宣贯GB/T 50312—2016《综合布线系统工程验收规范》 互动练习25：绘制T568A与T568B连接图 互动练习26：填写综合布线系统工程检验项目及内容表

课时	教学培训内容与实训项目安排计划（第 1 天）
第五六节课	参观 1：参观和讲解西元科技园综合布线工程，理解 CAD 设计图 参观 2：参观和讲解世界冠军作品、教学能力大赛作品，理解标准 实训 2：铜缆端接速度竞赛（XY786 材料盒）
第七八节课	实训 3：铜缆测试链路搭建与端接实训（4 对双绞线电缆） 实训 4：铜缆复杂链路搭建与端接实训（25 对大对数电缆）
课时	**教学培训内容与实训项目安排计划（第 2 天）**
第一二节课 08:45-10:15	单元 3：综合布线系统工程设计方法与技巧+互动练习 互动练习 31：信息点点数统计表编制 互动练习 32：网络布线系统图设计 互动练习 33：信息点端口对应表编制
第三四节课	互动练习 34：网络布线系统施工图设计 互动练习 35：材料统计表编制 实训 5：综合布线系统工程蓝图解读与折叠实训
第五六节课	单元 4：综合布线系统工程常用器材和工具 实训 6：室外光缆开缆技能展示（视频展示）
第七八节课	实训 7：光纤熔接基本技能实战操作（单模光缆） 实训 8：光纤冷接基本技能实战操作（多模光缆）
课时	**教学培训内容与实训项目安排计划（第 3 天）**
第一二节课	单元 5：工作区子系统的设计与安装技术 单元 6：水平子系统的设计与安装技术 互动练习 61：西元科技园研发楼一层水平子系统设计
第三四节课	单元 7：管理间子系统的设计与安装技术 单元 8：垂直子系统的设计与安装技术 实训 9：25 对大对数电缆与 25 口语音配线架端接实训
第五六节课	单元 9：设备间子系统的设计与安装技术 实训 10：六类屏蔽配线架端接与测试实训
第七八节课	单元 10：建筑群与进线间子系统的设计与安装技术 结业考试，颁发相关证书与合影，培训班总结

2．培训准备

提前进行培训准备工作，能够保证培训质量和效率，培训准备主要工作如下。

（1）培训技术准备。包括工程项目或典型案例的材料表、端口对应表、信息点数量统计表、系统图、施工图、施工进度表，以及相关标准规范和图纸文件。

（2）培训材料准备。包括填写领料单，领取材料，检查材料，选择和领取安全防护用品等。材料数量和型号规格符合技术要求。

（3）培训工具准备。包括准备工具、调整工具、检查工具等。

3．培训内容

（1）初级培训主要为住宅等小型综合布线系统工程项目，详见表 9-1。

（2）中级培训主要为建筑物等中型综合布线系统工程项目，详见表 9-2。

9.3.4 编写技术文件（适用于高级）

编写技术文件首先是基本技能要求，更是专业技能，需要经过专业训练才能掌握。中级和高级职业技能要求能够编写技术文件，建议在教学实训或项目开工前加强编写技术文件能力的专业培训。

1．综合布线系统工程项目主要技术文件

请按照综合布线行业和工程项目常用规范模板编写，常用主要技术文件如下，具体编写方法和模板详见本教材各个工作任务要求和表格模板。

（1）综合布线系统工程信息点数量统计表。

（2）综合布线系统工程端口对应表。

（3）综合布线系统工程材料表。

（4）综合布线系统工程工具表。

（5）综合布线系统工程预算表。

（6）综合布线系统工程系统图。

（7）综合布线系统工程施工图。

（8）综合布线系统工程施工进度表。

（9）综合布线系统工程招标文件。

（10）综合布线系统工程投标文件。

（11）综合布线系统工程合同。

（12）综合布线系统工程开工报告。

（13）综合布线系统工程竣工报告。

（14）综合布线系统工程工作日志。

（15）综合布线系统工程设计变更单。

（16）综合布线系统工程故障维修记录单。

（17）综合布线系统工程现场管理制度。

（18）综合布线系统工程技术管理制度。

（19）综合布线系统工程人员管理制度。

（20）综合布线系统工程质量管理制度。

（21）综合布线系统工程材料和工具管理制度。

（22）综合布线系统工程成本控制与管理制度。

（23）综合布线系统工程安全生产管理制度。

（24）综合布线系统工程施工进度管理制度。

（25）综合布线系统工程培训内容安排表等。

2．技术文件排版编号基本要求

CY/T 35—2001《科技文献的章节编号方法》明确规定了科技文献章节编号方法，也适合技术文件的章节编号，摘录主要内容如下，请学习和遵守，更多内容请查看相关标准。

排版编号按照习惯编号的方法进行编号，如图 9-1 所示为习惯编号方法示例，技术文件一般一级标题用"一、二、三……"，二级标题用"（一）（二）（三）……"，三级标题用"1.2.3.……"，四级标题用"1）2）3）……"，五级标题用"（1）（2）（3）……"。

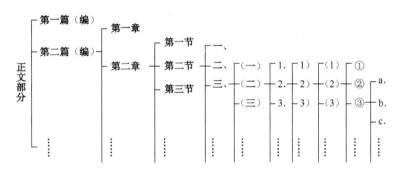

图 9-1　习惯编号方法示例

3．绘图纸张尺寸规定

常用的 5 种设计绘图纸张的尺寸分别如下，常规设计使用 A3 幅面。

A0 纸张尺寸：宽为 841mm，长为 1189mm。

A1 纸张尺寸：宽为 594mm，长为 841mm。

A2 纸张尺寸：宽为 420mm，长为 594mm。

A3 纸张尺寸：宽为 297mm，长为 420mm。

A4 纸张尺寸：宽为 210mm，长为 297mm。

4．绘制图纸比例规定

比例：图中图形与其实物相应要素的线性尺寸之比。

原值比例：比值为 1 的比例，即 1∶1。

放大比例：比值大于 1 的比例，如 2∶1 等。

缩小比例：比值小于 1 的比例，如 1∶2 等。

常用比例：1∶1、1∶2、1∶5、1∶10、1∶20、1∶30、1∶50、1∶100 等。

9.3.5　编写培训课件（适用于高级）

编写培训课件是中级和高级职业的基本技能要求，也是专业技能，掌握这些技能能够提高培训质量和效率。建议参考本教材配套 PPT 模板，或就业单位 PPT 模板认真编写培训 PPT 课件等，包括工程概况、技术要求、项目管理等。

9.3.6　工作任务实践

任务1：编写培训计划

请扫描"培训内容安排表1"和"培训内容安排表2"二维码，下载表9-3和表9-4 word版，或按照本单位培训表模板，编写类似员工培训或工程项目培训内容安排表。

任务2：编写技术文件

请选择9.3.4技术文件或根据当前工程项目需要，开展编写技术文件技能训练。

任务3：编写培训课件

建议参考本教材配套PPT模板，或就业单位PPT模板，开展编写培训PPT课件编写技能训练。

9.4　指导进行故障原因分析和故障维修

9.4.1　工作任务描述

有研究表明计算机网络系统故障的70%发生在综合布线系统中。在综合布线系统工程的安装施工中，经常出现因为安装故障和配线端接故障，导致永久链路出现断路、短路、串扰等各种故障，造成信道故障，导致网络系统无法使用。

本任务要求培训初级和中级掌握综合布线系统故障原因分析和故障维修技术技能，提升工程项目安装专业技能，解决常见故障，完成典型工作任务。

9.4.2　相关知识介绍

1．综合布线系统常见故障

（1）端接故障。断路故障、短路故障、跨接（错对）故障、反接（交叉）故障等。

（2）连接器件故障。电缆压接不到位故障、连接器件接口损坏故障等。

（3）信息插座故障。端口插针变形，甚至断裂、端口脱落等故障。

（4）交换设备故障。设备无法正常启动、设备接口损坏等故障。

（5）终端设备故障。设备电缆接口损坏等故障。

（6）安装故障。穿线管堵塞、管接头脱落等故障。

（7）光纤熔接故障。

（8）光纤盘纤故障。

更多故障类型及其故障处理方法详见本教材工作任务6综合布线系统故障处理。

2．故障接报及初判

接到故障报修后，值班管理人员应立即做好故障报修登记，同时查找用户端口号，根据端口号在交换数据接口端对故障进行初步确认，排除交换机数据输出故障。

3．故障判断及处理

故障判断及处理一般应遵循"先代通，后恢复；先管理间/电信间，后终端；先主干，后支路；先高级，后低级"的原则。

（1）根据故障现象及信息插座端口号查找相应配线架端口号，检查交换机端口跳线连接是否松动，数据端口是否完好有效，确保跳线及端口工作正常。

（2）检查信息插座是否正常，水晶头、网络模块是否有虚接现象。

（3）查找连接件及配线架各模块端口是否正常。

（4）检查用户端工作区数据端口与用户终端连接是否正确。

（5）替换工作正常的用户终端进行测试，确认终端设备是否正常。

（6）检查、测试水平缆线是否畅通，确定故障点再进行维修。

（7）做好故障维修记录。完成故障处理后，要拟定相应对策，尽可能避免类似故障再次发生，同时做好记录，积累运维经验。故障维修记录单具体格式如表 9-5 所示。

表 9-5　网络系统故障维修记录单

用户姓名		联系电话		时间	
故障现象					
故障原因					
处理记录					
遗留问题					
意见或建议					
维修人员			用户确认		

4．综合布线系统日常维护

日常维护是指在综合布线系统运行期间，定期进行保养及检查，减少系统故障，确保系统始终处于良好的运行状态。在定期检查中应及时清除机柜内外及综合布线系统设备的灰尘，保持其清洁无尘，以防止灰尘对系统造成不稳定、断网、网速慢等故障。在干燥地区，特别是雾霾和大风天气，应关闭门窗，防止灰尘进入光纤适配器。

为了确保系统正常运行和延长使用寿命，建议定期保养和检查，一般包括以下几个方面工作。

（1）定期检查与清洁。 对计算机网络与综合布线系统定期开展全面的检查和清洁，减少灰尘对信道的影响。

物理层维护方面，每季度进行一次全面检查，每月进行一次例行检查，发现问题及时处理。

设备维护方面，每月进行一次全面的检查，每季度进行一次设备清洁和除尘。

软件维护方面，每月进行一次更新，每季度进行一次系统的维护和修复。

（2）**标签与缆线管理**。根据配线台账数据，检查机房内双绞线电缆、面板、配线架、跳线上的标签是否与台账一致。应及时补全、固定、更换脱落或有损伤的标签。

检查缆线是否捆扎或束缆整齐规范，有无随意乱拉的飞线、跳线等。对于不用的线路及废线、弃线，应及时进行清理，以保持布线系统的整洁和有序。

（3）**性能测试与抽样检查**。使用测试仪对电缆信道和未使用的光纤信道进行抽检，包括永久链路和跳线的性能测试，并将测试结果与原始记录进行核对。

对智能配线架系统进行抽样检查，可以通过人为设置故障来检查实时报警的响应时间和报警音响，以确保其正常运行和及时响应。

（4）**桥架与支架检查**。定期检查综合布线系统桥架的平整度，及时修复桥架变形，拧紧松动的螺丝，防止桥架断裂或脱落导致信息业务中断。

（5）**记录与报告**。每次维护活动应做好详细的记录，包括维护时间、内容、发现的问题及解决办法等，有助于维护和保持系统的正常运行，并为未来的维护和升级提供参考。

9.4.3　工作任务实践

为了指导和满足初级、中级人员培训需要，给出下列实践任务，请选择合适的任务。

任务1：通信跳线架卡接模块更换

指导初级、中级人员更换110型通信跳线架5对卡接模块，维修端接故障。

第一步：准备工具和材料。从西元综合布线工具箱（KYGJX-13）中，准备钢丝钳1把，5对打线刀1把，水口钳1把，5对卡接模块等。

第二步：拔掉故障模块。如图9-2所示，左手扶住110型通信跳线架，右手持钢丝钳，夹紧5对卡接模块中间位置，用力拔出。注意不要上下或左右晃动，应突然用力垂直拔出。

第三步：重新理线。如图9-3所示，将故障模块下层的电缆轻轻抽出10mm，重新将线芯卡接在110型通信跳线架上。注意保持线序正确。

第四步：压接新模块。如图9-4所示，使用5对打线刀将新的5对卡接模块压接在110型通信跳线架上。注意模块方向和线序正确。

  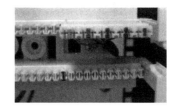

图9-2　拔掉故障模块　　　　图9-3　重新理线　　　　图9-4　压接模块

第五步：逐一更换模块。按照上述步骤更换剩余故障模块。禁止一次性拔掉全部故障模块，避免造成线序混乱。

第六步：剪掉多余线端。用水口钳剪掉110型通信跳线架上多余的电缆线头。

任务 2：网络配线架端接

安装步骤和方法，详见王公儒主编《综合布线系统安装与维护（初级）》教材 4.6.3 节中的任务 2。

任务 3：语音配线架端接

安装步骤和方法，详见王公儒主编《综合布线系统安装与维护（初级）》教材 4.6.3 节中的任务 4。

任务 4：光纤熔接

相关知识和操作步骤，详见王公儒主编《综合布线系统安装与维护（初级）》教材 4.7 节。

任务 5：光纤冷接

相关知识和安装方法，详见本教材 4.7 节。

9.5 指导安装测试

9.5.1 工作任务描述

在 GB 50311—2016《综合布线系统设计规范》、GB/T 50312—2016《综合布线系统验收规范》中，对综合布线系统的安装和测试有明确要求，因此在项目培训时，必须重点指导和培训初级、中级人员掌握正确的安装技能和测试方法，持续提高施工效率和施工质量。

本任务要求掌握安装与测试的相关知识，完成典型工作任务。

9.5.2 相关知识介绍

1．机柜、配线箱等设备的安装

摘录 GB/T 50312—2016《综合布线系统验收规范》中，对机柜、配线箱等设备的安装和质量的主要要求如下（更多内容详见标准相关规定和标准条文说明解释，请在培训中重点介绍标准规定内容和安装经验）。

（1）垂直偏差度不应大于 3mm。

（2）机柜各种零件不得脱落或碰坏，漆面不应有脱落及划痕，标志应完整、清晰。

（3）在公共场所安装配线箱时，壁嵌式箱体底边距地不宜小于 1.5m，墙挂式箱体底面距地不宜小于 1.8m。

（4）门锁的启闭应灵活、可靠。

（5）机柜、配线箱及桥架等设备的安装应牢固。

2．信息插座模块的安装

（1）信息插座底盒、多用户信息插座的安装位置和高度应符合设计文件要求。

（2）安装在活动地板内或地面上时，应固定在接线盒内，插座面板采用直立或水平等形式；接线盒盖可开启，并应具有防水、防尘、抗压功能。接线盒盖面应与地面齐平。

（3）信息插座底盒同时安装信息插座模块和电源插座时，间距及采取的防护措施应符合设计文件要求。

（4）信息插座底盒明装的固定方法应根据施工现场条件而定。

（5）固定螺丝应拧紧，不应产生松动现象。

（6）各种插座面板应有标识，以颜色、图形、文字表示所接终端设备业务类型。

（7）工作区内终接光缆的光纤连接器件及适配器安装底盒应具有空间，并应符合设计文件要求。

3．缆线桥架的安装

（1）安装位置应符合施工图要求，左右偏差不应超过 50mm。

（2）安装水平度每米偏差不应超过 2mm。

（3）垂直安装应与地面保持垂直，垂直度偏差不应超过 3mm。

（4）桥架截断处及拼接处应平滑、无毛刺。

（5）吊架和支架安装应保持垂直，整齐牢固，无歪斜现象。

（6）金属桥架及金属导管各段之间应保持连接良好，安装牢固。

（7）采用垂直槽盒布放缆线时，支撑点宜避开地面沟槽和槽盒位置，支撑应牢固。

4．链路测试

链路测试相关知识详见本教材工作任务 7 综合布线系统测试验收，以及初级教材工作任务 7 住宅综合布线系统测试验收。

9.5.3　工作任务实践

根据指导安装测试工作任务需要，特别安排了下列任务实践项目，也可以根据工程项目特点和阶段性需求，安排更多安装与测试的专业技术知识和训练专业技能任务。

任务 1：屏蔽跳线制作

相关知识和操作步骤，详见本教材 4.8 节屏蔽综合布线系统安装。

任务 2：屏蔽模块端接

相关知识和操作步骤，详见本教材 4.8 节屏蔽综合布线系统安装。

任务 3：金属穿线管折弯塑形

相关知识和操作步骤，详见本教材 4.2.3 节工作任务实践中的任务 1 金属穿线管折弯塑形。

任务 4：金属穿线管暗埋敷设

相关知识和操作步骤，详见本教材 4.4.3 节工作任务实践中的任务 2 金属穿线管暗埋敷设。

任务 5：光纤冷接

相关知识和操作步骤，详见本教材 4.7.3 节工作任务实践中的任务 1 光纤快速连接器的制作。

9.6 新技术、新标准、新技能、新产品培训

9.6.1 工作任务描述

综合布线技术是快速发展的交叉学科，在智慧城市、数字经济快速发展的背景下，新技术持续应用，新标准不断发布和更新，也出现了很多新技能和新产品。因此在综合布线系统工程项目培训与指导中，需要增加对新技术和新技能的培训，应用新标准和新产品，提高工程质量和稳定性，提升工作效率。

9.6.2 相关知识介绍

1．新技术

1）以太网供电（PoE）技术。

（1）以太网供电（PoE，Power over Ethernet）指的是在现有以太网布线基础架构不做任何改动的情况下，在为一些基于 IP 的终端传输数据信号的同时，还能为此类设备提供低压直流供电的技术。

（2）PoE 系统组成。T/DZJN 28—2021《以太网供电（PoE）系统工程技术标准》标准中规定，PoE 系统由供电设备（PSE，Power Sourcing Equipment）、受电设备（PD，Powered Device）和布线系统组成。

① 供电设备（PSE）是以太网供电系统中，管理供电过程并提供直流电源的设备，如 PoE 交换机、PoE 供电适配器、PoE 硬盘录像机。

② 受电设备（PD）是以太网供电系统中，接受供电设备（PSE）管理，接受供电设备（PSE）提供电源的设备，如 IP 电话、网络摄像机、无线 AP、掌上计算机、移动电话充电器等。

③ 以太网供电布线系统，由配线设备（FD、CP、TO）、设备电缆、水平电缆、CP 电缆、设备电缆及跳线等组成，如图 9-5 所示。

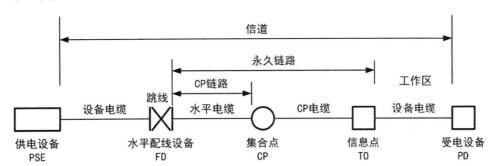

图 9-5 以太网供电布线配线子系统

（3）PoE 系统供电方式。T/DZJN 28—2021《以太网供电（PoE）系统工程技术标准》定

义了两种供电设备的供电类型，分别为中跨（Mid-span）和端跨（End-point）。

① 中跨。如图 9-6 所示，PSE 设置在以太网设备和受电设备之间。

② 端跨。如图 9-7 所示，PSE 设置在以太网设备端。

目前 PoE 应用以端跨（End-point）类型供电为主。

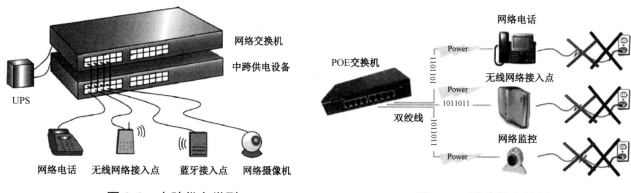

图 9-6　中跨供电类型　　　　　　　　图 9-7　端跨供电类型

（4）PoE 技术应用特点。

① 降低成本。无须电源布线，不仅能省去设备供电建设和维护费用，同时也节省了布置安装供电系统所需的时间。

② 部署灵活。设备部署的位置不受限制，也不必再去考虑电源线是否够长，AP 等终端设备可以灵活地安装在远端的任意位置。

③ 安全可靠。可进行电源集中供电，备份方便。同时，可将供电设备接入 UPS，一旦主要电源输入中断，也能保证系统正常运行。

2）单对以太网（SPE）技术。

（1）单对以太网（SPE，Single Pair Ethernet）是一种新型的以太网技术，与传统以太网技术相比，SPE 仅通过一对铜线进行以太网数据传输的同时，通过 PoDL（数据线供电）对终端设备进行供电。

（2）单对以太网支持使用两根导线进行以太网传输，采用 1 对 2 线全双工的方式，并且通过不同频率来实现不同速度的通信，如图 9-8 所示。

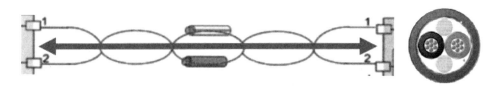

图 9-8　单对以太网示意图

（3）连接器。单对以太网的传输需使用专用的连接器，2020 年国际电工委员会（IEC）发布了两款连接器标准。

① 如图 9-9 所示为 IEC 63171-1 连接器，该连接器为双向连接器，只有 1 种，主要应用于楼宇自动化环境。

② 如图 9-10 至图 9-15 所示为 IEC 63171-6 连接器示意图，有 6 种，全部为双向连接器，主要应用于工业环境。其中图 9-10 门闩锁定式连接器满足 IP 20，其余都满足 IP 65/IP 67 的防护等级。

③ 如图 9-16 所示为几种常见的单对以太网连接器实物图。

图 9-9 IEC 63171-1 中定义的 连接器示意图

图 9-10 门闩锁定式连接器

图 9-11 卡入锁定式连接器

图 9-12 推拉锁连接器

图 9-13 M8 螺钉锁定式连接器

图 9-14 M12 螺钉锁定或推拉锁定式

图 9-15 M8 螺钉锁定式 4 路 （2 电源+2 数据）连接器

图 9-16 常见的 SPE 连接器

（4）特点。

① 低功耗。SPE 消耗的功率比传统以太网技术更低，能够提高设备的能源效率。

② 高带宽。SPE 支持 40m 内以 1Gbit/s 数据传输速率进行数据传输，满足了新一代高速数据传输的需求。

③ 高可靠性。SPE 使用单对电缆进行通信，减少了信号干扰和传输损耗，提高了通信的可靠性。

（5）随着工业物联网（IIoT）和工业 4.0 的快速发展及广泛运用，SPE 的应用领域越来越广泛，如汽车、工业自动化、医疗、智能家居等领域。

① 汽车领域。SPE 已经成为汽车电子设备中的主流通信技术之一，可以用于连接车载摄像头、传感器、娱乐系统等设备，同时提高了车辆的能源效率和安全性能。

② 工业自动化领域。SPE 可以用于连接工业自动化设备和传感器，实现更加高效和可靠的数据传输，提高了工业生产的效率和质量。

③ 医疗领域。SPE 可以用于连接医疗设备和传感器，实现更加高效和精准的数据传输，提高了医疗服务的质量和效率。

④ 智能家居领域。SPE 可以用于连接智能家居设备，实现更加便捷和智能的家居控制，提高了家庭生活的舒适度和便利性。

单对以太网是自动化领域新的应用趋势，为工业物联网提供必要的基础设施，它既可以满足不同的应用，也可以实现云端到现场应用级别的通信，并节省空间和成本。

2．新标准

1）GB/T 34961.2—2024《信息技术 用户建筑群布缆的实现和操作 第 2 部分：规划和安装》。

该标准 2024 年 3 月 15 日发布，2024 年 10 月 1 日实施。该标准规定了电信布缆基础设施的规划、安装和运行要求，包括支持通用布缆标准和相关文件的布缆、路径、空间和电信联结等要求，主要规定了安装规范、质量保证、安装规划、安装实施、文档、管理、测试、检验、运行、维护、维修。该标准也描述了支持远程供电的空间、路径、路径系统和布缆的评估方法。

2）GB/T 34961.4—2024《信息技术 用户建筑群布缆的实现和操作 第 4 部分：端到端（E2E）链路、模块化插头端接链路（MPTLs）和直连布缆的测量》。

该标准 2024 年 3 月 15 日发布，2024 年 10 月 1 日实施。该标准规定了下列两线对和四线对平衡布缆测量的要求。

（1）D 级、E 级和 EA 级端到端（E2E）链路。

（2）D 级、E 级、EA 级、F 级、FA 级以及 I 级和 II 级模块化插头端接链路（MPTL）。

（3）D 级、E 级、EA 级、F 级、FA 级以及 I 级和 II 级直连布缆。

以上平衡布缆的测量包括端接的活动连接器的性能，本标准适用于上述平衡布缆在现场和实验室内的测量。

3．新技能

1）使用配线架打线工装。

如图 9-17 所示配线架打线工装由西元公司设计，配置有过线孔、螺孔等。其中螺孔可将配线架固定，方便配线架背面模块打线，也可用于放置工具、耗材等。如图 9-18 所示为打线工装使用方法。

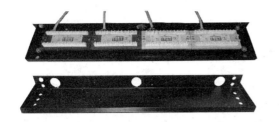

图 9-17　打线工装图片　　　　　　　　　图 9-18　打线工装使用方法

2）更多新技能实操指导视频。

请扫描二维码，观看下列视频，学习新技能。

（1）配线架打线工装使用方法。

（2）理线设备安装与应用方法介绍。

（3）综合布线工程理线技能展示。

（4）穿线管弯管操作教程。

打线工装　　　　　　理线设备　　　　　　　理线
使用方法　　　　　　安装方法　　　　　技能展示

4．新产品

1）综合布线技术新产品。

下面以西元数实融合综合布线实训装置为例，介绍新产品应用。

（1）直通式配线架。如图 9-19 所示，直通式配线架由直通模块和支架组成。直通模块前后均为 RJ45 口，即插即用，无须在工程现场打线，因此也叫做免打式网络配线架。支架为钢板材质，支架后部设计有塑料弹性理线锁，适合电缆快速放入、理线和固定。直通式配线架具有快速安装和更换跳线的优点，也适合使用工厂批量生产的跳线。

（1）直通模块　　　　　（2）弹性理线锁　　　（3）直通式配线架应用案例

图 9-19　直通式配线架

（2）收纳式理线架。如图 9-20 所示，收纳式理线架由加深式收纳盒和盖板组成，收纳盒上下各有 24 个出线槽，将缆线穿过出线槽，并在收纳盒内部预留缆线，方便缆线的管理。盖板可拆卸，便于根据实际需求进行安装和调整。

2）综合布线新工具。下面以西元综合布线工具箱为例进行介绍。

（1）多功能角度剪。如图 9-21 所示，主要用于裁剪任意角度 PVC 线槽。使用时根据角度调整方向进行裁剪，能够快速制作各种拐弯。具体操作方法详见本教材 5.3.3 节任务 2 自制线槽弯头。

图 9-20 收纳式理线架图片与应用实例

图 9-21 多功能角度剪及使用方法

（2）网线钳。如图 9-22 所示，该网线钳为综合布线新工具，适用于压接 5 类、超 5 类、6 类水晶头、7 类、8 类插头，集剪切、剥线、压接三合一，特别是模口可调节，使用功能丰富，操作简单易上手。

图 9-22 网线钳图片及使用方法

3）RJ45 口语音交换机。

我们以图 9-23 所示的西元语音交换机（KYYJH-22K）为例进行介绍。该交换机主要用于语音电话，在前面板设计有 21 个 RJ45 口，可以直接安装 RJ45 水晶头，实现电话呼叫的路由、控制和交换。相关实训项目详见本教材 5.4.3 节工作任务实践语音交换机技能训练项目。

图 9-23 语音交换机

■ 9.6.3 工作任务实践

任务 1：收集和使用最新标准

请登录全国标准信息公共服务平台、国家标准化管理委员会、中国标准在线服务网等网站查询和使用最新标准。

全国标准信息 公共服务平台	国家标准化 管理委员会	中国标准 在线服务网

　习题和互动练习

请扫描"任务 9 习题"二维码，下载工作任务 9 习题电子版。

请扫描"互动练习 17""互动练习 18"二维码，下载工作任务 9 配套的互动练习。

任务 9 习题	任务 9 习题答案	互动练习 17	互动练习 18

9.8　实训项目与技能鉴定指导

实训项目 22　以太网供电技术技能训练

我们以西元 PoE 以太网供电技术实训装置（KYPOE-04-01）为例，进行 PoE 技术技能训练，熟悉以太网供电技术系统，掌握网络跳线制作、网络线压接与测试技术，掌握网络摄像机安装与软件调试技术，掌握无线 AP 安装与调试技术，掌握 PoE 供电原理和应用等。

1．技能训练任务

（1）完成网络跳线制作与测试、网络线压接与测试。

（2）完成网络摄像机安装与软件调试。

（3）完成无线 AP 安装与调试。

（4）完成 PoE 供电原理的演示验证。

2．技能训练设备

（1）西元 PoE 以太网供电技术实训装置，型号 KYPOE-04-01。

（2）西元智能化系统工具箱，型号 KYGJX-16。

3．技能训练内容

以太网供电技术系统的认知实训。

以太网供电技术

把图 9-24 中的实物和图 9-25 的 PoE 系统原理图进行对比，认识和理解 PoE 系统。

请扫描"以太网供电技术"二维码，浏览或下载完整实训内容，主要内容如下。

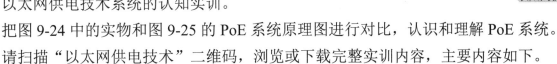

（1）以太网供电技术系统的认知实训。

（2）网络跳线制作与测试实训。

（3）网络线压接与测试实训。

（4）网络摄像机安装与软件调试实训。

（5）无线 AP 安装、调试和操作实训。

（6）数据脚供电工作原理的认知和演示验证实训。

（7）空闲脚供电工作原理的认知和演示验证实训。

（8）实训报告。

图 9-24　西元 PoE 以太网供电技术实训装置

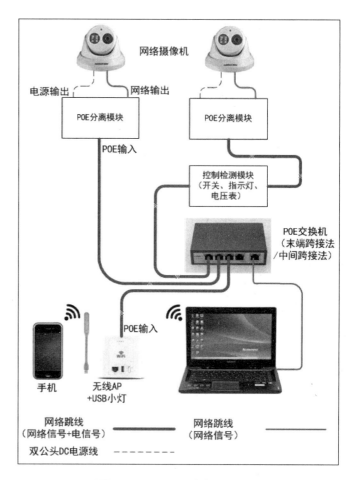

图 9-25　PoE 系统原理图

反侵权盗版声明

电子工业出版社依法对本作品享有专有出版权。任何未经权利人书面许可，复制、销售或通过信息网络传播本作品的行为；歪曲、篡改、剽窃本作品的行为，均违反《中华人民共和国著作权法》，其行为人应承担相应的民事责任和行政责任，构成犯罪的，将被依法追究刑事责任。

为了维护市场秩序，保护权利人的合法权益，我社将依法查处和打击侵权盗版的单位和个人。欢迎社会各界人士积极举报侵权盗版行为，本社将奖励举报有功人员，并保证举报人的信息不被泄露。

举报电话：（010）88254396；（010）88258888

传　　真：（010）88254397

E-mail:　　dbqq@phei.com.cn

通信地址：北京市万寿路 173 信箱

　　　　　电子工业出版社总编办公室

邮　　编：100036